PRAXISHANDBUCH **CORPORATE MAGAZINES**
PRINT – ONLINE – MOBILE

Herausgegeben von Walter Freese, Michael Höflich und Ralph Scholz

PRAXISHANDBUCH
CORPORATE MAGAZINES
PRINT – ONLINE – MOBILE

HERAUSGEGEBEN VON WALTER FREESE,
MICHAEL HÖFLICH UND RALPH SCHOLZ

Walter Freese, Bielefeld
Michael Höflich, München
Ralph Scholz, Meerbusch

ISBN 978-3-8349-2958-7   ISBN 978-3-8349-3702-5 (eBook)
DOI 10.1007/ 978-3-8349-3702-5

Die Deutsche Nationalbibliothek verzeichnet diese Publikation in der Deutschen National-
bibliografie; detaillierte bibliografische Daten sind im Internet über http://dnb.d-nb.de abrufbar.

Springer Gabler
© Gabler Verlag | Springer Fachmedien Wiesbaden 2012

Covergestaltung/Innengestaltung/Satz: schönit und freunde, Dreieich
Herstellung: Gabriele Singer
Druck und Bindung: AZ Druck und Datentechnik, Berlin

Gedruckt auf säurefreiem und chlorfrei gebleichtem Papier

Springer Gabler ist eine Marke von Springer DE.
Springer DE ist Teil der Fachverlagsgruppe Springer Science+Business Media
www.springer-gabler.de

INHALT

MEASURE

ATTITUDE

HERAUSGEBER- UND AUTORENVERZEICHNIS

WENN REPORTAGEN ZU UNTERNEHMENS-BOTSCHAFTEN WERDEN

Wenn es um die Erstellung von Unternehmenspublikationen geht, wird häufig über Storytelling gesprochen oder geschrieben. Mit diesem Buch möchten auch wir Ihnen eine Geschichte, eine Story, erzählen. Allerdings keine Geschichte, die zwischen den Zeilen steht, sondern eine, die sich mit dem beschäftigt, was hinter den Zeilen passiert – in Unternehmen, bei Verlagen und Dienstleistern, die alle das gemeinsame Ziel haben, über einen redaktionellen Antritt Imagewirkungen zu erzielen und/oder Produkte zu vermarkten.

Unser Anspruch war es, mit dem Praxishandbuch Corporate Publishing für Sie ein neues Standardwerk zu schaffen, das alle Aspekte des Corporate Publishing beleuchtet. Dazu haben wir Spezialisten, Wissenschaftler und Fachautoren aus CP Verlagen und Agenturen, aus großen deutschen Unternehmen, von Seiten der Druckindustrie sowie aus renommierten Medien- und Dialogforschungs-Instituten gebeten, in Form von Fachbeiträgen aus deren täglicher Arbeit zu berichten. So ist ein Buch entstanden, das Sie auf ihrem Weg durch die Welt des Corporate Publishing begleiten soll. Um Ihnen eine optimale Orientierung bieten zu können, ist das Buch nach dem Lebenszyklus eines Kundenmagazins aufgebaut. Unter den Stichworten Discover – Develop – Deliver – Measure werden alle relevanten Aspekte angesprochen.

So beschäftigen sich die Autoren im ersten Teil mit der Position von Kundenmagazinen in der gesamten Unternehmens-Strategie und im Kommunikations-Mix und werfen einen Blick auf die Ziele und Zielgruppen der verschiedenen Kundenmedien. Im zweiten Teil des Buches geht es um den Schritt von der Strategie zum Konzept, um die Konkretisierung von Inhalten und Formen, von Zielgruppen und Kanälen sowie die Auswahl der richtigen internen und externen Partner. Die praktische Umsetzung vom Konzept zum Magazin ist Inhalt des dritten Teils. Der Weg vom Konzept zur Nullnummer und von da zum Regelbetrieb wird thematisiert. Verschiedene Drucktechniken und Vertriebsformen werden genauso erläutert wie die Frage der Refinanzierung von Kundenmagazinen durch Erfolge im Anzeigenmarketing. Im letzten Teil beschreiben die Autoren verschiedene Wege der Erfolgs- und Wirkungskontrolle von Kundenmedien. Von Awards und Responseerfassung, von klassischen Leserbefragungen, Methoden im Web 2.0 wie Online-Communities bis hin zu den apparativen Verfahren wird ein Überblick gegeben. Außerdem geht es um die Frage der richtigen KPI (Key Performance Indicator) zur Erfolgsmessung.

Egal, ob Sie als Student und Young Professional am Anfang Ihres beruflichen Weges stehen oder als Marketing- und Kommunikationsverantwortliche über den sinnvollen Einsatz von Marketingbudgets entscheiden müssen – wir wünschen Ihnen eine spannende Zeit bei der Lektüre jener Story, die wir Ihnen erzählen: die Story über die optimale Ansprache von Kunden und potenziellen Kunden mit Unternehmenspublikationen in Zeiten der Medienkonvergenz!

Ihre Herausgeber
Ralph Scholz, Walter Freese und Michael Höflich

„Die DNA des Corporate Publishing bleiben die Inhalte."

DER DREIKLANG DES CORPORATE PUBLISHING
CROSSMEDIA – CONSULTING – CONTENT

Wir erleben gegenwärtig eine Zeit gewaltiger Umbrüche in der technischen Entwicklung bzw. Digitalisierung der Kommunikationskanäle, und damit auch in der Unternehmenskommunikation selbst. Das ist auch in der seit Jahren stetig wachsenden Corporate Publishing-Branche zu spüren. Aktuell katalysiert die technische Entwicklung den Wandel in der Kommunikation in einer Weise, die an die Zeit denken lässt, als das Fernsehen seine ersten Schritte tat. TV gegen Radio, Digital gegen Print – solches Kanaldenken haben die Corporate Publisher von heute aber längst hinter sich gelassen.

Stand das C in Corporate Publishing schon immer für Content, erleben Themen wie Crossmedia, Community Building, aber auch Consulting und Commerce derzeit einen erheblichen Aufmerksamkeitsschub. Damit einher geht eine deutliche Ausweitung der Wertschöpfungskette des Corporate Publishing. Entsprechend laut ist der Ruf nach Wirkungsnachweisen und verlässlichen Tools zur Effizienzmessung – und damit steht das P in Corporate Publishing auch für Precision und Performance.

Die DNA des Corporate Publishing bleiben aber die Inhalte. Während sich in Großbritannien der Begriff des Content Marketing zunehmend durchsetzt, wird in den USA vermehrt von Custom Content gesprochen. Diese Label lenken den Blick in geeigneter Weise auf den eigentlichen Kern des Corporate Publishing: auf die Inhalte, oder neudeutsch: auf den Content – und das unabhängig vom Ausgabekanal.

Gleichwohl wird es für Corporate Publisher immer wichtiger, ein grundlegendes Verständnis für die Marke der Auftraggeber und eine damit einhergehende Beratungskompetenz zu entwickeln. Unternehmen werden zu Verlegern, Corporate Publishing zu Private-Label-Media, und die Grenzen zwischen Print und Digital werden durch technische Weiterentwicklungen aufgehoben.

Der Markengedanke wird die Corporate Publishing-Branche daher in Zukunft sicher noch mehr beschäftigen als in der Vergangenheit. Und daher natürlich auch das Marketing an sich und dessen ureigene Aufgabe – zu verkaufen. Für die Corporate Publishing-Dienstleister wird es künftig darum gehen, mit Content alle Phasen der Wertschöpfungskette zu begleiten und zu unterstützen.

Das vorliegende Buch gibt einen fundierten Überblick über diese verschiedenen Facetten des Corporate Publishing, von dessen strategischer Dimension bis hin zu konkreten Anwendungsbeispielen, und greift dabei alle Stufen der Wertschöpfungskette dieser faszinierenden Mediengattung auf. Dies macht das Buch für den Medienwissenschaftler genauso interessant wie für den Praktiker in der Unternehmenskommunikation.

Ich wünsche Ihnen viel Freude bei der Lektüre!

Dr. Andreas Siefke
Präsident des Forum Corporate Publishing

Discover

„Von der Kundenbindung über die Imagebildung bis zur
Verkaufsunterstützung soll Corporate Publishing so ziemlich alles leisten,
was Kommunikation leisten kann."

VIEL MEHR ALS EIN
KUNDENBINDUNGSINSTRUMENT
STRATEGISCHE ZIELSETZUNGEN VON CORPORATE PUBLISHING

Immer mehr Unternehmen nutzen die Instrumente des Corporate Publishing. Sie intensivieren den Einsatz von Corporate Publishing und professionalisieren ihren mittels Corporate Media inszenierten Auftritt. Bei näherer Betrachtung zeigt sich: Dies ist eine folgerichtige Investition. Denn mit einem konsequenten, integrierten Einsatz von Print und digitalen, interaktiven, mobilen Medien können Unternehmen ihre strategischen Kommunikationsziele mit Corporate Publishing zukünftig besser denn je erreichen.

FAST JEDER TUT ES: DIE WELT DES CORPORATE PUBLISHING

Die Fakten sprechen für sich *(Abbildung 1, S. 17)*: Laut der Corporate Publishing Basisstudie 02 (2010) des EICP setzen mehr als 90 Prozent der deutschen Unternehmen mit mehr als 20 Mitarbeitern Corporate Publishing als Kommunikationsinstrument ein. Sie konzipieren, gestalten, publizieren und distribuieren eigene Medien unter Anwendung journalistischer Mittel mit dem Zweck der direkten Kommunikation mit ihren internen und externen Stakeholdern. Hierfür investieren sie insgesamt 4,4 Milliarden Euro – eine Summe, die immerhin die Netto-Werbespendings[1] des Fernsehens als führendem Werbemedium übersteigt. Von den 4,4 Milliarden Euro fließen 2,8 Milliarden in Print und 1,6 Milliarden in digitale Medien. Zum Vergleich: Die deutschen Fachverlage erzielten mit ihren Fachzeitschriften in 2010 einen Umsatz von 1,8 Milliarden Euro (Quelle: Deutsche Fachpresse). Und die Studie „CP 360 Grad" kommt zu dem prägnanten Schluss: Leser von Kundenmagazinen haben über alle Dimensionen der Kundenbindung hinweg positivere Werte als die Nicht-Leser (CP Monitor 4/2011, S. 42 f.).

Corporate Publishing ist also für (fast) alle Unternehmen ein relevanter Bestandteil ihrer Kommunikationsstrategie. Woran liegt es, dass so gut wie alle Unternehmen in diese Art der Kommunikation investieren? Warum verlassen sie sich nicht auf die bewährte mediale Kommunikation mittels Paid Media, also Werbung & Co., die – mal mehr, mal weniger – attraktive Umfelder bietet? Oder auf Maßnahmen des Direktmarketing, die ebenso wie Corporate Publishing

> Mit einem konsequenten, integrierten Einsatz von Print und digitalen, interaktiven, mobilen Medien können Unternehmen ihre strategischen Kommunikationsziele besser denn je erreichen.

in vollständiger Eigenregie und verkaufsstärker als Corporate Media gestaltet werden? Oder auf Maßnahmen der Public Relations?

ZIEL UND ROLLE DES CORPORATE PUBLISHING

Ein Blick auf die häufig genannten Ziele des Einsatzes von Corporate Publishing gibt erste Hinweise zur Beantwortung dieser Frage:

....

DIE AM HÄUFIGSTEN GENANNTEN ZIELE DES CORPORATE PUBLISHING

- *Markenbildung*
- *Markenimage*
- *Kundenbindung*
- *Beziehungspflege*
- *Dialog*
- *Kundengewinnung*
- *Vertrauen*
- *Glaubwürdigkeit*
- *Effizienz*
- *Nutzwert*
- *Identifikation*
- *Sprachrohrfunktion/Themen setzen*
- *Wissenstransfer*
- *Mitarbeiterbindung*
- *Positives Arbeitsklima*
- *Mitarbeitermotivation*
- *Change Management*
- *Mitarbeitergewinnung*
- *Cross- und Up-Selling*
- *Verkaufsförderung*

....

Selbstverständlich ist, dass ein einzelnes Corporate-Publishing-Instrument oder eine einzelne Corporate-Publishing-Maßnahme allein nicht alle genannten Ziele erreichen kann.

Auffällig ist die Vielfalt der Effekte und Ziele, die Corporate Publishing zugeschrieben werden. Von der Kundenbindung über die Imagebildung bis zur Verkaufsunterstützung soll Corporate Publishing so ziemlich alles leisten, was Kommunikation leisten kann – und das glaubwürdig, dialogisch, nutzwertig und effizient. Selbstverständlich ist, dass ein einzelnes Corporate-Publishing-Instrument oder eine einzelne Corporate-Publishing-Maßnahme allein nicht alle genannten Ziele erreichen kann. So kann das klassische Kundenmagazin das Image von Produkten und Marken mit für die Zielgruppe spannendem Storytelling positiv aufladen, für die Zielgruppe nutzwertige Informationen und Anregungen bieten und somit auch einen relevanten Beitrag zur Kundenbindung leisten. Jedoch ist es in seiner dialogischen Leistung eingeschränkt, zumindest in Print. Bei digitalen Ansätzen, wie zum Beispiel Social-Media-Aktivitäten steht der Dialog auf Augenhöhe mit den Zielgruppen dagegen klar im Vordergrund. Bei Editorial-Shopping-Ansätzen steht wiederum die Inszenierung von Produkten mit dem Ziel des Abverkaufs im Fokus und bei internen Kommunikationsmaßnahmen die Mitarbeiterbindung und die Unterstützung von Change-Initiativen.

DIE CORPORATE-PUBLISHING-WELT IN ZAHLEN   ABBILDUNG 1

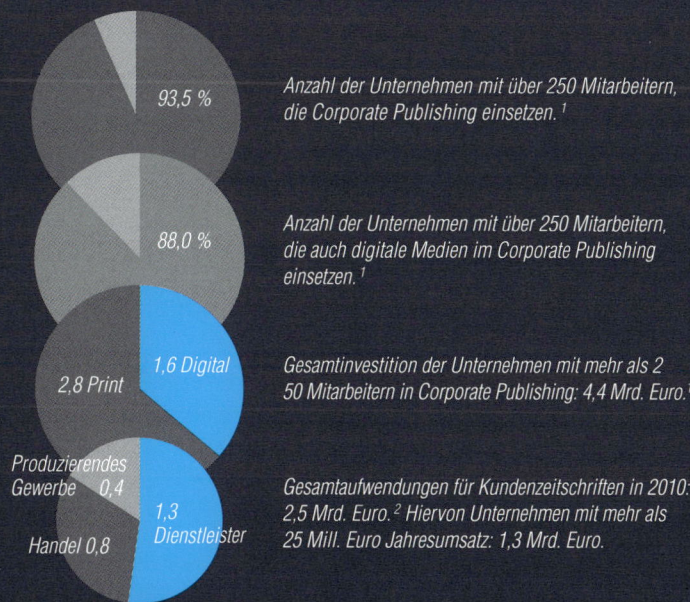

93,5 % — Anzahl der Unternehmen mit über 250 Mitarbeitern, die Corporate Publishing einsetzen.[1]

88,0 % — Anzahl der Unternehmen mit über 250 Mitarbeitern, die auch digitale Medien im Corporate Publishing einsetzen.[1]

2,8 Print / 1,6 Digital — Gesamtinvestition der Unternehmen mit mehr als 250 Mitarbeitern in Corporate Publishing: 4,4 Mrd. Euro.[1]

Produzierendes Gewerbe 0,4 / Handel 0,8 / 1,3 Dienstleister — Gesamtaufwendungen für Kundenzeitschriften in 2010: 2,5 Mrd. Euro.[2] Hiervon Unternehmen mit mehr als 25 Mill. Euro Jahresumsatz: 1,3 Mrd. Euro.

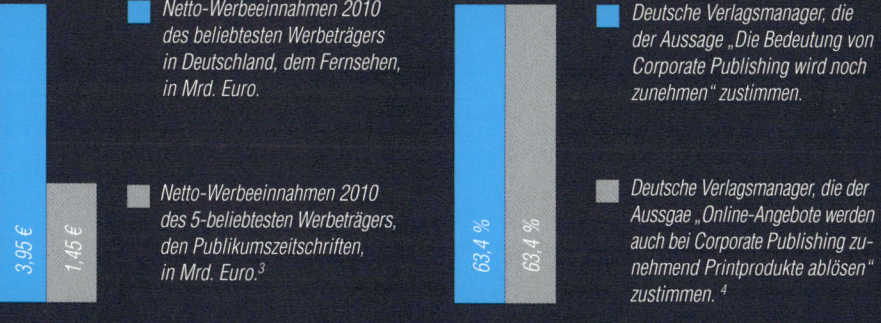

3,95 € / 1,45 €

■ Netto-Werbeeinnahmen 2010 des beliebtesten Werbeträgers in Deutschland, dem Fernsehen, in Mrd. Euro.

■ Netto-Werbeeinnahmen 2010 des 5-beliebtesten Werbeträgers, den Publikumszeitschriften, in Mrd. Euro.[3]

63,4 % / 63,4 %

■ Deutsche Verlagsmanager, die der Aussage „Die Bedeutung von Corporate Publishing wird noch zunehmen" zustimmen.

■ Deutsche Verlagsmanager, die der Aussgae „Online-Angebote werden auch bei Corporate Publishing zunehmend Printprodukte ablösen" zustimmen.[4]

- Durchschnittliche Lesedauer von Kundenmagazinen in den Branchen Lebensmitteleinzelhandel, Drogerie und sonstiger Handel: 24,5 Minuten.[5]
- Weiterempfehlungsbereitschaft von Kundenmagazinen in den Branchen Lebensmitteleinzelhandel, Drogerie und sonstiger Handel: 63,7 %.[5]
- Korrelation der Weiterempfehlungsbereitschaft mit den Faktoren „Unterhaltungswert" und „Informationswert": > 0,55, sie sind somit die wesentlichen Treiber der Weiterempfehlungsbereitschaft von Kundenmagazinen in den genannten Branchen.[5]

1 vgl. Corporate Publishing Basisstudie 02, 2010; 2 vgl. Dialog Marketing Monitor Studien 2011; 3 vgl. ZAW-Jahrbuch 2011; 4 vgl. Printmedien-Entscheider-Panel 2009; 5 CP 360 Grad 2011

DIE VIELFALT DES CORPORATE PUBLISHING ERFORDERT KLARE ZIELFORMULIERUNGEN

Diese kurze Auflistung zeigt bereits auf: Das Corporate-Publishing-Instrumentarium insgesamt *(Tabelle 1)* ist bei richtigem Einsatz tatsächlich in der Lage, die Vielzahl der angestrebten Effekte und Ziele zu erreichen bzw. zu unterstützen. Aber: Wer alles können soll, kann am Ende häufig nichts. Corporate Publishing sollte sich daher nicht in die Falle der Beliebigkeit begeben, sondern seine strategischen Ziele in Abstimmung mit den anderen Kommunikationsmaßnahmen des Unternehmens klar definieren. Und auf operativer Ebene sollten die im Einzelfall jeweils angestrebten Ziele transparent, am besten entlang der SMART-Kriterien[2], formuliert werden.

Welch wichtige Rolle Corporate Publishing in der Unternehmenskommunikation spielen kann, zeigt die Betrachtung seiner Stärken und Limitierungen im Vergleich zu anderen wichtigen Kommunikationsmitteln:

> Corporate Publishing sollte sich nicht in die Falle der Beliebigkeit begeben, sondern seine strategischen Ziele in Abstimmung mit den anderen Kommunikationsmaßnahmen des Unternehmens klar definieren.

Corporate Publishing und Werbung: Werbung ist nach wie vor für viele Unternehmen das Basisinstrument der Kommunikation. Sie stellt das Produkt und/oder die Marke in den Mittelpunkt. Sie thematisiert die Vorzüge des Angebots, lädt Marken emotional auf oder dient ganz gezielt dem Abverkauf. Sie wirkt in aller Regel sehr direkt, denn Werbung ermöglicht nur einen sehr kurzen Kontaktzeitraum mit dem Empfänger. Weniger geeignet ist Werbung zur Darstellung des Kontextes und der Leistungsfähigkeit des Unternehmens, also zur längeren und vertieften Auseinandersetzung der Stakeholder mit dem Unternehmen und seinen Leistungen. So unterstützt Werbung das Markenimage beim Konsumenten zumeist auf der emotionalen Ebene. Das Storytelling mittels journalistischer Stilmittel und Werkzeuge kann dies jedoch auf emotionaler und sachlicher Ebene leisten. Zum Beispiel indem ein Kundenmagazin seinen Lesern ein Lebensgefühl vermittelt und das Unternehmen, seine Marken und Produkte in das Magazin eingebettet werden. So transferiert das Magazin die aufgebaute emotionale Welt auf das Unternehmen, seine Marken und Produkte – und kann doch auch sachliche Informationen transportieren. Im Ergebnis wird nicht „nur" ein positiver emotionaler Imagetransfer erreicht. Zusätzlich wird dem potenziellen Kunden mittels sachlicher Darstellung von zum Beispiel Innovations- und Produktionsprozessen auch der Material- und Arbeitswert eines Produkts plastisch und spannend vermittelt. Dies alles geschieht in einem maßgeschneiderten redaktionellen Umfeld. Darüber hinaus leistet Corporate Publishing die Integration der verschiedenen Werbebotschaften auf Ebene der Marken und Produkte und fügt sie zu einem für die Zielgruppen schlüssigen Gesamtbild zusammen. Dies gelingt, indem Corporate Publishing die Kernbotschaften der Werbung aufnimmt, vertieft, miteinander vernetzt und innerhalb neuer, spannender Kontexte inszeniert.

Corporate Publishing und Direktmarketing: Ähnlich dem Corporate Publishing steuern die Werbetreibenden ihre Direktmarketing-Maßnahmen, und somit auch die hierin an den Kunden übermittelten Botschaften, vollständig selbst. Jedoch haben diese Maßnahmen einen unverkennbar werblichen und verkäuferischen Charakter. Die Kommunikationsintention des Absenders ist direkt spürbar – und entsprechend werden diese Maßnahmen von den Empfängern auch aufgenommen. Corporate-Publishing-Maßnahmen werden von den Empfängern hingegen viel stärker als werthaltiges Angebot per se angenommen. Die Einbettung verkaufsorientierter Kommunikationselemente in ein redaktionell sorgfältig gestaltetes Umfeld von Corporate-Publishing-Maßnahmen vereint die Vorzüge beider Instrumente. Auch hier zeigt sich die Integrationsfähigkeit des Corporate Publishing.

ÜBERSICHT CORPORATE-PUBLISHING-INSTRUMENTARIUM NACH KERNZIELGRUPPEN   TABELLE 1

KERNZIELGRUPPEN	PRINT	DIGITAL
Kunden und potenzielle Kunden	Kundenmagazine	Kunden-E-Magazines und Content-Apps
	Editorial Shopping	Editorial E-Commerce und Shopping-Apps
		Corporate Websites
		Corporate Blogs
		Corporate Newsletter
		Corporate Social-Media-Aktivitäten
		Corporate Books
		Corporate TV
		Service-Apps
Mitarbeiter und potenzielle Mitarbeiter	Mitarbeitermagazine	Mitarbeiter-E-Magazine
		Mitarbeiternewsletter
		Führungskräftenewsletter
		Vorstand-/CEO-Messages (z. B. Newsletter, Video)
		Intranet
		Corporate Books
		Corporate TV
		Sevice-Apps
		Productivity-Apps
Investoren, Presse und andere externe Stakeholder	Jahresberichte	Digitale Jahresberichte
	Performanceberichte (Nachhaltigkeit, CSR etc.)	Digitale Performanceberichte
	Investorenmagazine	Investorenmicrosites
		Investorennewsletter
		Corporate Books
		Corporate TV
		Service-Apps
		Online-Newsroom inkl. Digital Ressource Center

Corporate Publishing und Public Relations: In Zeiten einer immer stärker werdenden Informations-überlastung und sich ändernder Arbeitsweisen in den Redaktionen wird die Umsetzung wirkungs-voller Public Relations immer anspruchsvoller. Dies gilt auch für die Krisenkommunikation. Tat-sächliche oder vermeintliche Produktmängel und Verfehlungen von Unternehmen werden mittels Social Media immer schneller verbreitet. Ein Effekt, der mit einer ungeeigneten Reaktion des Unter-nehmens auf entsprechende Vorwürfe noch wesentlich beschleunigt wird. Dieser (mit dem sehr pointierten Schlagwort „Shitstorm" bezeichnete) Effekt zeigt auf, dass die Ansprüche an unterneh-merische Kommunikation deutlich gestiegen sind. Das simple Versenden von Pressemitteilungen, das routinemäßige Abhalten einer Pressekonferenz, der Versuch, die Nutzer sozialer Netzwerke zu instrumentalisieren statt einen echten Dialog zu führen – wer nicht über die erforderlichen Fähig-keiten für die aktuelle Kommunikationswelt verfügt, kann froh sein, wenn ungeeignete Versuche „nur" wirkungslos bleiben. Die journalistische Herangehensweise im Corporate Publishing ergänzt das Portfolio der Kommunikationskompetenzen eines Unternehmens auf wertvolle Art und fördert – richtig eingesetzt – die Qualität seiner Kommunikation mit den Stakeholdern.

Insgesamt lässt sich festhalten: Corporate-Publishing-Instrumente verfügen über ein hohes Inte-grationspotenzial. Sie integrieren die Kommunikationsmaßnahmen, indem sie eigene kontakt-starke und zielgruppenspezifische Umfelder schaffen, die die Vertiefung von Botschaften und die Vermittlung emotionaler und sachlicher Aspekte sowie die Einbettung anderer Instrumente erlauben. Zudem stärkt Corporate Publishing mit seinem journalistischen und dialogorientierten Ansatz das Kompetenzportfolio der Kommunikation.

CORPORATE PUBLISHING BEEINFLUSST HALTUNG UND VERHALTEN
Somit ist zwischen Zielen der *angestrebten Außenwirkung* von Corporate-Publishing-Maß-nahmen und Zielen der *Optimierung der Kommunikation insgesamt* zu unterscheiden. Ziele der Außenwirkung beziehen sich sowohl auf interne Stakeholder, insbesondere die Mitarbeiter, als auch auf externe Stakeholder und umfassen die folgenden strategischen Zielkategorien:

- *Haltungsziele:* Corporate Publishing verfolgt das Ziel, die Haltung der internen und externen Stakeholder gegenüber dem Unternehmen und seinen Positionen, seinen Marken und Produkten sowie den handelnden Personen positiv zu beeinflussen.
- *Verhaltensziele:* Corporate Publishing verfolgt das Ziel, das Verhalten der internen und externen Stakeholder in Bezug auf für das Unternehmen relevante Sachverhalte zu beeinflussen. Bezugs-punkte sind hierbei unter anderem der Kauf von Produkten und Dienstleistungen, die Kommu-nikation der Stakeholder über das Unternehmen mit Dritten sowie die aktive Mitwirkung der Mitarbeiter, aber auch anderer Zielgruppen.

Ziele der Optimierung der Kommunikation beziehen sich auf:
- *Integrationsziele:* Corporate Publishing verfolgt das Ziel, Kommunikationsmaßnahmen zu integrieren und Synergien in der Kommunikation zu nutzen – und zwar über alle vom Unter-nehmen eingesetzten Kommunikationsinstrumente hinweg.
- *Kompetenzziele:* Corporate Publishing verfolgt das Ziel, die Kommunikationskompetenz des Unternehmens und die Wirkung der Kommunikation auf Basis seines journalistischen und dialogischen Ansatzes zu steigern.

Letztlich jedoch muss es das Ziel von Corporate Publishing sein, die „Bottom Line", also die wirt-schaftlichen Effekte der Kommunikation, zu verbessern.

HALTUNGSZIELE: DER EINFLUSS VON CORPORATE PUBLISHING AUF IMAGE, BINDUNG UND IDENTIFIKATION

Kunden- und Mitarbeiterbindung, Markenbildung, Markenimage, Vertrauen, Glaubwürdigkeit, Identifikation und die Unterstützung des Change Management: All diese dem Corporate Publishing zugewiesenen Zielsetzungen sind darauf gerichtet, die Haltung der internen und externen Stakeholder zu beeinflussen. Das Erzählen hintergründiger, spannender, emotionaler Geschichten, die Vermittlung nutzwertiger Informationen in einer nicht-werblichen Ansprache der Zielgruppen, die Darreichung einer für den Empfänger interessanten Gabe zum Beispiel in Form einer hochwertigen Zeitschrift oder einer nutzwertigen Service-App – all dies ist in besonderer Weise dazu geeignet, die Einstellung des Empfängers positiv zu beeinflussen.

Hierbei entfaltet Corporate Publishing auf den verschiedensten Bezugsebenen eine Wirkung. Insbesondere auf Ebene des Unternehmens kann Corporate Publishing als in der Regel unternehmensweit ausgerichtetes Instrument einen starken Einfluss auf die Einstellung der Zielgruppen ausüben, diese gar prägen. Dies gilt in besonderem Maße – aber nicht ausschließlich – bei Dachmarkenstrategien. Denn eine Dachmarkenstrategie nutzt die Synergien zwischen der unternehmensbezogenen Kommunikation mit Corporate-Publishing-Maßnahmen und weiteren Kommunikationsmaßnahmen zur Positionierung der Dachmarke bestmöglich. Die Dachmarke nimmt in dieser Strategie die Rolle eines zentralen Imageankers für alle weiteren (Programm- und/oder Einzel-)Marken des Unternehmens ein. Daher muss sich das Corporate Publishing seiner hohen Verantwortung für das Image der Dachmarke und seines Einflusses auf die Marktchancen aller Produkte des Hauses bewusst sein. Diese Verantwortung macht es insbesondere in Zeiten des digitalen Wandels erforderlich, Chancen und Risiken neuer Kommunikationskanäle ständig auszuloten und die Kommunikationskompetenz in den für Corporate Publishing verantwortlichen Bereichen kontinuierlich weiterzuentwickeln.

Aber auch bei der internen Kommunikation steigen die Ansprüche an die Qualität der Kommunikation. Die Mitarbeiter erwarten zunehmend, dass ihr Arbeitgeber ihnen Möglichkeiten der Information und des Dialogs bietet, die sie in ihrer privaten Nutzung von Internet und Social Media gewohnt sind. Top-Kommunikationskompetenz ist daher auch gefordert, um die Haltungsziele mit Blick auf die internen Stakeholder zu erreichen: die Bindung vorhandener und Unterstützung der Gewinnung neuer Mitarbeiter sowie die Unterstützung einer positiven Haltung der Mitarbeiter hinsichtlich wichtiger Change-Prozesse und -Initiativen.

CORPORATE PUBLISHING ENTFALTET VON INNEN NACH AUSSEN WIRKUNG

Es spielt in der internen Kommunikation eine herausragende Rolle, da nur die redaktionelle Betreuung der Kommunikationsmittel und -maßnahmen zuverlässig und nachhaltig verhindern kann, dass reine „Verkündungsmedien" publiziert werden. Kontaktstarke und wirkungsvolle Mitarbeitermedien beleuchten Themen aus unterschiedlichen Blickwinkeln und wagen sich zunehmend auch an Themen, die aus Sicht der Mitarbeiter kritisch sind. Sie laden zum Dialog ein und unterstützen die Führungskräfte so bei der Identifikation und Beantwortung der Fragen, die für die Mitarbeiter wichtig sind. So gewinnen sie aus Sicht der Rezipienten deutlich an Glaubwürdigkeit und steigern letztlich gerade im objektiv-kritischen Umgang mit Themen ihren Impact auf die positive Haltung der Mitarbeiter.

> Kontaktstarke und wirkungsvolle Mitarbeitermedien beleuchten Themen, laden zum Dialog ein und unterstützen die Führungskräfte so bei der Identifikation und Beantwortung der Fragen, die für die Mitarbeiter wichtig sind.

Neben der Unternehmensebene entfaltet gutes Corporate Publishing auf Ebene der Marken und Produkte des Unternehmens imagebildende Wirkung. Hier greifen wiederum die Erfolgsmechanismen des Corporate Publishing:

....

- *Kommunikation mit den Zielgruppen auf Basis eines attraktiven, redaktionell gestalteten und maßgeschneiderten Umfelds*
- *Geeignete Integration der verschiedensten Kommunikationsinstrumente in diese Umfelder*
- *Emotionale und sachliche Ansprache der Zielgruppen entsprechend ihrer Lebenswelten, Bedürfnisse und Interessen*
- *Vertiefung der Kernbotschaften und der Positionierung der Marken*
- *Zur-Verfügung-Stellen nutzwertiger Informationen*
- *Darbietung einer für den Empfänger interessanten bzw. nützlichen, aber dennoch kostenlosen Gabe, zum Beispiel in Form eines attraktiven Printobjekts und/oder einer unterstützenden Service-App*

....

All dies ist geeignet, die Haltung der Zielgruppen gegenüber Marken und Produkten positiv zu beeinflussen und sowohl die Markenbildung zu unterstützen als auch die Kundenbindung zu erhöhen.

Schließlich gilt es, durch Kommunikation eine positive Haltung der Stakeholder zu wichtigen inhaltlichen Positionen des Unternehmens zu entwickeln bzw. zu unterstützen. Dies gilt auch hinsichtlich der handelnden Personen des Unternehmens. Insbesondere in der Öffentlichkeit exponierte Mitarbeiter wie das Top-Management, aber auch Testimonials können hier relevant sein. So nahm Marcell D'Avis, der Leiter des Kundenservice von 1&1, in der Kommunikation dieses Unternehmens lange Zeit eine zentrale Rolle ein. Der Kundendienst des Unternehmens und seine Wahrnehmung bei den Zielgruppen sollte verbessert werden. Begleitend zum Auftritt von Herrn D'Avis in der Werbung des Unternehmens musste durch weitere Kommunikationsmaßnahmen klar vermittelt werden, dass er tatsächlich der Leiter des Kundenservice ist und es sich nicht um eine Werbefigur – einen „Verkaufs-Gag" – handelte.

Corporate Publishing wirkt integrativ und ist geeignet, die Haltung seiner Zielgruppen positiv zu verändern.

Aus diesem Beispiel wird auch deutlich, dass Dienstleister aufgrund ihres direkten Kontakts mit den Kunden ein besonderes Augenmerk auf die Haltung ihrer Zielgruppen zu den Front-Office-Mitarbeitern legen sollten. Die Mitarbeiter im Kundenkontakt beeinflussen das Image des Dienstleisters stark, man denke hier zum Beispiel an Zug- oder Flugbegleiter von Bahnen und Airlines. Möchte ein Dienstleister sein Image mittels optimierter Servicequalität verbessern, so können interne und externe Corporate-Publishing-Maßnahmen dies gezielt unterstützen: Interne Kommunikationsmaßnahmen flankieren die Veränderungsmaßnahmen und fördern die Einstellungsveränderung bei den Mitarbeitern, externe Maßnahmen die Wahrnehmung der Kunden und des Marktes. Gleichzeitig spielen externe Kommunikationsmaßnahmen aber auch positives Feedback in das Unternehmen zurück und leisten somit einen Beitrag zur Verfestigung eines höheren Serviceniveaus.

So wird wiederum erkennbar: Corporate Publishing wirkt integrativ und ist geeignet, die Haltung seiner Zielgruppen positiv zu verändern. Doch eine positive Haltung ist nur die Vorstufe für die nächste Zielebene der Kommunikation, die Erzielung einer Wirkung auf der Verhaltensebene.

VERHALTENSZIELE: KAUF, KOMMUNIKATION, MITWIRKUNG DURCH CORPORATE PUBLISHING FÖRDERN

Das Aufkommen des Editorial Shopping als neues Format des Corporate Publishing zeigt anschaulich auf: Corporate Publishing soll bei seinen Zielgruppen auch auf der Ebene des Verhaltens einen Effekt erzielen. So zielt Editorial Shopping darauf ab, den Vertrieb mit Corporate-Publishing-Maßnahmen zu unterstützen, Kaufanreize zu schaffen und letztlich den Absatz zu erhöhen. Die Verhaltensaktivierung kann hierbei mittels relativ einfacher Mittel erfolgen, etwa durch die Integration von verkaufsfördernden Aktionen, zum Beispiel Coupons, in bereits bestehende Kundenzeitschriften. Es können aber auch eigene Corporate-Publishing-Lösungen gestaltet werden. So hat DHL sein Shoppingportal MeinPaket.de als crossmediale Lösung in Verbindung von Onlineportal und Print-Kundenmagazin konzipiert. Ein weiteres Beispiel: Otto betreibt mit Two for Fashion ein sehr verkaufsnahes Corporate Blog. In diesem „Style-Blog" wird über Modetrends, aber auch über Produkte berichtet und in einigen Fällen der direkte Zugang zur Bestellmöglichkeit auf otto.de angeboten.

CORPORATE PUBLISHING MOTIVIERT – AUCH ZUR WEITEREMPFEHLUNG

Doch geht es bei den Verhaltenszielen nicht „nur" um die Motivation zum Kauf von Produkten, Dienstleistungen oder auch Aktien. Vielmehr ist auch die Kommunikation der Zielgruppen untereinander und mit Dritten ein relevanter Faktor – ebenso wie die Aktivierung von Stakeholdern zur Mitwirkung an für das Unternehmen relevanten Aktionen.

So bietet zum Beispiel der Einsatz von Social Media im Corporate Publishing die Chance, das kommunikative Unterstützungspotenzial der Kunden und Meinungsführer zu aktivieren. Die positive Bewertung, Kommentierung und aktive Empfehlung der eigenen Produkte und Leistungen in Communities, Shops oder Foren sind wertvolle Kommunikationsmaßnahmen, die von Dritten durchgeführt werden, aber durch die Unternehmen gefördert werden sollten. Denn so wird die Zufriedenheit einzelner Kunden, die früher weitgehend im Verborgenen blieb, für viele sichtbar und unterstützt die Kaufentscheidungsprozesse anderer potenzieller Kunden.

> Der Einsatz von Social Media im Corporate Publishing bietet die Chance, das kommunikative Unterstützungspotenzial der Kunden und Meinungsführer zu aktivieren.

Aber welche Rolle kann Corporate Publishing bei der Gewinnung und Bindung von Markenadvokaten, Empfehlern und passiven Followern spielen? Welchen Beitrag zur Optimierung von Ratings und Bewertungen kann es leisten?

Konkrete Ansätze finden sich in der Inhaltekompetenz des Corporate Publishing. Denn Inhalte sind die Basis für Social-Media-Kampagnen: Das sogenannte „Seeding", also das Einpflanzen von Inhaltesamen, ist der Startpunkt viraler Kampagnen. Da im Corporate Publishing fortlaufend Prozesse zur Identifikation interessanter Themen und Geschichten erfolgen, kann gerade das Corporate Publishing hier einen wertvollen Beitrag leisten – von der Mehrfachverwertung von Themen über verschiedene Kanäle bis hin zur storybasierten Konzeption von Social-Media-Aktionen, die ein hohes Aktivierungspotenzial haben. Sobald in Social Media von Dritten erstellte Inhalte verfügbar sind, müssen andere Interessenten an diese herangeführt werden. Dies ist ein weiteres wichtiges Verhaltensziel für Corporate Publishing. Dies kann auf Basis eines durch Corporate Media bereits aufgebauten Nutzerstamms erfolgen, sollte aber auch die Gewinnung neuer Interessenten einschließen.

Das Verhaltensziel „Aktivierung des Unterstützungspotenzials" zeigt deutlich auf, dass Corporate Publishing stark kanalübergreifend denken und agieren muss: Wo früher interessante Beiträge abgeschlossen im Kundenmagazin standen, müssen die Inhalte zukünftig auf ihre

Seeding-Fähigkeit und ihr Potenzial zur Generierung von Traffic geprüft werden. Hat dieser Inhalt, dieses Thema Potenzial für einen Austausch der Kunden über das Unternehmen und/oder die Marke? Können wir hiermit in Social Media Prozesse anstoßen, die die Beziehung zum Kunden vertiefen? Können wir unsere Nutzer motivieren, an den Social-Media-Kampagnen durch Veröffentlichung von Beiträgen, Kommentaren, Bewertungen und die Weiterleitung unserer Inhalte an Dritte teilzunehmen?

Das wirft die Frage auf, inwiefern Corporate Publishing einen sinnvollen Beitrag zur Integration der verschiedensten Kommunikationsmaßnahmen eines Unternehmens und damit zur Realisierung der allseits angestrebten Synergieeffekte leisten kann.

INTEGRATIONSZIELE: WIE CORPORATE PUBLISHING SYNERGIEN AUSSCHÖPFT

Die Medienlandschaft und das Mediennutzungsverhalten unterliegen einem Wandel, der die stetige Weiterentwicklung des Corporate Publishing und der Kommunikation insgesamt erfordert. Treiber ist die große Angebotsvielfalt an Medien, Kommunikationskanälen, Ausgabegeräten und Inhalten. Mobile Endgeräte mit den verschiedensten Einsatzmöglichkeiten wie Smartphones, Tablets und E-Reader, aber auch der internetfähige Fernseher ergänzen die klassischen digitalen Geräte und erlauben den interaktiven Medienkonsum auf Bildschirmen jedweder Größe. In diesem Meer der Möglichkeiten entstehen wiederum eigene – zum Teil offene, zum Teil geschlossene – „Ökosysteme" rund um global relevante Anbieter wie Apple, Google oder Amazon. Diese Vielfalt bringt die Notwendigkeit der crossmedialen Kommunikation einerseits und der geeigneten Integration der verschiedenen Kanäle andererseits mit sich. Dies zeigen die beobachtbaren Veränderungen der Mediennutzung deutlich auf *(Abbildung 2)*:

▪ Medien werden verstärkt parallel zueinander genutzt, bei digitalen Medien werden zudem zeitgleich mehrere Funktionen genutzt; dies geht mit einer abnehmenden Kontaktqualität des einzelnen Mediums einher
▪ Es werden vermehrt kleinere Informationsmengen zum exakten Zeitpunkt des Bedarfs nachgefragt, das ersetzt die Aneignung von Wissen auf Vorrat; somit gewinnt die gezielte Suche nach Informationen an Bedeutung
▪ Der Konsument wählt das jeweils zur aktuellen Nutzungssituation passende Medium gezielt aus; dies erhöht die Wettbewerbsintensität zwischen den Medienangeboten und den Kampf um die Aufmerksamkeit der Zielgruppen
▪ Die Bedeutung der digitalen und interaktiven Medien und somit der Peer-to-Peer-Kommunikation, also des direkten Meinungsaustauschs zwischen den Konsumenten, steigt; dies legt den zusätzlichen Einsatz digitaler Kommunikationsmittel inklusive Social Media nahe
▪ Die Erwartungen an die Qualität der Inhalte und die Gestaltung aller Medien sowie an die Funktionalität digitaler Medien steigt; dies geht so weit, dass eine individuelle Ansprache erwartet wird und erfordert die stetige Optimierung der eigenen Kommunikationsmittel und -maßnahmen

In dieser Situation der stärkeren Fragmentierung der Mediennutzung können gleichbleibende oder gar steigende Reichweiten in einer Zielgruppe nur durch Ausweitung der Kommunikationskanäle erreicht werden. Auch die Erwartung der Zielgruppen, dass Unternehmen in digitalen Kanälen präsent sind und in Social Media mit ihnen auf Augenhöhe interagieren, verstärkt den Druck, dass immer mehr Kommunikationswege „bespielt" werden müssen. Die Kommunikation über mehrere Kommunikationskanäle hinweg entfaltet jedoch nur dann ihre volle Wirkung, wenn die Kernbotschaften kongruent sind und die Maßnahmen entsprechend sorgfältig auf-

ABBILDUNG 2

DAS MEDIENNUTZUNGSVERHALTEN WIRD BESTIMMT DURCH DAS WACHSENDE MEDIENANGEBOT,
DIE DIGITALISIERUNG UND SICH ÄNDERNDE NUTZERBEDÜRFNISSE.

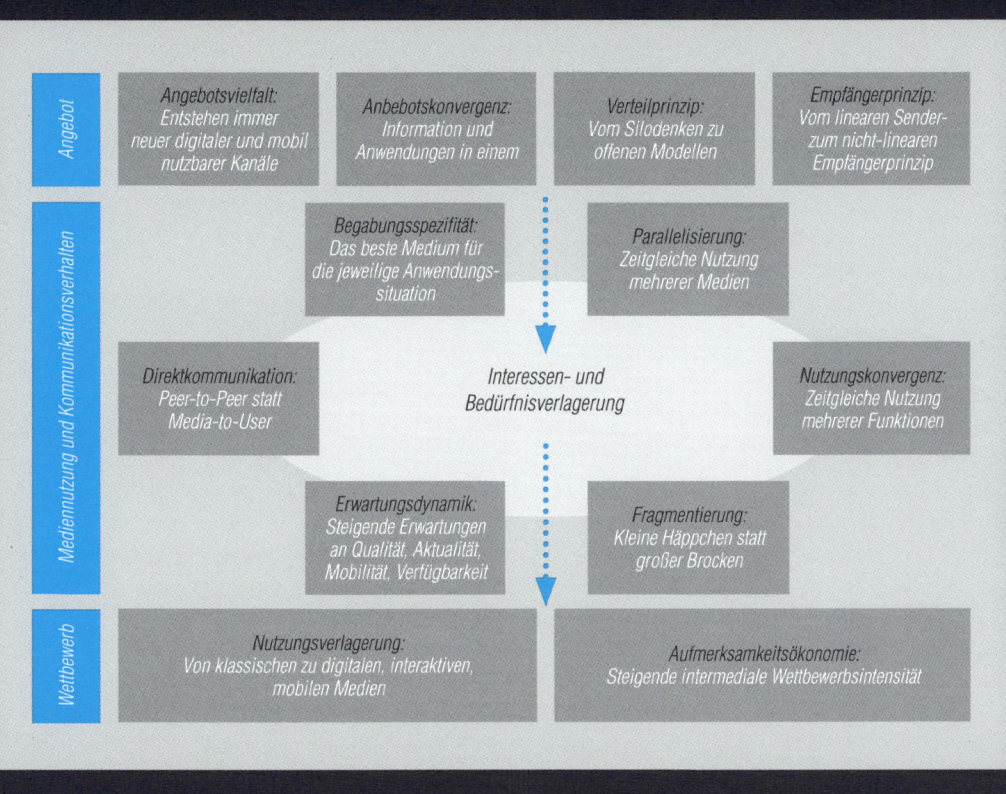

einander abgestimmt werden. Dies erfordert eine geeignete horizontale und vertikale Integration der Kommunikation:

VERTIKALE UND HORIZONTALE INTEGRATION DER KOMMUNIKATION

VERTIKALE INTEGRATION DER KOMMUNIKATION: Die Kommunikation eines Unternehmens mit seinen Stakeholdern und Zielgruppen erfolgt auf verschiedenen Ebenen. Organisatorisch können die folgenden Ebenen relevant sein: Die Konzernebene, die Unternehmensebene, die verschiedenen Geschäftsfelder sowie die Units bzw. Programme innerhalb der Geschäftsfelder. Hinsichtlich der Markenwelt eines Unternehmens sind die Ebenen der Dachmarke, der Programmmarke(n) und der Einzelmarke(n) sowie ggf. der Produkte relevant. Die Nutzung von Synergien erfordert eine zumindest widerspruchsfreie Kommunikation über all diese Ebenen. Im besten Fall verstärkt sich die Kommunikation über die verschiedenen Ebenen sogar gegenseitig.

HORIZONTALE INTEGRATION DER KOMMUNIKATION: Auf jeder einzelnen Ebene können die verschiedensten Kommunikationsinstrumente und -maßnahmen wie Werbung, Public Relations, Point-of-Sale-Maßnahmen, Ambient Media, Social-Media-Kampagnen usw. zum Einsatz gelangen. Auch die Maßnahmen innerhalb einer Ebene müssen aufeinander abgestimmt sein. Dies erfordert inhaltliche Kongruenz, aber auch eine zeitlich sinnvolle Abfolge der Maßnahmen und Botschaften. Außerdem müssen die gestalterischen Vorgaben eingehalten werden, damit die Wiedererkennbarkeit sichergestellt ist.

Viele Corporate-Publishing-Instrumente besitzen eine sehr hohe Integrationsfähigkeit.

Corporate Publishing steht hinsichtlich der Integration der Kommunikation in einer besonderen Verantwortung. Denn Corporate Publishing bezieht sich in der Regel auf alle Ebenen der Kommunikation, vom Produkt bis hin zur Unternehmens- bzw. Konzernebene. Und so sind Corporate-Publishing-Verantwortliche in besonderer Weise in der Lage *und* gefordert, die vertikale Integration der Kommunikation zu fördern. Zudem besitzen viele Corporate-Publishing-Instrumente eine sehr hohe Integrationsfähigkeit. Während Werbung sich zum Beispiel auf engem Raum bewegt und die Aufmerksamkeit der Rezipienten nur für eine sehr kurze Zeitspanne zu binden vermag, bietet das typische Corporate-Publishing-Angebot viel Raum – und auch eine längere Aufmerksamkeitsspanne. In Corporate Media können verschiedene Themen aus anderen Kommunikationsmaßnahmen aufgegriffen, aus verschiedenen Perspektiven betrachtet und in neue, spannende Bedeutungszusammenhänge gebracht werden. So werden die Zielgruppen zur vertieften Auseinandersetzung mit Themen angeregt, die an anderer Stelle lediglich angerissen oder nur sehr plakativ dargestellt werden können.

Dabei können Themen in Corporate Publishing sowohl horizontal als auch vertikal integriert werden. Zum Beispiel kann die Kernaussage einer neuen Kampagne mittels Hintergrundberichten über innovative Produktionsverfahren oder Testimonials des Produkteinsatzes belegt werden – was die Glaubwürdigkeit der Aussagen in anderen Kommunikationskanälen steigert. Und wichtige Werte der Dachmarke können mit den anderen Markenwelten des Unternehmens verknüpft und so begründet werden. Die Basis solcher Maßnahmen sind der redaktionelle Ansatz des Corporate Publishing und die durch das Corporate Publishing entwickelten und gestalteten Umfelder.

Mithin sollten die Corporate-Publishing-Verantwortlichen zur bestmöglichen Integration – und somit Wirksamkeit – der Kommunikation die folgenden Herausforderungen meistern:

1. Corporate Publishing muss die *vertikale Integration* der Kommunikation sicherstellen, indem es die Kompatibilität der kommunikativen Leitideen über die verschiedenen Ebenen gewährleistet. Dies setzt voraus, dass auf allen Ebenen Leitideen bestehen, die die Entwicklung kongruenter kanalübergreifender Maßnahmen ermöglichen. Weiterhin müssen die Leitideen ebenen-übergreifend auf Kongruenz und Integrationseignung geprüft und ggf. optimiert werden. Nur so kann die Positionierung der Marken des Unternehmens auf den verschiedenen Ebenen bestmöglich kommunikativ unterstützt werden. Und nur so können Corporate-Publishing-Maßnahmen ihre Integrationsfähigkeit voll ausspielen.

2. Corporate Publishing muss die Entwicklung und Umsetzung kanalübergreifender Kommunikationsstrategien, also die *horizontale Integration* der Kommunikation fördern. Hier ist im Corporate Publishing immer mehr die Integration der marken- und produktbezogenen Kampagnen in die eigenen Instrumente gefordert. Zum Beispiel kann Corporate Publishing einen Integrationspunkt von Marketing- und Vertriebsstrategie bilden, und zwar weit über die bloße Abbildung von vertriebsrelevanten Themen in Kundenmagazinen hinaus: So können zum Beispiel Corporate-Media-Apps gezielt um Servicefunktionen angereichert werden, die den Interessenten vom Inhalt auf Services und schließlich zum digitalen oder realen Point-of-Sale begleiten. Hierbei können auch die Vertriebswege eingebunden werden. Diesen Ansatz verfolgt zum Beispiel TUI mit seinem Expertennetzwerk (www.tui.com/reise-experten). Dies erlaubt es Reisebüroexpedienten, ihr Know-how über Reisedestinationen auf TUI.com zur Verfügung zu stellen und so neue Interessenten zu gewinnen. So werden in einem Netzwerkansatz neue Contents generiert, in die Verkaufsprozesse integriert und zur Hinführung an den Point-of-Sale genutzt.

Die Erfordernisse der integrierten Kommunikation zeigen auf, dass eine kontinuierliche Weiterentwicklung der Kompetenzen zur Planung und Umsetzung von Kommunikationsmaßnahmen für eine wirklich effiziente und wirkungsvolle Kommunikation unerlässlich ist. Auch hier spielt Corporate Publishing eine zentrale Rolle für die Unternehmenskommunikation.

KOMPETENZZIELE: WIE CORPORATE PUBLISHING IN ZEITEN DES DIGITALEN WANDELS DIE ERFORDERLICHEN KOMPETENZEN BEREITSTELLT

Die Veränderungen der Medienlandschaft und des Mediennutzungsverhaltens führen zu neuen Möglichkeiten, aber auch neuen Herausforderungen. Um diese zu meistern, müssen die Fähigkeiten und Kompetenzen der Kommunikation mit den aktuellen Entwicklungen Schritt halten. Insbesondere die Verlagerung zu den digitalen Medien und die hieraus resultierenden, häufig komplexen kanalübergreifenden Kampagnen erfordern neue bzw. erweiterte Fähigkeiten. Fähigkeiten zur Konzeption erfolgreicher Kommunikationsstrategien und Kampagnen, zur crossmedialen Aufbereitung und Verknüpfung von Themen und zur Steuerung und Durchführung der Umsetzung der Kommunikationsmaßnahmen – auch dialogischer Maßnahmen in Social Media. Und so ist eine der wichtigsten Fähigkeiten der Zukunft nicht die Sendekompetenz, also die optimale Vermittlung aus Sicht des Unternehmens erwünschter Botschaften. Vielmehr gewinnt das Zuhören als Startpunkt jeder guten Kommunikation deutlich an Bedeutung.

WARUM NUTZEN UNTERNEHMEN ALSO VERMEHRT CORPORATE PUBLISHING?

- *Weil Unternehmen ihre Kunden und Stakeholder direkt ansprechen möchten*
- *Weil Unternehmen mit der professionellen redaktionellen Konzeption und Gestaltung von Medien Menschen emotional und rational erreichen*
- *Weil Kommunikation gleichzeitig immer schwieriger und immer wichtiger wird und daher Publikationskompetenz immer wichtiger wird*
- *Weil es neue Medien gibt, die eine neue Art der Kommunikation und Interaktion mit dem Kunden erlauben*
- *Weil die Kunden in Zeiten von Social Media mit ihren Anbietern und Marken in einen Dialog treten möchten*
- *Weil Contentkompetenz immer wichtiger für die Kommunikation mit den Zielgruppen wird*
- *Weil es den Corporate Spirit unterstützt und Identität stiftet*
- *Weil es auf Produkt- und Markenimages einzahlt*
- *Weil integrierte Kommunikation einen Anker braucht*
- *Weil dabei spannende Publikationen herauskommen*
- *Weil Unternehmen ihre Kunden binden möchten*
- *Weil sie Stakeholder für sich einnehmen möchten*
- *Weil es sich rechnet*

Die Kompetenz des Zuhörens gewinnt zukünftig gegenüber der Sendekompetenz deutlich an Bedeutung. Sie ist der Startpunkt jeder guten Kommunikation.

Zuhören: Ein wesentlicher Faktor der Kommunikation ist die Fähigkeit des Zuhörens als Basis für jeden echten Dialog. Denn Social Media bietet nicht nur die Gelegenheit, sich direkt mit den eigenen Zielgruppen auszutauschen. Vielmehr liegt eine der größten Chancen von Social Media in der Identifikation der für die Zielgruppen relevanten Themen, ihrer aktuellen Befindlichkeiten und der Veränderungen in den für das Unternehmen relevanten Diskussionsströmen. Dies gelingt zum einen mittels Social-Media-Monitoring und der systematischen Auswertung einer Vielzahl von Beiträgen, zum anderen durch die direkte Interaktion mit einzelnen Personen. So werden die Themen erkennbar, über die die Zielgruppen mit dem Unternehmen in einen Dialog treten möchten.

Dialoge führen: Social Media ist dialogisch und zwingt Unternehmen dazu, die eigene Dialogfähigkeit aus- oder gar aufzubauen. Dies beginnt bei grundlegenden Anforderungen wie der zeitnahen Antwort auf Fragen und der schnellen Entwicklung eigener Positionen bezüglich Diskussionen, die andere initiiert haben. Echte Dialogfähigkeit fordert aber auch ein ausgeprägtes Einfühlungsvermögen und eine entsprechende innere Haltung bei den Beteiligten innerhalb der Unternehmen.

Organisieren: Die Dialoge in Social Media erfolgen direkt und in „Echtzeit". Exzellente Kommunikation nach außen erfordert daher immer mehr auch eine exzellente interne Kommunikation im Unternehmen. „Exzellenz" wird im Corporate Publishing jedoch vielfach noch mit „sauber abgestimmt" gleichgesetzt. Die in vielen Unternehmen praktizierten mehrstufigen Abstimmungsprozesse von Verlautbarungen durch das Unternehmen stoßen hier klar an ihre Grenzen. Und auch das kanalübergreifende Agieren ist in tradierten Strukturen nicht effizient zu bewerkstelligen. Daher müssen in vielen Organisationen neue Strukturen, vor allem aber effizientere Prozesse in der Kommunikation realisiert werden. Die Fähigkeit zur Gestaltung exzellenter

interner Prozesse für Planung, Recherche, Abstimmung und Umsetzung von Kommunikationsmaßnahmen ist eine Grundvoraussetzung für ihre qualitativ hochwertige und effiziente Umsetzung – und wird damit dauerhaft zu einer wichtigen Kompetenz in Corporate Publishing und
Unternehmenskommunikation.

Umsetzen: Die Welt der digitalen Medien stellt weitergehende Herausforderungen an die Umsetzung. Es gilt, neue Technologien adäquat einzusetzen, neue Kommunikationsansätze aufzu-
greifen, ihre Wirkungsmechanismen zu erkennen und zu verstehen. Von der Planung bis hin zur
Erfolgskontrolle: Digitale Medien stellen entlang ihrer gesamten Wertschöpfungskette andere
Anforderungen als zum Beispiel Print. Wer hier nicht über die erforderlichen Kompetenzen – sei
es im eigenen Haus oder bei seinen Dienstleistern – verfügt, schöpft das Potenzial der digitalen
Medien nicht oder nur zu erhöhten Kosten aus.

Zuhören, Dialoge führen, Organisieren und Umsetzen von digitalen und crossmedialen Kommunikationsmaßnahmen sind also wichtige Kompetenzen: Corporate Publisher sind gefordert, die
Fähigkeit zur Gestaltung und Umsetzung von Publikationsprozessen über die verschiedensten Kanäle von Print über Online und Mobile bis hin zu Audio und Bewegtbild vorzuhalten. Und sie
müssen die Wirksamkeit der Kommunikationsmaßnahmen durch Vernetzung und Empfehlungs-
mechanismen noch steigern. Diese Kompetenzen sind jedoch nicht nur für das Corporate Publishing,
sondern für alle kommunizierenden Bereiche im Unternehmen relevant. Der Auf- und Ausbau
der für die Kommunikation zukünftig relevanten Kompetenzen durch das Corporate Publishing
ermöglicht die Beratung und Unterstützung anderer Kommunikationsbereiche durch das Corporate
Publishing, und so die Steigerung der Qualität und Effizienz der Kommunikation insgesamt.

LITERATUR

CORPORATE PUBLISHING BASISSTUDIE 02 (2010): Digitale Unternehmensmedien. Die wichtigsten Ergebnisse
auf einen Blick, hrsg. von zehnvier und EICP., http://zehnvier.ch/data/1283878462_Web_kurz.pdf
CP MONITOR 4/2011, S. 42 f.
CP 360 GRAD (2011): Effiziente Handelskommunikation. Grundlagenstudie zum optimalen Kommunikations-Mix
mit Kundenmagazinen im Handel, hrsg. von Deutschen Post AG, des Siegfried Vögele Instituts und der TNS Emnid
Medienforschung, http://www.tns-emnid.com/medienforschung/pdf/corporate-publishing/TNS_Emnid_Basis-
praesentation_CP-360-Grad.pdf
DIALOG MARKETING MONITOR STUDIE 23 (2011), hrsg. von Deutsche Post AG, http://www.deutschepost.de/
dpag?xmlFile=link1015573_28880
PRINTMEDIEN-ENTSCHEIDER-PANEL (2009), hrsg. von Deutsche Post DHL, http://www.dp-dhl.com/de/presse/
pressemitteilungen/2011/deutsche_post_printmedien_entscheider_panel.html
ZAW-JAHRBUCH (2011): Werbung in Deutschland, hrsg. von Zentralverband der deutschen Werbewirtschaft e. V.,
http://www.zaw.de/index.php?menuid=98&reporeid=764

ANMERKUNGEN

1 Diese verstehen sich ohne Mittlerprovisionen und Produktionskosten, spiegeln also nicht die Gesamtinvestitionen
   wider.
2 SMART-Kriterien zur Zieldefinition sind: S = spezifisch, M = messbar, A = akzeptiert, R = realistisch, T = terminierbar

„Es herrscht eine Sehnsucht nach anspruchsvolleren, gut recherchierten und ausdrucksstark bebilderten Texten und Medien."

MEHR WERT SCHAFFEN
CORPORATE PUBLISHING IM MARKETINGMIX

Ich gebe Ihnen vier Fragen mit einem Fazit, und Sie wissen, warum Corporate Publishing im Marketingmix mehr Wert schafft. Etwas voreilig? Vielleicht. Dennoch wird die Notwendigkeit, Corporate Publishing relevant im Marketingmix zu integrieren, immer drängender. Und manche Kollegen gehen ziemlich fahrlässig mit dem Corporate-Publishing-Thema in ihrem Kommunikationsmix um. Das hat fatale Folgen. Aber zunächst zu den vier Fragen, die Sie sich in der Praxis vielleicht auch schon gestellt haben:

....

1. Sollte Corporate Publishing einen größeren Anteil im Marketingplan erhalten – wenn ja, warum?
2. Was erwarten die Kunden wirklich von Corporate-Publishing-Produkten?
3. Welche Rolle spielt Social-Media-Marketing für Corporate Publishing im Marketingmix?
4. Warum wird uns die Messung des Kommunikationserfolges immer mehr beschäftigen?

....

Werbung, vielfältige Dialogmöglichkeiten, Informationsflut allerorten machen die Mediennutzung auf der einen Seite einfacher und intensiver, auf der anderen Seite aber auch viel komplizierter, da die Fähigkeit zur Selektion überstrapaziert wird. Es piept, es klingelt und blinkt den ganzen Tag. In diesem allgegenwärtigen Informationsfluss ist Orientierung gefragt. Denn inmitten der Informationsflut herrscht Informationsmangel. Wie kommt das? Die Informationstiefe ist häufig zu flach und die Inhalte schlecht produziert oder einfach kopiert. Auch die Angst der Menschen spielt eine entscheidende Rolle. Die Angst davor, dass sich die Welt schneller dreht und wir in der Flut von Informationen untergehen; die Angst, dass die Informationsflut unseren Blick auf die Welt unschärfer macht und unseren Platz in der Welt unsicherer. Es ist verständlich, dass man Dinge und Themen vereinfachen möchte. Es ist aber auch dumm. Denn Vereinfachung macht uns dümmer. Komplizierte Probleme fordern komplexe Antworten, keine Reduktion auf zwei Pole.

Das bringt mich zu den Kundenwünschen. Es herrscht Sehnsucht nach anspruchsvolleren, gut recherchierten und ausdrucksstark bebilderten Texten und Medien. Nicht täglich, der schnelle Infohappen hat durchaus seine Berechtigung. Diese Sehnsucht zu stillen, ist ein schwieriges Unterfangen, da die Ablenkung sehr groß und das Angebot extrem vielfältig ist. Deshalb geben sich viele Menschen mit Kompromissen zufrieden. Für die Kommunikation und Informations-suche hat das eklatante Folgen, durchaus auch auf den Bildungsstand ganzer Nationen. Die Bereitschaft, Mühe auf sich zu nehmen und etwas zu investieren, um Freude an Erkenntnis und Bildung zu erlangen, scheint in den Hintergrund zu treten (Gaschke 2009: 81). Das Lesen von Büchern hält die websozialisierte Generation für Geld- und Zeitverschwendung. Stattdessen vertraut sie auf die schnellen, bequemen Lösungen und Angebote des Internet.

Es gibt auch einen Gegentrend. Denn das Mediennutzungsverhalten wird in großen Teilen unserer deutschen Gesellschaft deutlich bewusster. Ein konstruktiv-kritischer Umgang mit Informationen ist die Folge. Den bewussten Mediennutzern geht es um den Prozess, die Dynamik, das ständige An-sich-Arbeiten. Interessante Themen werden tiefer recherchiert. Die Qualität der Quelle wird immer wichtiger genommen, die eigene Meinung fundierter gebildet. So ist das zumindest bei der Informationselite. Und die tummelt sich auch in sozialen Medien. Die Entschleunigung der Informationsaufnahme ist ihr wichtig. Allein schon, um dem Gehirn etwas Ruhe und Abstand von den „Fast-Food-Informationen" zu bieten, die es – bildlich gesprochen – verfetten lassen.

EFFIZIENTER CONTENT

Es besteht nach wie vor ein direkter Zusammenhang zwischen journalistisch hochwertigen Inhalten und einer messbar höheren Werbewirkung.

Hier liegt die Stärke von Corporate Publishing – und somit seine Existenzberechtigung in jedem Marketingmix, der sich an anspruchsvolle Kundengruppen wendet. Denn es besteht nach wie vor ein direkter Zusammenhang zwischen journalistisch hochwertigen Inhalten und einer messbar höheren Werbewirkung. Das macht Corporate Publishing so effektiv (OMS 2011). Es ist nachvoll-ziehbar, dass hochwertige journalistische Inhalte zu einer Verdopplung der Lesezeit zum Beispiel auf einer Website führen. Als direkte Folge erhöht sich auch die Zeit, die der Leser mit allen Inhalten auf der Webseite (u. a. auch der Werbung) konfrontiert wird, und es entsteht eine hohe Leser-Seiten-Bindung. Beides zusammen führt zu einer deutlich erhöhten Werbewirkung (OMS 2011).

Neben den anspruchsvollen Inhalten kommt die aufwändigere und anspruchsvollere Gestaltung des Corporate-Publishing-Mediums voll zum Tragen. Dessen exzellente Gestaltung in Wort und Bild wird von den Kunden allerdings auch erwartet. Ob es sich hierbei um ein Buch, ein ge-drucktes Magazin, eine App oder ein digitales Magazin handelt, ist von den anvisierten Kunden-gruppen abhängig und für die Konzeption von Corporate Publishing erst einmal nachgelagert. Es geht also nicht um Fast Food, sondern um gesundes Essen – im besten Fall um ein Fünf-Gänge-Menü im Sterne-Restaurant –, wenn wir über Corporate Publishing reden. Es geht um schlechte Kohlenhydrate mit Fetten contra Genuss mit Mehrwert.

„Das muss ich haben", war und ist bei vielen Corporate-Publishing-Produkten eine gern ge-hörte Reaktion. Das „Wella"-Buch über Haare oder eine der „Mini"-Publikationen begeistert viele Menschen immer wieder aufs Neue. So ein Bündel veredeltes Papier mit wundervollen Texten und grandiosen Bildern in der Hand zu halten, ist doch ein ganz anderes Gefühl, als dieselben Inhalte am Monitor zu sehen. Hand aufs Herz: Können Sie sich an ein digitales Erlebnis, Magazin oder Buch erinnern, dass Sie so richtig gepackt hat, von Ihnen weitergeschickt wurde oder Talk of the Town wurde? Und ich meine jetzt nicht das schlecht aufgenommene Video, in dem ein Pandabärchen hustet und damit seine 6,9-Millionen-Klick-Fangemeinde verzückt, sondern ein gutes Stück Journalismus oder eine grandiose Fotostrecke, die Sie gepackt hat und allein durch die Art, wie sie die digitalen Möglichkeiten umsetzt, für Sie absolut überzeugend war.

Können Sie sich an solch ein digitales „Erlebnis" erinnern? Dann gehören Sie sicherlich zu den Menschen, die sich in beiden Welten – der gedruckten wie der digitalen – sehr gut zurecht finden. Oder Sie sind ein Digital Native und haben einen gesunden „Hunger" auf Content. Oder Sie sind ein Entdecker. Denn es ist immer noch viel schwieriger, diese Inhalte digital zu finden als in gedruckter Form. Wie dem auch sei – sicherlich werden Sie mehrere Beispiele für Bücher oder Printmagazine nennen können. Und hier setzt Corporate Publishing im Marketingmix an.

ANFORDERUNGEN AN CORPORATE PUBLISHING IM MARKETINGMIX

Warum muss Corporate Publishing verstärkt in den Marketingmix rein? Zunächst gilt für die digitalen wie für die Printprodukte im Corporate Publishing die gleiche Regel. Daher sollte man sich als Entscheider nicht dem Trend verschließen, die Corporate-Publishing-Inhalte in dem Format und über die Kanäle anzubieten, die die Leser präferieren. Die lang geführte Diskussion, ob Corporate-Publishing-Produkte in Print oder online produziert werden sollten, hat sich überlebt. Der Brückenschlag von Print in die digitalen Netze ist längst vollzogen, denn reines Kanaldenken bremst, und guter Inhalt beschleunigt.

Als Kernfrage bleibt: Wie kann ich die Aufmerksamkeitsschwelle der Leser überschreiten, damit ich überhaupt gesehen werde? Ich muss den Kunden faszinieren! Die sogenannten Post-Internet-Publikationen müssen auch die wichtigste Anforderung an Corporate Publishing erfüllen: Sie müssen faszinierende Geschichten erzählen. Geschichten, die mit sorgfältig ausgewählten Worten, außergewöhnlichen Bildern und ungewöhnlichen Grafiken die Zeit und die Zuwendung der Leser ergattern. Also Storytelling vs. Dichtheit von Onlinenews. Zeit, Muße und Arbeit statt schnelle Informationsstückchen. Denn Geschichten bringen auch Realitätsnähe und Orientierung, sie helfen uns, uns in dieser Welt zurechtzufinden.

Sich zu orientieren kostet auch Zeit. Dem Corporate-Publishing-Medium gibt der Leser dieses Zeitkontingent freiwillig. Das belohnt die Macher für ihre Mühen bei der Konzeption und die Präzision bei der Erstellung. Denn Corporate Publishing ist anstrengend. Für die Entwicklung einer Werbekampagne oder einer PR-Strategie braucht man zwar auch Zeit. Aber ein Kundenmagazin, ein Firmenbuch zum Jubiläum oder zur Marke sind noch einmal ein deutlich höherer Aufwand. Aufwand für Recherche, Texte, Fotografie etc. – und für die ständige Qualitätskontrolle. Das ist einer der Gründe, weshalb Corporate Publishing im Marketingmix nicht immer an erster Stelle steht.

Dabei hat Qualitätsjournalismus immer Zukunft. Nehmen Sie zum Beispiel ein klassisches Balkendiagramm, das Sie für eine Publikation benötigen. Haben Sie schon einmal versucht, dieses Balkendiagramm anders als mit den üblichen Office-Produkten darzustellen? Dann waren Sie sicher mehr als glücklich, als Sie zum Beispiel auf Plattformen wie www.chartporn.com ungewöhnliche Ideen zur Umsetzung von Illustrationen und Grafiken gefunden haben und diese interaktiv gestalten konnten. Der Effekt war, dass Ihre Leser sich besser und länger mit dem Thema beschäftigten. *Abbildung 1* zeigt eine Grafik, die spielerisch auch ein heikles Thema wie der „Verlust der Unschuld" visualisiert und zum Mitmachen im Voting animiert.

Bilder und Animationen spielen eine immer stärkere Rolle, da sich das Nutzungsverhalten verändert hat. Die Leser/User sind sehr geschickt darin, Informationen visuell zu verarbeiten. Was manche –

ABBILDUNG 1

Balkendiagramme mal spannend und interaktiv umgesetzt.[1]

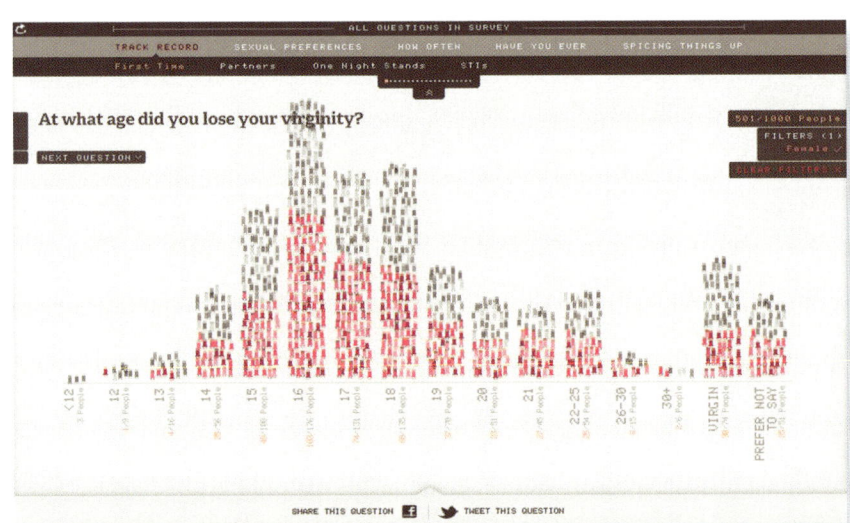

insbesondere die Jüngeren – allerdings immer weniger können, ist über längere Zeit jemandem zuhören, mit jemandem reden oder in Ruhe ein Buch lesen. Eine Inflation der Bilder sowohl im Netz als auch bei den Publikationen ist die Folge. Kontextlose Bilder sind Fast Food, ein journalistisch gut gemachter Text mit den richtigen Fotos ist ein Gourmetessen. Auch hier ist die Frage der Balance maßgeblich, und es bedarf eines cleveren Marketers, um diese Balance nicht nur in der Konzeption zu entwerfen, sondern auch in der Umsetzung von seinen Agenturen einzufordern.

FUNKTION DES CORPORATE PUBLISHING

Der direkte Verkauf oder die Leadgenerierung sind nicht Sache des Corporate Publishing.

Neben der puren Informationsvermittlung und dem Storytelling ist die Pflege der Kundenbeziehung durch Corporate Publishing eine vielversprechende Stoßrichtung. Da Kundennähe in vielen Marketingplänen immer mehr Gewicht erhält, sollte man meinen, dass Corporate Publishing davon per se profitiert. Dies ist aber nicht der Fall, denn die Potenziale des Corporate Publishing sind nicht so einfach auszuschöpfen. Jedem Kundenmagazin kommt bei der Beziehungspflege aber eine wichtige Rolle zu. Denn nur über die eigenen Medien können Vertrauen und Transparenz bei Kunden, Mitarbeitern und Investoren gefestigt werden. Und auch hier zählt die Qualität. Dass ein Magazin umso besser beim Leser ankommt, je hochwertiger der Inhalt und die Aufmachung sind, ist logisch. Wer auf Billigniveau ein „Werbeblatt" aus dem Boden stampft, wird keine Kundenbindung aufbauen. Im Gegensatz zu Verkaufsbroschüren besteht also die Aufgabe des Corporate Publishing darin, die Adressaten objektiv zu informieren, niveauvoll zu unterhalten, ihnen einen Mehrwert zu bieten und aktiv Impulse für den Absatz zu setzen – eine sensible Sache. Die Kunst liegt darin, die Leistungen des herausgebenden Unternehmens positiv herauszustellen und gleichzeitig ehrlich und glaubwürdig aufzutreten. Kundenmagazine schaffen inhaltliche Anknüpfungspunkte, die im Vertrieb aufgegriffen und als thematischer Anker für ein Gespräch genutzt werden können.[2] Aber der direkte Verkauf oder die Leadgenerierung sind nicht Sache des Corporate Publishing.

Warum wächst der Anspruch an die digitale Umsetzung für Corporate-Publishing-Aktivitäten? Die Inhalte können sehr einfach und kostengünstig personifiziert werden – damit ist die Ansprache schon auf Augenhöhe, und damit auch die Wahrscheinlichkeit, dass der Leser sich mit dem Inhalt beschäftigt. Zudem ist eine Reaktion – im besten Falle sogar ein Dialog – möglich, und zwar direkt. Nicht nur der Konsum, sondern die Produktion von Inhalten wird für viele Zielgruppen immer wichtiger. Digitale Kanäle schöpfen ihre Kraft aus diesem Aspekt. Und aufgrund dieser Feedbackmöglichkeiten kommt eine neue Währung für die Messbarkeit der Kommunikationsmaßnahmen ins Spiel. Reichweite und Auflagenhöhe sind Auslaufmodelle, sie werden von der Qualität der Interaktion mit den Usern und ihren konkreten Inhalten abgelöst. Nicht schon morgen, aber spätestens übermorgen.

SOCIAL MEDIA

Social Media beschreibt digitale Medien und Technologien, die es Nutzern ermöglichen, sich online untereinander auszutauschen und mediale Inhalte einzeln oder in Gemeinschaft zu gestalten (User Generated Content). Immer wichtiger wird hier die Schnittstelle von den Usern zu den Unternehmen. Es bietet sich ein weites Feld, in dem Corporate Publishing und Social Media zusammenwachsen können bzw. müssten.

Mit Facebook hat sich in den letzten Jahren der Favorit für Social-Media-Aktivitäten herausgebildet. Das Wachstum ist atemberaubend, 2011 sind in Deutschland 57 Prozent Wachstumsrate mit insgesamt 22 Millionen Facebook-Nutzern zu bewundern *(Abbildung 2).* Dieser schieren Masse kann sich kein Marketer entziehen, er oder sie sollte für den eigenen Marketingmix dringend eine Strategie formulieren. Ob Corporate Publishing Bestandteil der Social-Media-Strategie ist oder umgekehrt, hängt von dem Mindset der Marketingführung ab. Sicher ist nur eins: Corporate Publishing wird es sich nicht erlauben können, den Kanal Social Media nicht adäquat zu bespielen.

ABBILDUNG 2

Die Macht von Facebook wächst täglich.[3]

Das Risiko dieser Sogwirkung in Richtung Social Media ist aber auch nicht zu unterschätzen. Auch wenn fast 80 Prozent der deutschen Bevölkerung angeben, dass sie Social Media nutzen, sind nicht alle Nutzungsmotive für die kommerzielle Kommunikation relevant. Denn für die große Mehrheit von 71 Prozent steht, wenig überraschend, „Sich über Freunde informieren" an erster Stelle. Mehr als jeder Vierte (28 Prozent) nutzt die sozialen Netzwerke außerdem als Informationskanal, um sich über das aktuelle Tagesgeschehen auf dem Laufenden zu halten (BITKOM 2011). Hier liegt ein großes Potenzial für professionelle Kommunikation. Die klassischen TV-Nachrichten spüren den digitalen Konkurrenzdruck schon lange und rüsten daher ihr Internetangebot dramatisch auf – und zwar mit einer Qualitätsoffensive, Hintergrundinformationen und gutem Journalismus, wie www.tagesschau.de eindrucksvoll demonstriert.

ERFOLGSFAKTOR EMPFEHLUNGSMANAGEMENT

Aber warum dieser Social-Media-Hype? Und wird Social Media das Corporate Publishing nachhaltig verändern? Ja, auch wenn die aktuelle Diskussion ständig wechselnde Trends aufzeigt. Die Fakten stellen sich für mich wie folgt dar: Die Rollen von Sender und Empfänger haben sich nachhaltig geändert. Als Unternehmen kann man sich Aufmerksamkeit nicht mehr erkaufen, sie wird einem vielmehr vom User geschenkt. Ein wunderbares Potenzial! Aber dieser Leser ist scheuer als Rotwild in der Schonung. Außerdem hat die kostenlose Gabe eine Kehrseite: die Qualität. Die Informationselite verbreitet Wissen zwar rasant, aber nahezu ungefiltert. Entscheidet in klassischen Medien der Journalist über den Informationswert, so entscheidet es in den sozialen Medien der Leser mit Interesse oder Desinteresse, damit, dass er oder sie Informationen multipliziert oder eben nicht. Vor allem färbt er/sie sie immer ganz persönlich ein. Viele Nachrichten werden mit einer persönlichen Meinung versehen und enthalten so bereits eine Empfehlung für den Folgeleser. Die mühevolle Arbeit der Kommunikation und Themensetzung wird von den Lesern selbst verrichtet.

Der größte Hebel für Unternehmen ist das Empfehlungsmanagement der Social-Media-Aktivitäten. Gemäß der Marktforschungsgesellschaft Nielsen vertrauen 90 Prozent der Kunden bei Kaufentscheidungen auf Tipps von Freunden.[4] Wenn sich ein Unternehmen den Social Media öffnet, können beide Seiten – Firma und Kunde – profitieren. Dieser Prozess ist jedoch unumkehrbar, weshalb zu prüfen wäre, ob das Management des Unternehmens wirklich bereit ist, die Kommunikationshoheit abzugeben. Gerade dieser Kontrollverlust führt bei vielen Unternehmen zu einer gehörigen Portion Angst. Und täglich neue Negativbeispiele schüren sie immer weiter. Berechtigt ist diese Angst, wenn ein Unternehmen keine weitreichende Strategie für die sozialen Medien aufgestellt hat. Denn durch die schnelle und weitreichende Verbreitung von Informationen können sich Krisen heutzutage innerhalb kürzester Zeit ausweiten, ein großes Publikum erreichen und enorme Imageschäden für das Unternehmen zur Folge haben. Aber meist sind dort grobe oder fahrlässige Fehler gemacht worden. Mit der Einhaltung einiger Grundregeln ist Kommunikation in Social Media nicht schwieriger als „normale" Kommunikation auch. Der große Unterschied: Wenn man Fehler macht, sind diese gleich öffentlich und nur schwer zu kaschieren. Beispiele wie die Firmen JAKO[5] in 2009 oder Kitkat/Palmöl in 2010[6] zeigen auf, wie fehlendes Fingerspitzengefühl und fehlende bzw. falsche Reaktion Negativ-PR-Wellen kreiert, durch die nur hochseetaugliche Kommunikationskapitäne sicher segeln können.

Die große Menge an Informationen in Social Media bedarf eines professionellen Handling. Selbst Dax-30-Unternehmen können bei Weitem nicht so viel Content kreieren wie die Millionen von Nutzern. Auch wenn die Zahl der Unternehmen, die Social-Media-Plattformen nutzen, rasch wächst. Fast neun von zehn DAX-30-Unternehmen verwenden soziale Plattformen im Netz für ihre Kommunikation, rund die Hälfte für Marketingmaßnahmen und Kundenmanagement – und die Rekrutierung.[7] Täglich nutzen 59 Prozent der Community-Mitglieder ihre Netzwerke – täglich!

Bei dieser Intensität ist die Erwartungshaltung der User an den Dialog sehr hoch. Im privaten Umfeld funktioniert das meistens, aber auch Unternehmen müssen direkt und adäquat antworten. Wenn sich die Menschen im Netz sowieso über die Themen und Produkte des Unternehmens unterhalten, dann doch bitte auf der Unternehmenswebsite. Aber dann immer noch nicht zu den Regeln des Unternehmens. Die Regeln schreibt das Netz, und somit die User. Unternehmen können sich jedoch innerhalb dieses Regelwerks sehr gut profilieren. Als im Januar 2012 bei der ING DiBa der „Wurstkrieg" ausbrach, reagierte der Konzern sehr souverän und behielt die Macht über seinen Facebook-Kanal, ohne die User vor den Kopf zu stoßen.

Hier zeigt sich, dass Fingerspitzengefühl und Kenntnis der Mechanismen dieser Kommunikation die besten Methoden sind, das Unternehmen in Social Media zu positionieren. Beherrscht man sie, können immer mehr Budget und Manpower in die sozialen Medien fließen und die besten Ideen für Corporate-Publishing-Inhalte dort umgesetzt werden, ohne dass dadurch Risiken entstehen.

SIND SOCIAL-MEDIA-MARKETINGAKTIVITÄTEN EFFEKTIV GENUG?

Social Media ist vor allem eines: messbar. Deswegen lieben Marketingentscheider Social-Media-Marketing und erhöhen Jahr für Jahr seinen Anteil am Marketingbudget *(Abbildung 3)*. Über die Hälfte der deutschen Unternehmen investiert bereits in Social-Media-Marketing, und ein weiteres Drittel will in diesem Jahr noch investieren. Aber die Gretchenfrage bleibt: Was soll überhaupt gemessen werden? Bevor in Social-Media-Marketingaktivitäten investiert wird, sollte sich jedes Unternehmen über die Zielsetzung sicher sein. Was sind die häufigsten Ziele?

DAS SOCIAL MEDIA BUDGET …

ABBILDUNG 3

*Wachstumsprognose
von Social Media[9].*

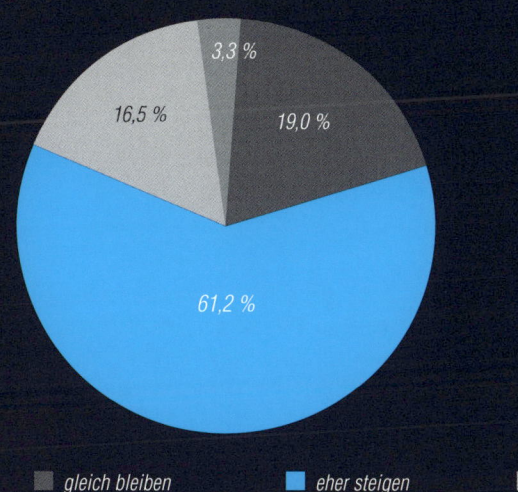

■ eher sinken	■ gleich bleiben	■ eher steigen	■ stark steigen

WE ASKED 140 CORPORATE SOCIAL STRATEGISTS: "WHAT **INTERNAL** SOCIAL STRATEGY
OBJECTIVES WILL YOU FOCUS MOST ON 2011?"

ABBILDUNG 4

*Social Media muss
messbarer werden[10].*

Creating ROI Measurements	48,3 %
Internal Education and Training	37,3 %
Determining an Organizational Model	34,7 %
Applying Social Insights to Product Roadmap	34,7 %
Getting Buy-In from Stakeholders	32,2 %
Developing a Listening/Monitoring Solution	29,7 %
Getting Tools and Technologies in Place	26,3 %
Resources: Increasing budget/headcount	24,6%
Policies and Procedures	22,0 %

1. Bestehende Kunden aktivieren
2. Markenbekanntheit erhöhen
3. Themen und wichtige Geschäftsinformationen verbreiten
4. Laufende Kampagnen unterstützen
5. Auffindbarkeit im Internet erhöhen
6. Verkaufszahlen kurzfristig erhöhen
7. Mundpropaganda bzw. Empfehlung unter Freunden erhöhen

Keine validen Daten gibt es aber darüber, inwieweit der Kanal Social Media für Corporate-Publishing-Inhalte verwendet wird. Hier ist das Zusammenwachsen von Kanal und Inhalt eine interessante Perspektive für den zukünftigen Marketingmix. Aber das alleine reicht nicht. Denn wenn die Frage beantwortet werden soll, wie viel vertriebsrelevante Leads von Social-Media-Aktivitäten kommen – eine ständige Forderung der Nicht-Marketingentscheider –, wird auch hier die Messbarkeit sehr schwierig.

Schon vor Monaten ist die Diskussion neu entflammt, wie sich der Erfolg von Social Media messen lässt[8]. Die reine Anzahl der Fans oder die Klickrate haben ausgedient, aber der ROI (Return on Investment) für Social Media ist noch nicht so definiert, dass er zum System der Mediaagenturen passt *(Abbildung 4, S. 37)*. Intramediavergleiche hinken somit. Auf jeden Fall ist keine Social-Media-Strategie sinnvoll ohne intelligentes Tracking. Es hilft dabei ungemein, wenn man weiß, dass der meiste Traffic zum Beispiel von Facebook kommt, aber die höchste Conversion Rate durch XING-Clicks entsteht. Aus der Vielzahl der Daten relevante Informationen zu machen, wird wichtig für die Marketer werden. Denn wir müssen darstellen, dass wir mehr als nur „Klicks" generieren. Das kann nur funktionieren, wenn wir es schaffen, den Wert von Social Media über Verkaufsziele und Web Analytics plausibel darzustellen.

Ein Wert sticht dabei heraus: Die Anerkennung der Kunden für die Marke wird mit hoher Wahrscheinlichkeit die relevante Dimension für den Return-on-Investment der Zukunft werden.

QUALITÄT IN ALLEN KANÄLEN

Gelingt der Spagat, Texte zu kreieren, die Fachkompetenz ausstrahlen und zugleich einem am Thema interessierten Leser verständlich sind, ist Qualität erreicht.

In den hektischen Zeiten der intensiven Internetberichterstattung, in denen sich die Nachrichtenlage in jeder Sekunde grundlegend verändern kann, wünschen sich die Leser mehr Ruhe, Orientierung und Einordnung. Die Corporate-Publishing-Produkte können hier zur Übersicht und auch zur Meinungsbildung über die Unternehmen beitragen. Das ist ein hehres Ziel, von dem andere Aktivitäten im Marketingmix zum Teil überfordert sind.

Dazu sollten wir die Corporate-Publishing-Aktivitäten aber sowohl digital als auch gedruckt anlegen. Das Userverhalten hat die Kanaldiskussion entschieden: ein klares Sowohl-als-auch. In beiden Kanälen brauchen wir, jetzt erst recht: Qualität. Aber Qualität ist nun mal teuer! Unstrittig ist es billiger, Kosten zu sparen und schlechte Qualität zu liefern – ein Faktor, den der durchschnittliche Internetuser mit seinem ohnehin nervösen Klickfinger wohl kaum bemerken dürfte. Gelingt der Spagat, Texte zu kreieren, die Fachkompetenz ausstrahlen und zugleich einem am Thema interessierten Leser verständlich sind, ist Qualität erreicht. Wenn nun noch die Fotomotive die sprachlichen Themen originell aufgreifen und weiterentwickeln, hat man als Marketer mit seinem Corporate-Publishing-Produkt die Zielgerade erreicht. Zwangsläufig muss die Budgetposition für Corporate Publishing im Marketingmix dafür erhöht werden. Denn man braucht Spezialisten, die so ein Produkt gestalten können. Das Ergebnis hebt sich aber wohltuend von den üblichen Internetinformationen ab.

SOCIAL MEDIA AUF DEM VORMARSCH

Wir werden aufgrund der Größe der Internetzielgruppen, ihrer Dialogfähigkeit und Erreichbarkeit nicht darum herumkommen, die Corporate-Publishing-Produkte in Social Media relevante Formen zu gießen. Social Media ist ein Kernelement des Marketing, und entsprechend werden sich die zukünftigen Budgets entwickeln und verteilen. Denn Social Media ist der größte Gewinner, wenn es um die Budgetverteilung sowohl im Onlinemarketing als auch im gesamten Marketingmix geht. Entscheidend wird sein, welche Formate entwickelt werden und wie die Integration von Corporate Publishing in Social Media aussieht. Weil alle Unternehmen es machen, können wir davon ausgehen, dass wir in 2012 noch bessere Facebook-Strategien und Corporate-Publishing-Kampagnen auf Facebook sehen werden. Die Wahl, es wirklich anders zu machen, werden Unternehmen aber nicht haben.

Es gibt zwar immer noch viele Möglichkeiten, den Erfolg von Marketingmaßnahmen und auch von Corporate-Publishing-Aktivitäten zu messen. Wenn Sie intern argumentieren und belegen müssen, wie zum Beispiel Ihre Social-Media-Aktivitäten messbare Ergebnisse bringen, werden Sie es insbesondere in der Anfangsphase aber schwer haben. Eine passgenaue Zieldefinition erfordert nicht nur Zeitaufwand, sondern auch die Bereitschaft, sich mit Sinn und Zweck seiner Aktivitäten kritisch auseinanderzusetzen und sie fortlaufend zu justieren. Und schnell gelangen Sie über Reichweite (Fans, Followers), Abonnenten, Dialogintensität, Unique Visitors, Suchmaschinentreffer und Conversion Rate hinaus zum einzig wahren Wert: die Anerkennung der Marke. Denn das ist das übergelagert Ziel des Marketingmix.

LITERATUR

GASCHKE, S. (2009): Klick. Strategien gegen die digitale Verdummung, Freiburg: Herder-Verlag

OMS (2011): Werbewirkungsstudie, hrsg. von OMS Online Marketing Service, http://www.wuv.de/w_v_research/studien/je_hochwertiger_der_journalistischer_content_desto_besser_die_werbewirkung

BITKOM (2011): Soziale Netzwerke. Zweite, erweiterte Studie. Eine repräsentative Untersuchung zur Nutzung sozialer Netzwerke im Internet, hrsg. von BITKOM, http://www.bitkom.org/de/publikationen/38338_70897.aspx

ANMERKUNGEN

1 http://sexperienceuk.channel4.com/the-sexperience-1000#/history/virginity/filters/gender/2 (Januar 2011)

2 http://www.prcenter.de/Erfolgreiche-Kundenbindung-durch-Kundenmagazine.36427.html

3 http://allfacebook.de/userdata/(Januar 2012)

4 Wirtschaftswoche vom 10.05.2010 Wirtschaftswoche vom 14.5.2010 und hier der Link:http://www.wiwo.de/erfolg/trends/soziale-netzwerke-wie-unternehmen-auf-facebook-und-co-um-kunden-buhlen-seite-3/5154680-3.html

5 http://www.zeit.de/online/2009/37/jako-blogger-baade (2009)

6 http://www.greenpeace.de/themen/waelder/nachrichten/artikel/nestle_kitkat_heisse_diskussionen/ (März 2010)

7 http://www.idw-online.de/pages/de/attachmentdata9472.pdf (13.06.2011)

8 http://www.mdgadvertising.com/blog/infographic-the-roi-of-social-media-2/ (September 2011)

9 http://www.bvdw.org (Social Media in Unternehmen 2010)

10 Survey of Corporate Social Strategists, Altimeter Group (November 2010)

„Technologische Innovationen haben Onlinemedien erst erfolgreich gemacht, treffen aber auch auf gesellschaftliche Veränderungen, die beschleunigend auf ihren Siegeszug wirken"

CORPORATE PUBLISHING IM ZEICHEN DER MEDIENKONVERGENZ
STAKEHOLDERKOMMUNIKATION UND MEDIENKONVERGENZ

STAKEHOLDERKOMMUNIKATION UND MEDIENKONVERGENZ

Corporate Publishing wird charakterisiert (vgl. Weichler 2007) als permanente oder periodische, journalistisch aufbereitete Kommunikation eines Unternehmens mit seinen verschiedenen Anspruchsgruppen (Stakeholdern) über alle erdenklichen Kommunikationskanäle. Es ist heute an mindestens drei Stellen von der sogenannten Medienkonvergenz betroffen:

1. *Das Mediennutzungsverhalten seiner Rezipienten hat sich räumlich, zeitlich und inhaltlich verändert und verändert sich weiterhin sehr dynamisch*

2. *Die Produktion journalistischer Inhalte muss sich an ein neues Umfeld anpassen, das immer stärker von symmetrischen (sozialen) Kommunikationsanforderungen innerhalb immer spitzerer Zielgruppen geprägt ist*

3. *Die Orchestrierung der Kommunikation muss verschiedenen Arenen mit diversen Stakeholdern Rechnung tragen, indem sie alternative wie komplementäre, crossmediale Distributionswege nutzt*

Der Begriff „Medienkonvergenz" wird in dieser Situation oft als allgemeine Metapher für den Wandel verwendet. Doch was ist damit konkret gemeint? Deckt der Begriff alle Aspekte der Veränderung ab oder gibt es neben Konvergenz auch Divergenz? Was schließlich bedeutet dies für das Arbeiten im Corporate Publishing und was ganz allgemein für das umfassende Management der Kommunikationsaufgaben in einem Unternehmen? Nach einer Begriffsklärung sollen in diesem Beitrag die Veränderungsprozesse bei den Rezipienten, bei der Produktion der Angebote und beim integrierten Kommunikationsmanagement aufgezeigt werden.

„Konvergenz" als wissenschaftlicher Terminus geht wohl auf die Mathematik zurück, wo er die Annäherung zum Beispiel einer Zahlenreihe an einen bestimmten Wert – also einen idealtypischen „Fluchtpunkt" – bezeichnet, der nicht notwendigerweise erreicht wird. Medienhistorisch lässt sich der Begriff mindestens in die 1980er-Jahre zurückverfolgen (siehe etwa bei Pool 1984:19). Er tauchte seither immer wieder auf, zentral zum Beispiel in der medienpolitischen Diskussion Mitte der 1990er (etwa Negroponte 1995). Danach wieder für ein paar Jahre aus der Mode, obwohl die Entwicklungen weitergingen, wurde er schließlich in den letzten Jahren wiederentdeckt.

Konvergenz hat sowohl angebots- bzw. produkt- und anbieterseitige als auch nutzer- bzw. nutzungsseitige Facetten. Beschreibt man Konvergenz als „Annäherung von Märkten", so wird unmittelbar auch ihr Verhältnis zu Substitution und Komplementarität deutlich (vgl. Oehmichen & Schröter 2000).

Heute wird unterschieden zwischen *Konvergenz der Branchen* (bzw. Konvergenz in Industriestrukturen), *Konvergenz von Geschäftsfeldern* (bzw. von Unternehmen), *Konvergenz der Nutzungsplattformen oder Endgeräte und Übertragungstechnologien* (bzw. vormals für verschiedene Endgeräte und Übertragungstechnologien typische Funktionen) und schließlich *Konvergenz der Angebote*.

Konvergenzen auf der Ebene der Nutzungsplattformen (bzw. Endgeräte und Übertragungstechnologien) und der Angebote sind im Corporate Publishing wahrscheinlich am unmittelbar sichtbarsten; man denke an die zunehmende Multifunktionalität von Mobiltelefonen, Laptops oder zuletzt Tablet-PCs.

Wenn vom Zusammenwachsen von Angeboten die Rede ist, ist das mit Bezug auf konkrete Endgeräte klar und augenscheinlich. Onlinemedien sind jedoch mehr als technische Artefakte. Darauf verweist unter anderem Höflich (1999), wenn er von Konvergenzentwicklung der Gebrauchsweisen im Sinne einer „Verquickung von Medienrahmen" spricht, die sich aus der Anwendung mehrerer Medienrahmen auf ein Ausgabegerät oder Trägermedium ergibt. Auch Onlinemedien konstituieren sich in der sozialen Interaktion über ihren Gebrauch (vgl. Burkart 1999). „Fernsehen" etwa hat nicht nur etwas mit einem bestimmten Endgerät zu tun, sondern ist auch mit einer bestimmten Disposition verbunden. Die in diesem Fall eher passiv konsumierende Haltung *(lean back)* kontrastiert mit der eher aktiven Haltung *(lean forward)*, mit der sich der Nutzer an den PC setzt. Was aber, wenn – wie heute vielfach möglich – Bewegtbildinhalte über ein Onlineangebot konsumiert werden? Ob das nun Fernsehen oder Internetnutzung ist, lässt sich dann nicht mehr eindeutig sagen: zwei Medienrahmen konvergieren. Ein ähnlich gelagertes Beispiel hierfür sind die E-Paper-Ausgaben der Magazine und Tageszeitungen (vgl. Bucher, Büffel, Wollscheid 2003).

MEDIENNUTZUNG UND NUTZUNGSKONTEXTE IM WANDEL

Neue Technologien sind zwar nicht der einzig wichtige Faktor, wenn es um den Wandel von Onlinemedien geht. Sie sind aber ein wesentlicher Ausgangspunkt dafür, dass Onlinemedien sich so erfolgreich verbreitet haben. Und sie sind mindestens Rhythmusgeber für weitere Innovationen. Zwei Technologieaspekte waren entscheidend: Erstens die Digitalisierung, die die Übertragung, Speicherung und Verarbeitung von Daten deutlich weniger fehleranfällig und effizienter macht. Die Inhalte werden damit vor allem unabhängig von der Art des Trägermediums, also „crossmedial" einsetzbar. Zweitens wäre aber die Verarbeitung von Daten im heutigen Umfang nicht möglich, wenn die dafür eingesetzte Halbleitertechnologie sich nicht fast alle zwei Jahre hinsichtlich ihrer Leistungsfähigkeit verdoppeln würde – eine Prophezeiung, die Gordon E. Moore,

ENTWICKLUNG DER VERBREITUNG DER INTERNETNUTZUNG   ABBILDUNG 1

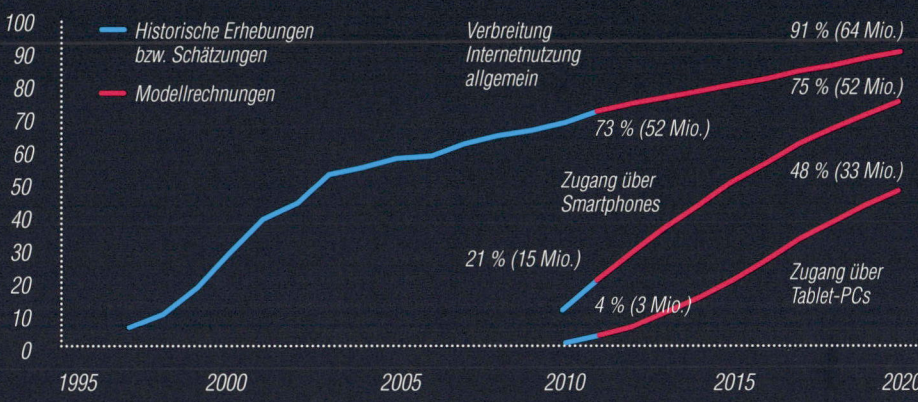

Quellen: Historische/aktuelle Werte: Prozentwerte der Internetnutzung allgemein nach van Eimeren & Frees (2011), gerundete Absolutwerte Smartphone nach PWC (2011) und kumulierte Werte für verkaufte Tablet-PCs nach Bitkom (2011) bezogen auf Grundgesamtheit deutsch-sprachige Bevölkerung ab 14 Jahren entsprechend van Eimeren & Frees (2011); Prognosen nach eigenen Berechnungen (siehe Fußnote 1)

MEDIENNUTZUNGSDAUER UND ANTEIL WERBEERLÖSE NACH GATTUNGEN   ABBILDUNG 2

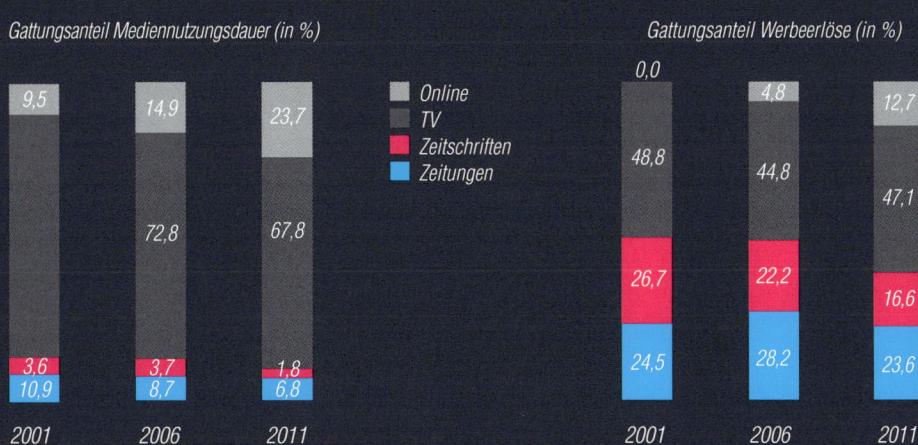

Quelle: Zusammenstellung der Mediennutzungsdauer für TV und Internet nach van Eimeren & Frees (2011) sowie der Zeitungen und Zeitschriften nach Engel & Ridder (2010), bezogen auf die Summe der gattungsbezogenen Nutzungszeiten (Parallelnutzung möglich; andere Medien hier nicht berücksichtigt); Gattungsanteil Werbeerlöse nach Angaben bei Nielsen zur Bruttowerbeeinah-men der Mediengattungen (2011), bezogen auf Summe der Erlöse für hier berücksichtigte Gattungen; Werte für Nutzungsanteile Printmedien jeweils nur für 2000, 2005 und 2010 verfügbar; Werte für Werbeerlöse in 2011 als FC auf Basis der kumulierten Werte bis Quartal 3/2011

Mitbegründer der Computerfirma Intel, bereits 1965 aufstellte. Der kontinuierliche Rhythmus der informationstechnischen Entwicklung, der gemeinsam mit den konkreten Erfindungen des Internet (1969) und des WWW (1989) den Wandel entscheidend prägte, kann allerdings nur bis etwa 2020 gehalten werden. Dann wird die Miniaturisierung atomare Größe erreicht haben. Zumindest bis dahin wird es aber keine Verschnaufpause für die Medien- und Kommunikationswirtschaft geben.

Technologische Innovationen haben den Erfolg der Onlinemedien zwar erst möglich gemacht, treffen aber auch auf davon ursprünglich unabhängige gesellschaftliche Veränderungen, die beschleunigend auf ihren Siegeszug wirken: (1) Die Fragmentierung der Lebensstile hat zur Folge, dass ein und derselbe Inhalt immer weniger Menschen glücklich macht (sichtbar unter anderem an den Auflagenrückgängen der Printmedien schon vor Verbreitung der Onlinemedien in den 1990er-Jahren) sowie (2) die steigende Mobilität, die immer neue Zugänge erfordert als etwa nur über das gedruckte Produkt. Diese beiden Trends wirken auch differenzierend. Sie leisten nicht nur einer Konvergenz auf der Produktionsebene Vorschub, sondern auch einer Divergenz auf der Nutzungsebene.

Der Erfolg der Onlinemedien wird deutlich an der heute schon enormen, gleichwohl noch weiter zunehmenden Verbreitung der Internetnutzung *(Abbildung 1)*. War die Internetnutzung bis vor Kurzem weitgehend stationär, so kommen heute ergänzend mobile Zugänge insbesondere über sogenannte Smartphones und Tablet-PCs wie iPhone oder iPad hinzu. Die mobilen Endgeräte mit Internetzugang über mobile Telefonnetze oder WLAN werden die künftigen Muster der Internetnutzung entscheidend prägen und voraussichtlich bis Ende dieser Dekade klar relevante Reichweiten erschließen, wie ein einfaches Prognosemodell basierend auf Analogien zu bisherigen Innovationsprozessen ergibt[1].

Neben neuen Technologien haben sich auch die Charakteristika der Stakeholdergruppen verändert. Im Gegensatz zu den bisherigen Entscheidern, in deren Leben Onlinemedien oft erst in vorgerücktem Alter den während der Sozialisation erfahrenen Medienkanon ergänzten, sind Onlinemedien für heutige Schüler und Studenten selbstverständlicher Teil des Alltagslebens. Dieser Unterschied prägte auch die Wortschöpfungen der *Digital Immigrants* bzw. *Digital Natives* (Prensky 2001). Letztere wurden mit Onlinemedien groß, erstere nicht.

„One size fits all" funktioniert ganz generell in der Stakeholderkommunikation nicht mehr

Es ist klar, dass auch die Stakeholderkommunikation im Corporate Publishing auf Verschiebungen bei den Rezipienten reagieren muss. In den Unternehmen wächst eine neue, medienaffine Führungselite heran, die als Experte in Sachen Medien- und Kommunikationskompetenz entsprechend involviert wird, aber auch schon ganz anders rekrutiert werden muss – leider jeweils auf sehr individuelle Art. „One size fits all" funktioniert ganz generell in der Stakeholderkommunikation nicht mehr. Die individualisierte Ansprache von Zielgruppen wird zu einem immer wichtigeren Erfolgsfaktor (vgl. Scharrer 2011).

Am sichtbarsten wird die Verschiebung von massenmedialer Stakeholderkommunikation zu differenzierteren Onlinekanälen im Mediasplit der Markenkommunikation *(Abbildung 2)*. Onlinemedien binden immer mehr Mediennutzungszeit und erzielen damit auch wachsende Budgetanteile. Gleichwohl besteht hier immer noch ein starkes Missverhältnis zu den traditionellen Medien. Der Trend zu mehr Online in der Markenkommunikation wird also mit Vehemenz weitergehen, insbesondere zu Lasten von Print.

Natürlich werden davon zunehmend auch die mobilen Onlinekanäle profitieren, die unter anderem auch durch die heute weit verbreitete Ortsinformation über sogenannte *Location Based Services* neue oder produktergänzende Dienstleistungen und damit Absatzchancen schaffen. Der Point-of-Sale wandert quasi mit. Auch klassische Formen des *Out of Home Advertising* erfahren durch *Mobile Tagging* sozusagen eine Verlängerung in die Welt des Internet.

Die Schnittstelle eines Tablet-PC, der neuen Generation mobiler Endgeräte, ist erheblich komfortabler als die der Smartphones. Dadurch könnte sich auch das Repertoire der mobil nutzbaren und genutzten Funktionen nochmal erheblich erweitern. Bislang ist der Tablet-PC aber eher noch ein „Zu-Hause-Gerät" *(siehe unten)*. Außendienstler könnten diesen Medienrahmen mindestens im beruflichen Kontext ausdehnen.

VON DER UNIDIREKTIONALEN, EINDIMENSIONALEN PUBLIKATION ZU SOCIAL MEDIA UND CROSSMEDIALEN ANGEBOTEN

Eine weitere wesentliche Veränderung bringt der nutzergenerierte oder *User Generated Content* mit sich. Im Kontext der sozialen Medien wie etwa Facebook stellen Nutzer selbst Inhalte ein. Das traditionelle Publisher-Modell des *One to Many* wird ergänzt durch den Rückkanal zum Medienanbieter sowie die Kommunikation der Nutzer untereinander. Das vielstimmige Rauschen im Netz wurde seitens etablierter Medienmacher vielfach abgetan, und manchmal wohl zu Recht. Gleichwohl bilden sich hier auf der Basis vieler freier Journalisten und auch nicht journalistisch geschulter Autoren mit publizistischem Erfolg doch neue journalistische Formate heraus (im Bereich des politischen Journalismus etwa *The Huffington Post* oder im Fachinformationsbereich das Blog *Turi2.de für medienmacher*).

Die Bedeutung von Social Media im Repertoire der Onlinenutzung wird auch offenbar durch einen sprunghaften Anstieg der durchschnittlichen täglichen Nutzungsdauer seit 2008 auf heute 80 Minuten. In den fünf Jahren davor war ein Plateau geringen Wachstums zu beobachten gewesen (Engel & Ridder 2011). Mit der Verbreitung von Web-2.0-Angeboten, die das soziale Element im Medienkonsum mindestens stimulieren, wenn nicht erfordern, sind soziale Medien auch aus der Stakeholderkommunikation nicht mehr wegzudenken (vgl. o. V. 2009 oder Kaplan & Haenlein 2010). Wurde zunächst über den damit verbundenen Kontrollverlust lamentiert, so wird heute immer deutlicher, dass ernstgemeinte Stakeholderkommunikation nicht unidirektional laufen kann, sondern dem Rezipienten auch zuhören muss. Freilich mit dem Nebeneffekt, dass Letzterer sich auch ungefragt äußert und sich mit anderen Rezipienten zusammenschließt. Die Social-Media-Aktivitäten der großen Markenunternehmen, für die die Reputationssicherung bzw. deren Aufbau in den Social Media besonders relevant ist (vgl. Bonin 2009), zeigen an, dass dieses Feld weit von einer Professionalisierung entfernt ist. Aber neben Beispielen für Kommunikationsdesaster gibt es auch immer wieder positive Beispiel dafür, wie eine negative Tonalität gedreht oder eine positive verstärkt werden kann (i-cod 2010). Endgültig durchsetzen werden sich unter anderem Online-Social-Networks à la Facebook oder Xing bei der Pflege von Stakeholderbeziehungen, wenn die Trial-and-Error-Phase durch eine etablierte Währung von Aufmerksamkeit in Social Media beendet ist (vgl. Field et al. 2010).

> Online-Social-Networks à la Facebook oder Xing werden sich bei Pflege von Stakeholderbeziehungen durchsetzen, wenn die Trial-and-Error-Phase durch eine etablierte Währung von Aufmerksamkeit in Social Media beendet ist.

Neben dem Aufbrechen des klassischen Publisherprinzips hat eine weitere wesentliche Veränderung in der Nutzung von Mediencontent stattgefunden, die das Management der medialen Kommunikationsaktivitäten herausfordert: Die zunehmende Crossmedialität im Abruf von Content. Im Bereich des Corporate Publishing liegen hierzu kaum vergleichbare Zahlen vor, daher sei auf Publikumsmedien zurückgegriffen, die in dieser Hinsicht sehr umfassend beobachtet werden: Die traditionellen Printmedienmarken werden im Kontext der heutigen Vielfalt von Distributionskanälen sehr unterschiedlich kommuniziert. Die unterschiedlichen Angebote einer Marke über Print, Festnetz/Internet oder über Handheld werden überwiegend von unterschiedlichen Nutzern abgerufen und spielen je Marke unterschiedliche Rollen *(Abbildung 3)*.

Generell ist für alle traditionellen Printmarken der Printkanal noch höchst relevant, wenn er auch zahlenmäßig, etwa beim *Handelsblatt*, schon deutlich vom Onlineangebot überholt wurde. Print ist umso unangefochtener, je größer die Rolle visueller Eindrücke (Bildcontent) ist und je geringer die Relevanz von hochaktuellem Content für die Gesamtpublikation. Überschneidungen zwischen den Distributionskanälen sind auffällig gering. Offenbar hat jeder Nutzer sein favorisiertes Medium für den Abruf von Content einer bestimmten Marke. Hohe Überschneidungen liegen vor allem dann vor, wenn die Inhalte nicht einfach gleichermaßen in die drei hier betrachteten Kanäle kopiert werden, sondern eine kanalspezifische Auswahl und Aufbereitung erfolgt. Nur dann nämlich lohnt es auch, etwa über Handheld ins Angebot zu gehen, obgleich man die Printpublikation schon kennt. Die geringen Überschneidungen in *Abbildung 3* reflektieren also auch, dass die vorhandenen Ansätze der Publisher, die Rezipienten jeweils kanalspezifisch zu adressieren, noch suboptimal sind.

Nicht alle Medienmarken werden also die Reichweite, die sie von Print gewohnt sind, in Zukunft nur noch online erzielen. Printmedien werden sich in exklusiven Communitys, die besonderen Wert auf eine hochwertige Anmutung legen, behaupten und ganz generell in Bereichen, in denen wirkungsvoller Bildcontent eine große Rolle spielt.

MANAGEMENT DER KANÄLE UND INTEGRATION DER PRODUKTION ALS HERAUSFORDERUNG

Natürlich sollten die verschiedenen Kanäle von einer gemeinsamen Contentdatenbank gespeist werden (vgl. Scharrer 2011). Das darf jedoch nicht dazu verleiten, alles gleichermaßen in alle Richtungen zu feuern. Solche zentralen Datenbanken bergen vielmehr die Chance, die Publikation der Inhalte über die verschiedenen Kanäle zu orchestrieren. Das muss sich freilich auch in den redaktionellen Workflows abbilden. Der einheitliche Newsroom oder – im Falle des Corporate Publishing – der zentrale Communication Room tritt an die Stelle paralleler Redaktionsorganisationen für Print, Online und ggf. auch noch TV und Radio. Bei den Redaktionsbetrieben – gleichgültig, ob in Medienunternehmen oder in den Kommunikationszentralen von Markenartiklern, die bereits mit neuen Formen der Organisation Erfahrungen gesammelt haben – zeigt sich, dass das leichter gesagt als getan ist. Wenn Communication Rooms die bisherigen Kommunikationsatolle ablösen sollen, unter anderem durch die räumliche Zusammenführung der Contentproduzenten unterschiedlicher Abteilungen (vgl. Scharrer 2011), dann müssen auch gewachsene, unterschiedliche Arbeitskulturen zusammenfinden und ein Organisationsprinzip etabliert werden, das markenkritische Entscheidungen zentral verankert, aber noch hinreichend viel Spielraum für das notwendig dezentrale Engagement etwa in Social Media lässt (vgl. French, LaBerge, Magill 2011).

Corporate Publisher müssen also nicht nur neue Formen der Redaktionsorganisation entwickeln, die mehr externen Content aus den diversen digitalen Fundgruben antizipieren und Inhalte endgeräteadäquat zusammenstellen – denn natürlich will man auf dem Smartphone anders und Anderes lesen als auf dem PC oder dem Tablet *(siehe dazu auch Abbildung 4)*. Sie werden auch generell spitzer in der Zielgruppenansprache sein müssen.

CROSSMEDIALE NUTZUNG UNTERSCHIEDLICHEN MEDIENCONTENTS   ABBILDUNG 3

Nutzung verschiedener Distributionskanäle für Medien-Content (in %)

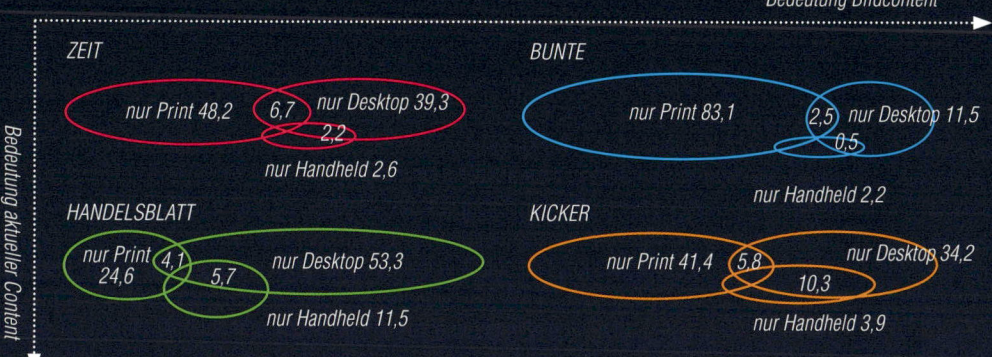

Quelle: Eigene Berechnungen nach ACTA (2011); Reichweitenbasis für Print: „Leser", für Onlinekanäle: „Nutzer pro Woche"; Prozentangaben bezogen auf Gesamtzahl der Nutzer mindestens eines Distributionskanals

UNTERSCHIEDLICHE NUTZUNGSMUSTER JE NACH DIGITALEM   ABBILDUNG 4
DISTRIBUTIONSKANAL

Nutzungsintensität verschiedener Online-Kanäle eines Content-Anbieters (qualitativ)

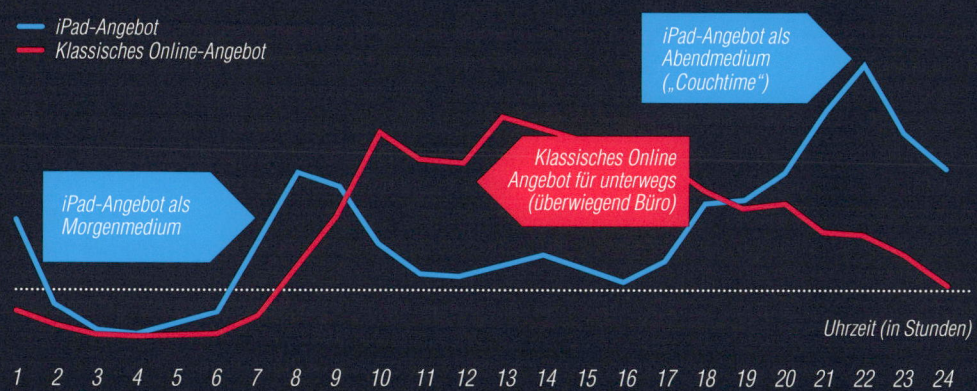

Quelle: Tomorrow Focus Media (2011)

Das setzt neue Kompetenzen voraus, die zumindest bei Mittelständlern kaum unternehmens-intern vorgehalten werden können. Das wäre auch insofern zumindest bis auf Weiteres nicht sinnvoll, da das Innovationstempo bei Endgeräten, Plattformen und Formaten, die all die tech-nisch möglichen Features auch ausnutzen, noch sehr hoch ist. Den Publishern wurde das spätestens bei den Tablet-PC-Anwendungen klar: Hier kann man nicht einfach statische In-halte aus der Printwelt kopieren. Stattdessen werden Inhalte mit starker Verlinkung erwartet, die auch unter Zuhilfenahme von Bewegtbildcontent Erlebniswelten entstehen lassen. *Abbildung 4* verdeutlicht die verschiedenen Nutzungsrahmen für das iPad- bzw. das klassische Onlinean-gebot einer Medienmarke.

Der Tablet-PC wird nicht die letzte Stufe der Neuerung im Abrufen von Online-content sein.

Die Entwicklung bleibt spannend. Der Tablet-PC wird nicht die letzte Stufe der Neuerung im Abrufen von Onlinecontent sein. Mit *Augmented Reality* etwa steht möglicherweise bereits die nächste technologisch getriebene Medieninnovation vor dem Durchbruch. Angebote diversifi-zieren weiter und divergieren damit auch in der Nutzung. Am Ende müssen die Fäden gleichwohl wieder zusammenlaufen, um ein konsistentes Bild des Unternehmens zu vermitteln. Integrierte Kommunikation, lange Zeit mehr Modebegriff als gelebte Praxis, wird heute zum Imperativ für eine nachhaltig effiziente und effektive Kommunikation. Die jeweiligen Botschaften der Unter-nehmen werden die relevante Reichweite nur in einer Kombination der Kanäle finden, die adäquat bespielt und abgestimmt werden müssen. Kommunikationswege über die klassischen Massen-medien werden dabei an Bedeutung verlieren. Ob man das begrüßen kann, weil damit auch Kosten wegfallen, ist noch offen (vgl. Rose & Zuckerman 2009). Auch die Kommunikation in den viel-zähligen und vielseitigen Onlineöffentlichkeiten ist eine Herausforderung, die mindestens Zeit, aber wohl auch Budget erfordert.

LITERATUR

ACTA (2011). Allensbacher Computer- und Technikanalyse (ACTA). Institut für Demoskopie Allensbach. Online: http://www.acta-online.de/ (20.12.2011). Auszählung unter http://www.gujmedia.de/media-research/tools/online-zaehlservice/ (20.12.2011)

BITKOM (2011). Tablet Computer erobern den Massenmarkt. Pressemitteilung vom 15.12.2011. Online: http://www.bitkom.org/de/presse/8477_70631.aspx (20.12.2011)

BONINI, S., COURT, D. & MARCHI, A. (2009). Rebuilding Corporate Reputation. In *McKinsey Quarterly* June 2009

BOOZ & COMPANY (2010). Zukunft des Zeitschriftenmarktes: Print bleibt Kerngeschäft und Wachstumsmotor. Pres-semitteilung vom 6.12.2010. Online: http://www.booz.com/de/home/Presse/Pressemitteilungen/pressemitteilung-detail/48881437 (20.12.2011)

BUCHER, H-J., BÜFFEL, S. & WOLLSCHEID, J. (2003). Digitale Zeitungen als ePaper: echt Online oder echt Print? *Media Perspektiven* 9. S. 434 – 444

BURKART, R. (1999). Was ist eigentlich ein „Medium"? Überlegungen zu einem kommunikationswissenschaftlichen Medienbegriff angesichts der Konvergenzdebatte. Anmerkungen zu den Beiträgen von Werner A. Meier und Joachim R. Höflich. In Latzer, M., Maier-Rabler, U., Siegert, G. & Steinmaurer, T. (Hrsg.). *Die Zukunft der Kommunikation. Phänomene und Trends in der Informationsgesellschaft* (S. 61 – 71). Innsbruck: Studienverlag.

ENGEL, B. & RIDDER, CH.-M. (2010). Massenkommunikation 2010. Handout zur Pressekonferenz am 9. September 2010. Online: http://www.media-perspektiven.de/uploads/tx_downlods/ARD_ZDF_Medienkommission – Handout.pdf (20.12.2011)

FIELD, D. ET AL. (2010). The CMO's Imperative. BCG Report November 2010. Online http://www.bcg.se/docu-ments/file66995.pdf (20.12.2011)

FRENCH, T, LABERGE, L. & MAGILL, B. (2011). We're all marketers now. In *McKinsey Quarterly* July 2011

HÖFLICH, J. R. (1999). Der Mythos vom umfassenden Medium. Anmerkungen zur Konvergenz aus einer Nutzer-
perspektive. In Latzer, M., Maier-Rabler, U., Siegert, G. & Steinmaurer, T. (Hrsg.), Die Zukunft der Kommunikation.
Phänomene und Trends in der Informationsgesellschaft (S. 43 – 59). Innsbruck: Studienverlag

i-cod (2010). Wellenschlag in Social Media – Orchestrierung der Markenkommunikation zwischen Facebook,
Twitter und Co. i-cod-Studie (03). München: i-cod ltd. Eigenverlag. Online: http://www.i-cod.net/files/101104_
ICOD_wellenschlag.pdf (20.12.2011)

KAPLAN, A.M. & HAENLEIN (2010). Users of the world, unite! The challenges and opportunities of Social Media.
In *Business Horizons* 2010 (53). S. 59 – 68

NEGROPONTE, N. (1995). Being Digital. London: Hodder & Stoughton

NIELSEN (2011): Trend Above-the-line-Medien. Online: http://www.nielsen.com/de/de/insights/top10s/trend-
above-the-line-medien.html (29.12.2011)

O. V. (2009). HOW COMPANIES ARE BENEFITING FROM WEB 2.0: MCKINSEY GLOBAL SURVEY RESULTS. ONLINE-
PUBLIKATION: MCKINSEY QUARTERLY, SEPTEMBER 2009. https://www.mckinseyquarterly.com/How_companies_
are_benefiting_from_Web_20_McKinsey_Global_Survey_Results_2432 (29.12.2011)

OEHMICHEN, E. & SCHRÖTER, CH. (2000). Fernsehen, Hörfunk, Internet: Konkurrenz, Konvergenz oder Komplement?.
Media Perspektiven 8: S. 359 – 368

POOL, I.DES. (1984). Technologies of Freedom: On free speech in an electronic age. Cambridge, MA: Belknap
Press of Harvard University Press

PRENSKY, M. (2001). Digital Natives, Digital Immigrants Part 1. *On the Horizon*, 9 (5):1 – 6. verfügbar online:
http://www.marcprensky.com/writing/Prensky%20-%20Digital%20Natives,%20Digital%20Immigrants%20-%20
Part1.pdf

PWC (HRSG.)(2010). German Media and Entertainment Outlook 2010 – 2014. Frankfurt am Main: Fachverlag
Moderne Wirtschaft.

ROSE & ZUCKERMAN (2009). The CMO's Dilemma. Can you reach the amsses without mass media? BCG White
Paper July 2009. Online: http://www.bcg.de/documents/file17742.pdf (20.12.2011)

SCHARRER, J. (2011). Active 13 meldet sich zu Wort: Thesenpapier – Ex-Burda-Yukom-Chef Manfred Hasenbeck
initiiert Think Tank/New Corporate Communications im Fokus, in: Horizont, Jg. 17, Nr. 2011, S. 18

TOMORROW FOCUS MEDIA (2011). Mobile Effects Mai 2011 – Deutschland erobert das mobile Internet. Online:
http://www.tomorrow-focus-media.de/uploads/tx_mjstudien/Mobile_Effects_29042011_01.pdf (20.12.2011)

VAN EIMEREN, B. & FREES, B. (2011). Drei von vier Deutschen im Netz – Ein Ende des digitalen Grabens in Sicht?
Media Perspektiven, 7 – 8/2011. S. 334 – 349

WEICHLER, K. (2007). Corporate Publishing Publikationen für Kunden und Multiplikatoren. In Piwinger, M & Zerfass,
A. (Hrsg.). Handbuch Unternehmenskommunikation. S. 441 – 451. Wiesbaden: Gabler

ANMERKUNG

1 Annahmen zur weiteren Entwicklung der allgemeinen Internetnutzung: Je Altersgruppe gleiche Annahmeraten
   wie in letzter Dekade und „Aussteiger" vernachlässigbar; Smartphone-Nutzung: Durchdringung je Altersgruppe
   in 2020 wie heute für Handy allgemein; Tablet-PC-Nutzung: Bis 2012 nach Prognosen Bitkom (2011), bis 2005
   nach Booz & Company (2010), danach Annahme einer Rate von 5,7 Prozentpunkten pro Jahr nach Erreichen
   der Zehn-Prozent-Schwelle in 2014 bis 2020 entsprechend durchschnittlicher Verbreitungsgeschwindigkeit
   zwischen „Basistechnologien" wie Videorekorder, Internet allgemein oder PC und der von „Folgetechnologien"
   wie Handy, CD-Player, DSL nach Angaben bei Engel & Ridder (2010), S-Kurven-Interpolation für Zwischenwerte.

Develop

„Corporate Publishing ist in seinen Darstellungsformen nicht auf Text und Bild beschränkt, sondern umfasst ebenso Video, Audio und Infografik."

DAS CORPORATE IM CORPORATE PUBLISHING
ZIELE, ZIELGRUPPEN UND INSTRUMENTE

Corporate Publishing eignet sich zur Erreichung einer ganzen Reihe von Zielen in unterschiedlichen Zielgruppen. Die wichtigsten Ziele sind die Erhöhung der Kundenbindung bzw. Markenloyalität, die Imageverbesserung und die Absatzförderung. Diese Ziele werden für die verschiedenen Zielgruppen – Kunden, potenzielle Kunden, Multiplikatoren und Öffentlichkeit – in abgestufter Weise verfolgt. Mitarbeiter sind eine weitere wichtige Zielgruppe. Hier steht die Mitarbeiterbindung und -motivation im Mittelpunkt. Neben den klassischen Corporate-Publishing-Medien Magazin, Zeitung, Newsletter und E-Journal gewinnen Social-Media-Kanäle und Content-Marketing zunehmend an Bedeutung. Corporate Publishing ist in seinen Darstellungsformen nicht auf Text und Bild beschränkt, sondern umfasst ebenso Video, Audio und Infografik.

Bevor wir uns den Zielen des Corporate Publishing nähern, möchte ich einen Blick auf die Herausgeber werfen. Das „Corporate" verrät viel über die ursprüngliche Sicht auf einen Markt, der erst kurz vor der Jahrtausendwende wirklich geprägt wurde. Und so stellen Unternehmen nach wie vor die größte Gruppe der Corporate-Publishing-Herausgeber. Ihre übergeordneten Ziele haben unmittelbar Einfluss auf die Ziele, die durch Corporate Publishing erreicht werden sollen. Unternehmen verfolgen wirtschaftliche Ziele, die Absatzförderung ihrer Produkte oder Dienstleistungen steht oft im Zentrum ihrer Kommunikationsmaßnahmen. In den 90er-Jahren schien Corporate Publishing dafür den meisten Unternehmen ungeeignet. Abgesehen von einigen „Magalog"-Versuchen, bei denen Kataloge mit journalistischen Inhalten gemixt wurden, zielte Corporate Publishing weniger auf die Neukundengewinnung denn auf die Kundenbindung.

Die Bedeutung der *Kundenbindung* ist vor allem für Unternehmen, die hochwertige Güter anbieten, direkt messbar. Einen Neukunden zu gewinnen kostet in etwa fünfmal so viel wie einen Kunden zu halten (Steria Mummert Consulting 2009; Anmacher et al. 2000). Begriffe wie „Kundenzufriedenheit" oder „Kundenbegeisterung" erlebten Ende der 90er-Jahre einen Boom – Minoru Tominaga lieferte mit seinem Standardwerk „Die kundenfeindliche Gesellschaft" eine Steilvorlage für Corporate Publishing. Noch heute dient das Paradigma der Kundenorientierung als wichtiges Argument für eine hochwertige, journalistische Kommunikation im Dienst nicht nur des Unternehmens, sondern seiner Kunden.

Corporate-Publishing-Medien unterstützen die Kundenbindung vor allem durch eine Kaufbestätigung, das Herausstellen additiven Nutzens sowie durch eine soziale Distinktion gegenüber Nicht-Käufern, also durch Herstellen einer Gruppenzugehörigkeit.

Kundenbindung ist ein nahezu universelles Ziel im Corporate Publishing – vor allem, da der Begriff „Kunde" an sich universell geworden ist. Mitglieder eines Vereins werden genauso als Kunden betrachtet wie die Versicherten einer Krankenkasse oder die Käufer eines Automobils.

Corporate-Publishing-Medien unterstützen die Kundenbindung vor allem durch eine Kaufbestätigung, das Herausstellen additiven Nutzens sowie, in Kombination dieser Aspekte, durch eine soziale Distinktion gegenüber Nicht-Käufern, also durch Herstellen einer Gruppenzugehörigkeit.

- Kaufbestätigung: Auch wenn der Kauf, beispielsweise eines bestimmten Autos, emotional getrieben war, möchte der Käufer doch nicht als reines „Instinkttier" wahrgenommen werden. Nachgeschobene, rationale Argumente unterstützen die Kaufentscheidung und vermitteln dem Käufer auch langfristig ein gutes Gefühl. Dazu tragen zum Beispiel vordere Platzierungen in Kundenzufriedenheitsstudien oder Testsiege bei – sie unterstützen die Kundenbindung. Corporate-Publishing-Medien bieten den Raum, diese Vernunftargumente zu transportieren. Der Kunde fühlt sich in seiner Entscheidung für ein Produkt bzw. eine Marke bestätigt: „Seht her, ich habe Recht gehabt."
- Im B2B-Segment übernimmt vor allem die Referenzstory die Aufgabe der Kaufbestätigung: „Wenn XYZ die gleiche Anlage gekauft hat, kann das ja nicht falsch sein." Besonders interessant werden Referenzen, wenn sie zumindest ansatzweise den Schleier lüften und Einblick in die dargestellten Unternehmen gewähren.
- Die Kaufbestätigung funktioniert auch in umgekehrter Richtung, indem ein Vernunftkauf emotional unterfüttert wird. Auch hier bieten Corporate-Publishing-Medien eine Reihe von Darstellungsformen. Dazu wird im Automobilsegment die Marke häufig mit Kultur oder Sport verknüpft – Kulturreports oder die Rennsportreportage sind beliebte Sujets.
- Additiver Nutzen: Ein Musikplayer, der auch Fotos wiedergibt, eine Luxus-Uhr, die auch als Geldanlage taugt – es gibt viele Beispiele für zusätzliche Nutzenargumentationen. Auch im B2B-Segment ist die Vermittlung eines Zusatznutzen ein wichtiges Argument in der Kundenbindung. Hier wird beispielsweise die Vernetzungsfähigkeit eines Produkts herausgestellt, oder es wird auf zukünftige Erweiterungen verwiesen. Diese Eigenschaften sind oft sogar der Kern eines späteren Cross-Selling. In Corporate-Publishing-Medien lassen sich diese Botschaften einfach vermitteln. Interviews mit Nutzern oder eine Tipp-Rubrik sind häufige Darstellungsformen.
- Soziale Distinktion: Der Käufer eines FMCG *(Fast Moving Consumer Good)* wird sich nur selten über diesen Kauf definieren. Beim Fahrer einer Automarke, Träger eines Modelabels oder Käufer einer Luxus-Uhr ist die Wahrscheinlichkeit, dass das Produkt als Mittel der Unterscheidung bzw. Unterscheidung der sozialen Zugehörigkeit betrachtet wird, dagegen sehr groß. Fühlt sich der Konsument in seiner Gruppe wohl, das heißt, befriedigt sie seine Bedürfnisse, ist die Wahrscheinlichkeit eines weiteren Kaufs überproportional hoch. Das funktioniert übrigens im B2C ebenso wie im B2B.

Corporate Publishing stellt hervorragende Instrumente zur Verfügung, um diese drei Hauptaspekte der *Kundenbindung* zu vermitteln. Beginnen wir mit dem Klassiker des Corporate Publishing schlechthin, dem Kundenmagazin in gedruckter Form.

Je wertiger das Produkt, desto besser das Customer-Relation-Management – und damit auch die Möglichkeit, Kunden mit einem Magazin zu Hause oder am Arbeitsplatz zu erreichen. Das Magazin kommt gedruckt, es vermittelt Wertigkeit und vor allem Wertschätzung. Es will keine

Zeit stehlen, sondern unterhalten, informieren, unterstützen. Es bietet Raum für unterschiedlichste Darstellungsformen. Reportagen, Features, Interviews … alle journalistischen Formen finden sich hier. Die Kaufbestätigung via Referenzstory? Kein Problem. Additiver Nutzen? Natürlich vermittelt mit Storytelling aus der Perspektive eines Anwenders. Soziale Distinktion? Automatisch eingebaut – zum Beispiel via Verteiler und Informationsvorsprung.

Lange Zeit galten Kiosk- oder Kauftitel als Benchmark für Kundenmagazine. Mittlerweile hat sich die Situation geändert. Gut gemachte Kundenmagazine haben das Gros der Kauftitel längst hinter sich gelassen, wenn es um die Sorgfalt der Recherche, die Qualität des Bildmaterials und der Verarbeitung geht. Insbesondere das Editorial Design im Corporate Publishing setzt Maßstäbe für den gesamten Markt.

PRINT ODER ONLINE IST NICHT MEHR DIE FRAGE

Vom gedruckten Kundenmagazin gibt es eine ganze Reihe elektronischer Derivate. Zur Unterscheidung weiterer elektronischer Medien können dabei zwei Kriterien dienen: Das elektronische Kundenmagazin ist ein journalistisch gestaltetes und editiertes Medium, und es präsentiert sich in Form abgeschlossener Ausgaben. Die wichtigsten Ausprägungen sind momentan E-Journals, elektronische Blättermagazine, die meist auf Basis von Flash erstellt werden, sowie Apps für iOS oder Android. Auch sie fördern die Kundenbindung. Das fehlende haptische Erlebnis machen sie durch multimediale Elemente wett. Eingebundene Videos und animierte Infografiken gehören hier zum Standard. Beide Mittel sind hervorragend geeignet, Kaufentscheidungen emotional oder sachlich zu stützen.

Abonnenten werden durch E-Mails auf eine neue Ausgabe aufmerksam gemacht. Daneben lässt sich die Verteilung leicht durch den Einsatz von Social-Media-Maßnahmen oder Backlinking erhöhen.

Oft nüchterner, dafür in höherer Frequenz erscheinen elektronische Newsletter. Diese Form des E-Mail-Marketing wurde immer wieder totgesagt. Und tatsächlich scheinen überquellende Mailfächer nicht für dieses Medium zu sprechen. Mit den richtigen – sprich von der Zielgruppe gewünschten – Informationen ist der Newsletter aber nach wie vor ein wichtiges Element im Medienmix. Für Kunden mit hohem Servicebedarf, gerade im B2B, stellt er eine wichtige Informationsquelle dar und ist ein Zeichen der Wertschätzung durch das Unternehmen. Denn er signalisiert, dass es sich mit den Wünschen und Erwartungen seiner Kunden auseinandersetzt und nicht darauf wartet, dass sie Informationen aktiv suchen.

Instrumente zur Kundenbindung sind in der Regel Push-Instrumente, das heißt, der Herausgeber initiiert die Verteilung entweder durch den Versand oder eine Benachrichtigung. Diese Instrumente können natürlich auch zur *Vertriebsunterstützung* angeboten werden. Die Eignung von Corporate-Publishing-Medien zur direkten Absatzförderung blieb lange wenig beachtet. In den vergangenen Jahren haben sich aber einige gut funktionierende Formate etabliert, die belegen, dass Corporate Publishing auch im Salesbereich bestens einsetzbar ist. Im Corporate-Publishing-Barometer aus dem Herbst 2011 attestieren zwei Drittel der befragten Unternehmen die Eignung von Corporate-Publishing-Instrumenten zur Vertriebsunterstützung.

Ein häufig eingesetztes Format ist das Handelsmagazin, ein Derivat des Kundenmagazins, das oft direkt in einer Verkaufsstelle verteilt wird. Die Verknüpfung redaktioneller Inhalte mit Produktpromotion, zum Beispiel in Form von Rabattgutscheinen, ist sehr erfolgreich. Öffentlich zugängliche Zahlen sind in Deutschland noch rar. In Großbritannien aber, wo die Gattung eine lange Tradition hat, gibt es zum Beispiel für das ASDA-Magazin der gleichnamigen Einzelhandelskette Messungen, nach denen das Magazin direkt für zusätzliche Verkäufe in einer Größenordnung von 260 Millionen Pfund verantwortlich zeichnet *(Marketing, 14. Dez. 2011)*. Klassische redaktionelle Inhalte sind zum Beispiel Rezepte oder Do-it-yourself-Anleitungen. Die Qualität gut gemachter Handelsmagazine kann sich mit der von Kiosktiteln ohne Weiteres messen.

AKTIV FÜR DEN VERTRIEB

In der Vertriebsunterstützung spielen elektronische Medien, seien es Newsletter oder E-Journals, ihre Stärken voll aus. Die Push-Aktivierung erfolgt über einen Newsletter oder zunehmend auch über Social-Media-Angebote wie Twitter oder Facebook.

Dabei muss der Anreiz zur Nutzung des Angebots ausreichend hoch sein. Bei Marken, die für niedrige Preise stehen, kann ein „Angebot des Tages" bereits genügen – für serviceorientierte Marken sind aber oft zusätzliche Incentivierungen notwendig. Diese erfolgen zum Beispiel durch interessante Inhalte. Im Automobilsegment könnte eine Reportage zu den schönsten Passstraßen der Alpen auf ein After-Sales-Angebot mit dem Motto „urlaubsfit" führen. Oder im Bereich Consumer-Drucker ein Tipp zum Posterdruck mit A4-Druckern zu einem Angebot mit Spezialpapier oder Tintenpatronen. Die Beispiele zeigen, dass Vertriebsunterstützung auch Cross- oder Upselling einschließt. Über gut gepflegte CRM-Daten lassen sich Kunden passgenaue Angebote unterbreiten und redaktionell unterfüttern. Diese Verbindung findet allerdings noch selten statt, da sich Direktmarketingagenturen und Corporate-Publishing-Dienstleister oft als Antagonisten gegenüberstehen und eine fruchtbare Zusammenarbeit eher die Ausnahme darstellt.

Wenn der Kunde sich im Rahmen eines journalistischen Angebots für eine Bestellung entscheidet, sollte diese möglichst direkt und ohne Medienbruch integriert sein. Das bedeutet, dass das Leseerlebnis nicht unterbrochen wird. Beim technisch oft nicht vermeidbaren Wechsel auf die Bestellseiten des Unternehmens ist darauf zu achten, dass sich Look and Feel nicht unterscheiden.

MACH DIR EIN BILD VON MIR

Neben Kundenbindungs- und Vertriebszielen eignen sich Corporate-Publishing-Medien auch hervorragend zur Erreichung von Imagezielen – vor allem zur Imageverbesserung. Um ein Unternehmens- oder Produktimage zu verbessern, müssen neben potenziellen und tatsächlichen Kunden vor allem auch Multiplikatoren erreicht werden. Das können zum Beispiel Journalisten sein, aber auch Institutionen wie Universitäten, Verbände usw.

Der optimale Einsatz eines Corporate-Publishing-Mediums hängt natürlich vom verfolgten Ziel ab. Häufig gilt es, Markenwerte wie Vertrauenswürdigkeit, Innovationskraft oder Solidität zu vermitteln. Diese Eigenschaften einer (Unternehmens-)Marke lassen sich beispielhaft in einem Magazin inszenieren. Bildstrecken, Fotostil, Typografie, Heftdramaturgie – jedes Detail eines Magazins ist geeignet, Emotionen und damit Image zu vermitteln. Auch zur Hervorhebung der eher rationalen Aspekte eignet sich kaum ein Medium besser als ein Magazin und glaubhafte journalistische Darstellung. Dies gilt natürlich gedruckt wie elektronisch.

Spätestens bei der Verfolgung von Imagezielen wird die Segmentierung von Zielgruppen und der Aufbau bzw. die Nutzung von Adressdatenbanken zu einer erfolgskritischen Größe im Corporate

Bildstrecken, Fotostil, Typografie, Heftdramaturgie – jedes Detail eines Magazins ist geeignet, Emotionen und damit Image zu vermitteln.

Publishing. Kundendaten liegen in der Regel zu Kommunikationszwecken nutzbar vor. Corporate-Publishing-Dienstleister oder die herausgebenden Unternehmen müssen sicherstellen, dass sie die gewünschten Multiplikatoren auch erreichen können und dürfen. Dazu werden immer häufiger Methoden des Permission-Marketing angewendet. In nuce: Der Empfänger willigt ein, Informationen des Unternehmens zu erhalten. Normalerweise wird er diese Einwilligung nur geben, wenn er sich einen echten Mehrwert verspricht – ein weiterer Grund für Unternehmen, in hochwertigen Content zu investieren.

VON PUSH ZU PULL – DIE NEUE MACHT DER LESER

Wir leben aber zunehmend in einer Welt, in der aus Lesern User werden. Für traditionelle Newsmedien wie Zeitungen ist diese Entwicklung des Teilens und Multiplizierens von Inhalten durch die Unser deshalb besorgniserregend, weil sie ihre Gatekeeper-Funktion verlieren.

Die Corporate-Publishing-Branche ist darauf bedacht, nicht als reine Printbranche gesehen zu werden, sondern zusätzlich ihre Onlinekompetenz zu unterstreichen. Ich bin davon überzeugt, dass diese Kompetenz nicht infrage steht, wenn es um E-Journals oder Apps geht. All diese Angebote sind im Kern Push-Angebote. Wir leben aber zunehmend in einer Welt, in der aus Lesern User werden. User nutzen Pull-Angebote. Sie holen sich die Informationen, wann und wie sie sie benötigen. Sie *liken* oder folgen Feeds – das kommt dem Abonnement einer Zeitschrift noch am nächsten. Sie teilen und multiplizieren Inhalte. Sie schaffen sich ihren eigenen Newsroom und integrieren Quellen, wie es ihren Vorlieben entspricht. Dabei wird es für die Nutzer immer leichter, selbst zu publizieren. De facto gibt es neben dem Zugang zum Internet keine Hürden mehr. Wordpress, Blogger & Co machen es möglich, eigene Webangebote ohne finanzielle Kosten aufzusetzen. Auch der Begriff des Publizierens weicht auf: Wir teilen Inhalte und multiplizieren damit ihre Wirkung. Es ist diese Vielzahl an sozialen Gesten im Netz, die einen neuen Begriff des Publizierens erfordern.

Für traditionelle Newsmedien wie Zeitungen ist diese Entwicklung deshalb besorgniserregend, weil sie ihre Gatekeeper-Funktion verlieren. Die Quellen sind mehr oder weniger öffentlich, die redaktionelle Auswahl wird von Usern vorgenommen, und es gibt keine materiellen Hürden mehr, um Inhalte zu veröffentlichen. Wir werden Zeuge, wie sich ein Geschäftsmodell allmählich auflöst.

Oder verlagert. Unternehmen und Institutionen sind nicht mehr ausschließlich auf die Gatekeeper (aka „traditionelle Medien") angewiesen, wenn sie mit der Öffentlichkeit kommunizieren möchten. Sie können das heute direkt tun. Und Corporate-Publishing-Dienstleister sind dazu die idealen Partner.

Der zentrale Begriff dabei lautet (leider) Content-Marketing. Leider deshalb, weil die damit implizierte und explizit angesprochene Marketingwirkung dem weitgespannten Wirkungsgeflecht des Content-Marketing nicht gerecht wird. Unter Content-Marketing fallen nicht ausschließlich redaktionelle Inhalte; wir können für unsere Betrachtung aber davon ausgehen, dass diese eine wesentliche Rolle spielen und dass daher Corporate-Publishing-Dienstleister ihre Kunden auch in diesem Bereich unterstützen können. Die Ziele des Content-Marketing sind mit den bisher genannten Corporate-Publishing-Zielen fast deckungsgleich: Qualitätscontent fördert die positive Wahrnehmung des Unternehmens, stärkt das Image und die Markenloyalität (also die Kundenbindung).

Wirkungsvolles Content-Marketing bindet Social Media von Beginn an ein. Unternehmen haben das erkannt. Ein Twitter-Kanal und eine Facebook-Seite gehören zum Standard. Anders als bei traditionellen Kampagnen können Unternehmen niemanden zur Rezeption via Mediadruck „zwingen", sie benötigen die aktive Zustimmung des Users, ihnen zu folgen, sie zu mögen etc. Auch darum ist die Qualität des Content so wichtig. *Der Wechsel von einem Push- zu einem Pull-Modell bedeutet vor allem ein neues Verständnis der Wirkungsketten, in denen Inhalte rezipiert und geteilt werden.*

ABBILDUNG 1

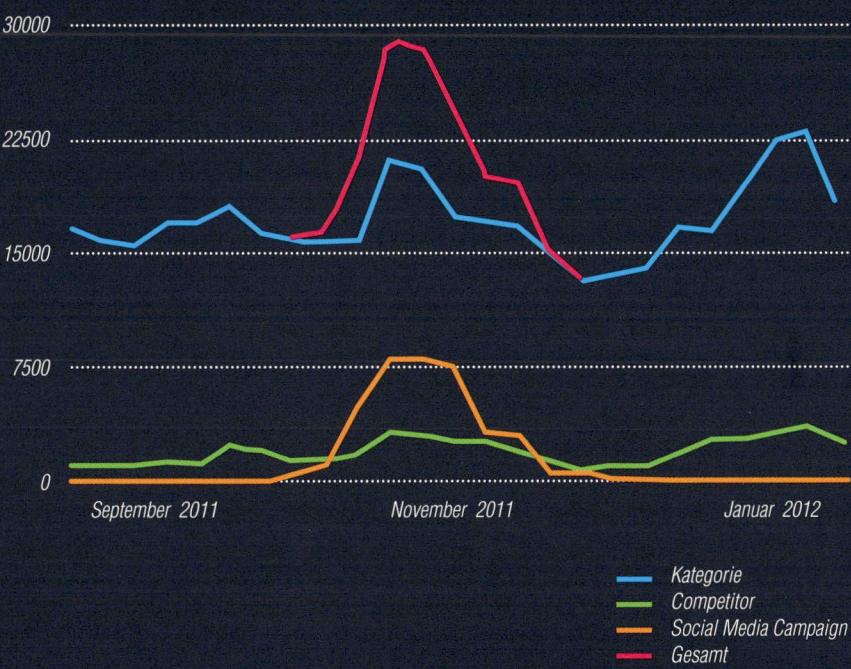

Social Media Monitoring (deutschsprachiger Raum) zur Kategorie „Mobilität/Logistik". Die Zahl gibt relevante Posts oder Kommentare je Tag an. Durch eine inhaltliche Social Media-Aktion wurde das Interesse rund um einen Messetermin signifikant gesteigert. Ohne weiteren Content blieb die Aktion aber nicht nachhaltig wirksam. Zum Vergleich Nennungen eines Wettbewerbers.

Content-Marketing beginnt damit, dass man User auf die eigenen Inhalte aufmerksam macht. Das geht so weit, dass Unternehmen nicht mehr ihre Produkte bewerben, sondern ihre Contentangebote z. B. auf Facebook. Der Content funktioniert als Transmissionsriemen. Entsprechende Attraktivität vorausgesetzt, erzeugt er Multiplikationseffekte. Erfolgreiche Social-Media-Kampagnen zeigen zeitweise exponentielle Wachstumsraten, ehe ihre Rezeption linear verläuft *(Abbildung 1).*

SOCIAL MEDIA ALS CORPORATE-PUBLISHING-INSTRUMENT

Für den mittelfristigen Erfolg ist es wichtig zu verstehen, dass ein attraktiver Content nicht allein wirken kann. Wer den Social-Media-Kanal eines Unternehmens abonniert, der möchte nicht einmalig einen interessanten Content und sonst nur Werbebotschaften. Der Erfolg kommt und geht mit der Regelmäßigkeit relevanter Inhalte.

Diese stützen sich gegenseitig. Sie verlinken auf andere interessante Contents und werden somit auch verlinkt. Es entsteht ein Netz, dass sich selbst mehr und mehr Relevanz schafft (sowohl in Bezug auf Suchmaschinen als auch soziale und inhaltliche Relevanz). Darum sollten Angebote auch auf Inhalte außerhalb eines sozialen Netzwerks verweisen. Nur so entsteht der weit gefächerte Bezugsrahmen, der für einen langfristigen Erfolg notwendig ist.

Die Darstellungsformen, die hier glaubwürdig einsetzbar sind, entsprechen denen des Corporate Publishing: Gut recherchierte Inhalte, Interviews, Stories als Text, Audio oder Video, Infografiken, Fotostrecken – im Unterschied zu den geschlossenen Formaten wie Magazin oder Newsletter jedoch offen, einzeln rezipierbar und damit *shareable*. Diese Offenheit erfordert einen besonders sorgsamen Umgang mit den Inhalten. Sie „funktionieren" nicht mehr nur innerhalb einer Heftdramaturgie, sondern müssen in verschiedenen Kontexten einsetzbar sein. Diese sind beim Erstellen nicht immer absehbar. Durch Verlinkung und Verteilung durch die User entstehen neue Kontexte. Inhalte dafür zu schaffen und aktuell zu halten ist eine neue redaktionelle Aufgabe, man spricht in diesem Zusammenhang von „Content Curation".

MITARBEITER ALS ZIELGRUPPE

Unternehmen verfolgen ihre drei kommunikativen Hauptziele Bindung/Loyalität, Image und Vertrieb jedoch nicht nur nach außen, sondern auch in Hinblick auf ihre – wie es oft heißt – wichtigste Zielgruppe: ihre Mitarbeiter.

Mitarbeiterkommunikation oder Interne Kommunikation (als Disziplin betrachtet und daher in Großschreibung) kann nicht entkoppelt von der externen Kommunikation betrachtet werden. Externe Medien wirken auch nach innen. Und wie die externe Kommunikation versucht die Interne Kommunikation, ihre Kunden zu „binden". Kundenbindung ist hier gleichbedeutend mit Loyalität zum Unternehmen und Voraussetzung für alle weiteren aktivierenden Ziele, zum Beispiel Motivation.

In der besten aller Welten wäre das Bindungsziel für alle einheitlich. In der betrieblichen Realität gibt es immer wieder Phasen, in denen Unternehmen sich von Mitarbeitern trennen. Oft sind nur Teile der Belegschaft von solchen Maßnahmen betroffen. Es wäre dann kontraproduktiv, wenn gerade die Leistungsträger aus anderen Bereichen sich von ihrem Arbeitgeber abwenden würden. Dieser Spagat macht die Interne Kommunikation so herausfordernd und spannend.

Die klassischen Medien der Mitarbeiterkommunikation sind: die Mitarbeiterzeitung oder das Mitarbeitermagazin, der Newsletter, das Intranet und das Schwarze Brett. Als Voraussetzungen für eine wirkungsvolle Interne Kommunikation werden häufig Transparenz, Kommunikation auf Augenhöhe und Partizipation genannt. All dies ist richtig. Und doch darf die spezifische Situation der Mitarbeiterkommunikation nicht verkannt werden: Der Dialog der Mitarbeiter untereinander ist ein wichtiges Instrument der betrieblichen Führung, er ersetzt aber keine Interne Kommunikation.

Mitarbeiter erwarten, jeweils gemessen am und abhängig vom persönlichen Erfahrungshorizont, von ihrem Arbeitgeber Sicherheit und Entwicklungsperspektiven. Wenn diese Bedingungen erfüllt sind, wünschen sie sich ein positives Image, das heißt, sie möchten stolz darauf sein, für das Unternehmen zu arbeiten. Für die Kommunikation bedeutet das:

- Sicherheit: Das Unternehmen stellt die eigene Strategie nachvollziehbar und im Einklang mit der Lebenswelt der Mitarbeiter dar. Es zeigt dabei Weitsicht und ist auf die unmittelbaren Herausforderungen eingestellt. Achtung: Sehr langfristige Perspektiven decken sich oft nicht mit der persönlichen Erfahrung der Mitarbeiter und können bei falscher Vermittlung zur Verunsicherung beitragen.
- Entwicklungsperspektive: Ein Unternehmen, das ständig am Abgrund zu stehen scheint, ist kein attraktiver Arbeitgeber. In großen Konzernen akzeptieren die verbleibenden Mitarbeiter sogar Werksschließungen, wenn diese Teil einer glaubhaften Zukunftsstrategie sind, die für innovative, wettbewerbsfähige Bereiche eine bessere Entwicklung verspricht. Gelingt dies nicht, verliert das Unternehmen Leistungsträger, die es dringend benötigt.
- Image: Unternehmen sind als wichtige soziale Akteure anerkannt. Ihr soziales Engagement, ihre gesellschaftliche Aufgabe sind wichtige Motivation insbesondere für jüngere Arbeitnehmer und hochqualifizierte Berufseinsteiger.

Die Loyalität der Mitarbeiter ist vergleichbar mit der Kundenbindung: Mitarbeiter möchten in ihrer Entscheidung für einen Arbeitgeber positiv bestärkt werden, unabhängig von dem Grad ihrer persönlichen Freiheit, sich diesen tatsächlich aussuchen zu können. „Ich arbeite in einer guten Firma." Die Argumente dafür können rational sein – eine gute Altersversorgung zum Beispiel – oder emotional – eine Firma, deren Image auch dem Lebensgefühl der Mitarbeiter entspricht.

Neben der Bindung wird vor allem Motivation der Mitarbeiter als häufiges Ziel der Internen Kommunikation genannt. Dazu genügt kein kurzfristiger „Kaufimpuls", sondern nur ein langfristiges, inneres Einverständnis mit den Zielen des Unternehmens. Der Erfolg von Interner Kommunikation beruht daher auf einem Dreiklang: begründen, warum etwas passiert; erklären, was passiert; darstellen, wie es passiert.

Der Erfolg von Interner Kommunikation beruht daher auf einem Dreiklang: begründen, warum etwas passiert; erklären, was passiert; darstellen, wie es passiert.

Wie wir bereits gesehen haben, können solche komplexen Zusammenhänge mit journalistischen Methoden gut vermittelt werden. Die Wahl des optimalen Instruments hängt im Wesentlichen von der Erreichbarkeit und Struktur der Mitarbeiter ab. In einer Fertigung sind Printmedien oder das Schwarze Brett noch immer die Mittel der Wahl. Führungskräfte sind in der Regel gut elektronisch erreichbar, außerdem benötigen sie oft weitere Tools zur Mitarbeiterführung, die in einem Führungskräftebereich im Intranet gut aufgehoben sind.

LITERATUR

CP-BAROMETER HERBST 2011: Content & Commerce, hrsg. von zehnvier und EICP., http://magazine.magmagmedia. ch/eicp_zehnvier/cp_barometer_herbst_2011.mag#/book/1
Marketing, 14. Dez. 2011
Steria Mummert Consulting 2009

„Ein erfolgreiches Kundenmagazin ersetzt keine Werbung,
sondern nutzt journalistische Stilmittel, um die Reputation zu verbessern."

DER LESER BESTIMMT DIE REGELN
ÜBER DIE KUNST, KUNDEN ZU BEGEISTERN

Um es gleich vorweg zu nehmen: Die meisten Kundenmagazine taugen nicht sehr viel. Dabei scheitert es gewöhnlich nicht am guten Willen der Kommunikationsabteilungen im Unternehmen; auch die mit der Umsetzung betrauten Verlage und Agenturen trifft oft keine Schuld. Vielmehr liegt es meist am strategischen Ansatz, der auf falschen Annahmen basiert, wie Kunden heute – in der Ära des medialen Overkill – Kundenmagazine nutzen. Wer heute noch glaubt, im Corporate Publishing sei es möglich, anspruchsvolle Kommunikationsziele mit PR- und Marketingfloskeln oder einer einfallslosen Gestaltung, Haptik und Verarbeitung zu erreichen, irrt gewaltig. Mehr denn je gilt: Im Fokus eines jeden erfolgreichen Kundenmagazins steht der Nutzen für den Leser – geschäftsrelevante Informationen, Unterhaltung und Inhalte aller Art, die dem Leser die Chance geben, sein eigenes Business oder Leben erfolgreicher bzw. angenehmer zu meistern. Kurzum: Erfolgreiche Corporate-Publishing-Medien stellen den Kunden und nicht das herausgebende Unternehmen in den Fokus. So banal diese Feststellung klingen mag. Diese wichtigste Regel wird immer wieder vernachlässigt.

> Erfolgreiche Corporate-Publishing-Medien stellen den Kunden und nicht das herausgebende Unternehmen in den Fokus. So banal diese Feststellung klingen mag. Diese wichtigste Regel wird immer wieder vernachlässigt.

TEIL 1: FUNKTION IM KOMMUNIKATIONSMIX
Die deutsche Sprache bietet schier endlose Möglichkeiten zur Differenzierung. Wenn es jedoch darum geht, die Kommunikation selbst zu verbalisieren, geraten selbst Experten regelmäßig ins Rudern. Und so grenzen sich auch Corporate Publishing, Marketing, PR und Corporate Communications keineswegs so stark voneinander ab, wie die monolithischen Begriffe vermuten lassen. Vielmehr gibt es zahlreiche Schnittstellen – und gerade hier bieten sich oft die besten konzeptionellen Ansätze.

KEIN ANLASS FÜR GRABENKRIEGE
Kommunikationsexperten, die sich dieser Erkenntnis verweigern, arbeiten automatisch ineffizient und bewegen sich häufig fernab der Interessenlagen ihrer Leser und Kunden. Allerdings erfordert eine erfolgreiche Konzeption auch ein gemeinsames Verständnis. In der Realität sind sich Marketing, Vertrieb, Unternehmenskommunikation und CP in vielen Unternehmen oft jedoch

spinnefeind. Dabei hat jeder Kanal seine individuelle Berechtigung und kann im Kontext einer effizienten Kommunikationskaskade, die Werbung, PR und CP eng miteinander verzahnt, seine Stärken sogar viel besser ausspielen – für Grabenkriege gibt es keinen Grund.

Während Werbung darauf abzielt, den Abverkauf oder die Imagebildung durch schnelle Impulse und einen viralen Effekt zu steigern, und klassische PR ausgewählte Themen von hoher Brisanz in den Fokus rückt, eignet sich ein journalistisches Medium hervorragend, um die Reputation des Unternehmens nachhaltig zu verbessern, einen Dialog auf Augenhöhe zu führen, neue Zielgruppen zu erreichen und Kunden stets aufs Neue in ihrer Entscheidung für das Unternehmen zu bestätigen. Und genau diese Perspektiven sollten bei der Konzeption stets im Fokus stehen.

> *REGEL NUMMER 1 // Ein erfolgreiches Kundenmagazin ersetzt keine Werbung, sondern nutzt journalistische Stilmittel, um die Reputation zu verbessern, neue Zielgruppen zu begeistern und Bestandskunden langfristig zu binden.*

Kein Kundenmagazin wird seine Leser begeistern, wenn seine Inhalte allseits bekannt sind, im Widerspruch zur Positionierung in Werbung und PR stehen oder nachweislich falsch sind. Und selbstverständlich sollten die Mitarbeiter des eigenen Unternehmens stets zuerst über die Einführung neuer Produkte, Kampagnenstarts und strategische Unternehmensentscheidungen informiert sein. Schließlich misst sich der Erfolg eines Kundenmagazins stets auch an der Akzeptanz im eigenen Unternehmen.

Ein Außendienstmitarbeiter etwa, der beim Kunden feststellt, dass dieser – da soeben das neue Magazin eingetroffen ist – besser über das neue Top-Produkt informiert ist als er, blamiert sich nicht nur selbst. Auch das Unternehmen erleidet einen erheblichen Imageschaden. Jedes noch so gut gemachte Kundenmagazin verspielt so seine Potenziale. Welcher Kunde wird sich schon nachhaltig für ein Unternehmen begeistern, dessen Mitarbeiter die eigenen Produkte nicht richtig kennen? Leider kein Einzelfall. An einer gemeinsamen Planung aller Kommunikations-maßnahmen (Interne Kommunikation, Werbung, PR, Kundenmagazin) und einem verbindlichen Timing, das berücksichtigt, dass die Mitarbeiter stets vor den Kunden informiert werden, führt somit kein Weg vorbei.

> *REGEL NUMMER 2 // Nur wenn Marketing, Vertrieb, PR und CP eine gemeinsame, verbindliche Planungsbasis haben, kann jeder Kanal stets zum optimalen Zeitpunkt seine Stärke im Kommu-nikationsmix ausspielen - und ein Magazin die Kunden und Mitarbeiter nachhaltig binden.*

TEIL 2: KONZEPTION

Sogar Medienexperten glauben häufig, für Kundenmagazine würden andere, mindere Qualitäts-kriterien gelten als für Fach- und Kiosktitel. Das Gegenteil ist der Fall, schließlich haben Kunden-

DEN LESER ERREICHEN! AUF AUGENHÖHE EINEN DIALOG FÜHREN!

magazine mit dem weitverbreiteten Vorurteil zu kämpfen, dass ein kostenloses Magazin kaum etwas taugen wird – vor allem, wenn es unaufgefordert im Briefkasten landet.

Ein Kundenmagazin muss deshalb, um seine Rolle im Kommunikationsmix bestmöglich spielen zu können, hinsichtlich Gestaltung, Relevanz und journalistischem Anspruch mit den Top-Titeln am Kiosk mithalten können. Oft bleibt nur der Bruchteil einer Sekunde, ein kurzer Blick auf die Titelseite, um dem Leser seine Relevanz zu vermitteln. Andernfalls landen selbst die ambitioniertesten Medien nicht auf dem Lesetisch, sondern ungelesen im Mülleimer.

Ein Kundenmagazin muss, um seine Rolle im Kommunikationsmix bestmöglich zu spielen, hinsichtlich Gestaltung, Relevanz und journalistischem Anspruch mit den Top-Titeln am Kiosk mithalten können.

Viele Unternehmen haben diese Erkenntnis verinnerlicht. Und so erleben wir seit einiger Zeit, dass die spannendsten Medienkonzepte und kreativsten Lösungen zur Leser-Blatt-Bindung immer öfter nicht mehr als Kiosktitel aus den klassischen Großverlagen, sondern von Corporate Publishern stammen. Eine Entwicklung, die keineswegs überrascht. Schließlich sind viele Corporate Publishing-Medien vom Unternehmen nicht nur voll finanziert, sondern oft auch mit einem vergleichsweise üppigen Budget ausgestattet, das neue Qualitätsmaßstäbe überhaupt erst ermöglicht. Auf der anderen Seite fahren die Großverlage angesichts dramatisch sinkender Anzeigen- und Vertriebserlöse einen rigiden Sparkurs, der jede Kreativität im Keim erstickt und zwangsläufig zu immer mehr Mittelmaß führt.

> *REGEL NUMMER 3 //* *Kundenmagazine werden von vielen Lesern als „Werbeblättchen" angesehen. Sie müssen deshalb mindestens die gestalterische und redaktionelle Qualität von Fach- und Kiosktiteln haben, damit sie nicht ungelesen im Papierkorb landen.*

DAS PASSENDE MEDIENPROFIL

Wer ein neues Kundenmagazin konzipiert, sollte sich im Vorfeld darüber im Klaren sein, welche Rolle das Magazin im Kundendialog spielen soll. Im Wesentlichen heißt das, sich genau zu überlegen, welches Konzept geeignet ist, die definierte Zielgruppe nicht nur langfristig zu binden, sondern sie auch zu animieren, in einen regelmäßigen Austausch mit dem herausgebenden Unternehmen zu treten. Grundsätzlich muss zwischen zwei Ansätzen unterschieden werden:

1. Nutzwert
2. Storytelling

Wichtig ist, dass keiner der beiden Ansätze per se besser oder schlechter als der jeweils andere ist. Und selbstverständlich sind die Grenzen zwischen diesen beiden Polen fließend. Dennoch wird der „Nutzwertansatz" in der allgemeinen Diskussion und in der Berichterstattung über herausragende Kundenmagazine zugunsten der Gestaltung und journalistischer Expertise weitgehend vernachlässigt. Wenn überhaupt, so wird die Nutzwertorientierung fälschlicherweise vor allem den digitalen Corporate-Publishing-Kanälen zugebilligt.

Der „Nutzwertansatz" sollte vor allem dann konsequent verfolgt werden, wenn Magazine vorrangig zur Kunden- oder Partnerbindung und Verkaufsunterstützung eingesetzt werden. Diese

„Mediengattung" punktet mit Inhalten wie Tipps für das Kundengespräch, Hintergründe zu neuen Produkten oder Kollektionen, neue Abrechnungsmodellen, Informationen zur Strategie und vielen anderen Themen, die insbesonderen dem Businesskunden stets aufs Neue beweisen, dass er sich für den richtigen Geschäftspartner entschieden hat – oder dies künftig tun sollte.

REGEL NUMMER 4 // Kundenmagazine, die vor allem zur Verkaufsunterstützung oder zur Bindung von Businesskunden und -partnern eingesetzt werden, sollten konsequent auf geschäfts-relevanten Nutzwert setzen.

Wie eingangs erwähnt, haben klassische PR-Botschaften im Kundenmagazin nichts verloren. Und nicht nur dort. Gleiches sollte für einen Artikel über Corporate-Publishing-Medien gelten – vor allem, wenn der Autor, wie hier der Fall, selbst Geschäftsführer eines Corporate Publishing-Dienstleisters und damit befangen ist. Die folgenden Praxisbeispiele beruhen auf persönlichen Erfahrungen und Wettbewerbsbeobachtungen. Dabei bleiben die Unternehmen anonym, und die Namen der Kundenmagazine wurden im Sinne der Neutralität geändert.

TIPPS FÜR DAS TAGESGESCHÄFT
Konsequent setzt beispielsweise das Kundenmagazin eines großen europäischen Dienstleistungs- und Handelsverbunds den Nutzwertansatz um. Die Gruppe vereint einige Hundert selbständige Fachhändler und mehrere Tausend Geschäfte unter ihrem Dach. Ausgabe für Ausgabe untermauert der Verbund seinen Leitspruch „Vom Kunden zum Mitglied" mit einem Ansatz, der konsequent auf den Nutzen der Partnerschaft und konkrete Empfehlungen für das Tagesgeschäft ausgerichtet ist.

Passend zum Anspruch setzt das Magazin – nennen wir es Aktiv – auf kurze Texte, die sich auf das Wesentliche fokussieren. Tipps und Neuigkeiten für das Business hinterm Ladentresen werden über Infoboxen und Kurzinterviews eingebunden, die schon beim Blättern eine schnelle Orientierung ermöglichen. Aktiv setzt auf regelmäßige Mitgliederbefragungen zum Magazin, um sich konsequent auf die Wünsche der Verbundpartner auszurichten. Mittlerweile ist Aktiv der wichtigste Indikator für die Stimmung innerhalb der Gruppe – ein höchst effizientes Kommunikationsinstrument für die Partnerbindung und -akquisition.

Besonders erfolgreich sind häufig Kundenmagazine, die einen mutigen Schritt nach vorne wagen, um sich deutlich vom Markt und seinen Erwartungen zu differenzieren. Diese oft sehr kreativen Konzepte abseits der Kommunikationsstandards der Unternehmen sind meist nur möglich, wenn es den eingangs erwähnten engen Schulterschluss von CP, PR und Marketing gibt oder – vor allem im Mittelstand – die Unternehmensführung einen Ausbruch aus dem oft viel zu engen Korsett der Corporate Identity ausdrücklich unterstützt.

UNTERNEHMENSWERTE IM FOKUS
Ein Paradebeispiel für ein Kundenmagazin, das sich fernab gängiger Standards bewegt und deshalb überraschend neue Maßstäbe in Sachen Storytelling setzt, ist markets, das Magazin eines renommierten Finanzdienstleisters. Für ein Corporate-Publishing-Medium überraschend: Die Produkte des Premiumanbieters von Investmentfonds werden im Kundenmagazin nicht einmal

Sehr kreative Konzepte abseits der Kommunikationsstandards sind meist nur möglich, wenn es einen engen Schulterschluss von CP, PR und Marketing gibt, oder wenn die Unternehmensführung einen Ausbruch aus dem oft viel zu engen Korsett der CI ausdrücklich unterstützt.

erwähnt. Stattdessen setzt das Unternehmen, dessen Kunden vermögende Privatinvestoren sind, auf monothematische Ausgaben, die – ähnlich einem Dossier – jeweils ein Metathema beleuchten.

Steht eine Ausgabe ganz im Zeichen der „Werte", geht es ein anderes Mal um Zukunft oder Vertrauen. Die Interviews, Reportagen und Features von namhaften Fachjournalisten beleuchten stets aus dem strategischen Blickwinkel spannende Teilaspekte des jeweiligen Themas – in der Ausgabe „Zukunft" beispielsweise den demographischen Wandel, die Karriereplanung oder die DNA von Top-Unternehmen, die sich im Wandel der Zeiten immer wieder neu erfinden.

Nebeneffekt dieses Corporate-Publishing-Konzepts: Jede einzelne Ausgabe bleibt langfristig aktuell und landet nach der ersten Lektüre häufig nicht im Papierkorb, sondern im Bücherregal, wo sie sich immer wieder neu in Erinnerung ruft. Ein Erfolg, den sonst nur Corporate Books erzielen. Höchst elegant präsentiert sich der Finanzdienstleister mit seinem spannenden Ansatz als vertrauenswürdiger, zuverlässiger und weitsichtiger Partner – ganz nebenbei sind das genau die Kernwerte des Unternehmens.

REGEL NUMMER 5 // Wer seinen Kunden spannende Storys erzählen kann, erzeugt positive Markenerlebnisse par excellence. Vorausgesetzt, die Inhalte des Kundenmagazins stützen die Werte und die Positionierung des Unternehmens.

TEIL 3: TONALITÄT

Egal, ob ein Kundenmagazin sich an ein anspruchsvolles B2B-Publikum oder an Lieschen Müller wendet: Wer seine Leser binden will, muss ihnen die Lektüre schmackhaft aufbereiten. Selbst hochkomplexe Sachverhalte sollten stets so formuliert werden, dass Leselust statt Lesefrust entsteht. Genau daran scheitern viele Magazine – Corporate-Publishing-Medien ebenso wie viele Fach- und Wirtschaftstitel.

Boulevardmedien wie die Bild-Zeitung, Gala und Bunte verstehen es meisterlich, den Nutzen eines jeden Artikels hoch emotional und nach klaren Nutzenaspekten für den Leser zu verkaufen. Kommunikationsexperten, die sich ein gutes Stück an dieser vielgescholtenen Mediengattung orientieren, werden sehen, dass ihre Inhalte mit dieser Strategie auf größeres Interesse stoßen. Eine emotionale Überschrift und ein kurzer, ruhig polarisierender Vorspann stellen keinen Widerspruch zu anspruchsvollen Inhalten dar.

Es ist an der Zeit, dass wir Deutschen, Österreicher und Schweizer unseren Irrtum, dass anspruchsvolle Inhalte komplex dargestellt werden müssen, erkennen. Unsere Kollegen im angloamerikanischen Raum beispielsweise sind uns hier mehr als eine Nasenlänge voraus. Für das Corporate Publishing gilt diese Forderung ganz besonders. Schließlich locken hier spannende Chancen zur Differenzierung im eher schwerfälligen Markt der Unternehmensmagazine.

PR ERSETZT KEINE RELEVANZ
Der erste Eindruck des Lesers vom Kundenmagazin ergibt sich nicht nur aus einem spannenden Themenspektrum und einer tollen Gestaltung. Mindestens ebenso wichtig sind aktivierende

Titelzeilen, knappe, spannungsgeladene Überschriften, Vorspänne und Zitate. Wer einen Blick in die Jahrbücher zu Europas größtem Wettbewerb für Unternehmenskommunikation – dem BCP Best of Corporate Publishing – wirft, erkennt, dass Unternehmen wie BMW, Roland Berger, Leica oder Hochtief seit Jahren Maßstäbe in der Corporate-Publishing-Branche setzen. Mit ebenso mutigen, wie hoch kreativen Konzepten begeistern sie nicht nur die Jurys, sondern vor allem ihre Leser stets aufs Neue.

Am Ende zählt die richtige Haltung: Wer seinen Kunden etwas verkaufen will – ein Produkt oder eine Botschaft –, wird keinen bahnbrechenden Erfolg haben. Nur wer sich für seine Leser, seine Kunden aus tiefster Seele interessiert, findet eine Antwort auf die Frage, wie aus gelegentlichen Käufern überzeugte Stammkunden und aus Interessenten letztlich Neukunden werden. Selbst den besten Journalisten wird es nicht gelingen, den Leser des Kundenmagazins für ein Thema oder ein Produkt zu begeistern, wenn es für die Zielgruppe keine Relevanz hat. Schließlich gilt: Wir alle lieben es, ein neues Auto, Smartphone oder Kleidungsstück zu kaufen, auf das wir lange gespart haben. Und wir zahlen auch gerne für eine Dienstleistung, die uns dabei hilft, ein Problem oder eine wichtige Aufgabe zu lösen. Zugleich verabscheuen wir es aber, wenn uns jemand ein Produkt aufdrängen will. Dieselben Mechanismen greifen im Corporate Publishing. Ein erfolgreiches Kundenmagazin ist deshalb keine Verkaufsbroschüre.

> Nur wer sich für seine Leser, seine Kunden aus tiefster Seele interessiert, findet eine Antwort auf die Frage, wie aus gelegentlichen Käufern überzeugte Stammkunden und aus Interessenten letztlich Neukunden werden.

Ein Unternehmen, das seit Jahren eine vorbildliche Corporate-Publishing-Strategie in der Kunden- wie in der Mitarbeiterkommunikation verfolgt, kommt aus der IT-Branche. Das Kundenmagazin Crossroads gehörte in den vergangenen Jahren bei allen relevanten Wettbewerben für Corporate Publishing und Editorial Design zu den bestplatzierten Medien, zum Beispiel bei mercury, Astrid und BCP Best of Corporate Publishing Award. Auch die Resonanz an der Kundenfront war hervorragend, wie regelmäßige Leserbefragungen, vor allem aber immer mehr Neukunden belegten, die sich nachweislich nach der Lektüre des Magazins an den Vertrieb wendeten.

Dennoch wurde das preisgekrönte Medium eingestellt. Doch nicht etwa weil der Erfolg eben doch ausblieb, sondern weil man entschieden hatte, im Corporate Publishing künftig auf Online und Mobile und eine enge Verzahnung von Multimedia-Inhalten und moderner Technologie zu setzen. Weltweit investieren Unternehmen schließlich in neue elektronische Kommunikationsformate, und diesen Trend wollte das Unternehmen passend zum eigenen Kerngeschäft mitgestalten.

EMOTION TRIFFT AUF NUTZWERT

Als eine Art moderner Klassiker des Corporate Publishing verdient Crossroads in diesem Kontext eine besondere Würdigung. Das Magazin richtete sich an Businessentscheider und IT-Profis. Was wäre also naheliegender, als die Kunden mit einem konventionellen Fachmagazin nach dem Vorbild bekannter Kiosktitel wie CIO oder Computerwoche zu adressieren? Genau dieser Versuchung widerstand das Unternehmen und erreichte gerade deshalb eine hervorragende Resonanz auf Kundenseite. Sogar rund 50 Prozent der adressierten Top-Entscheider lasen, wie die letzte Leserbefragung zeigte, jede Ausgabe des Magazins. Ein hervorragender Wert, den nur wenige Magazine in dieser anspruchsvollen Zielgruppe mit engem Zeitbudget erreichen.

Crossroads setzte auf höchste Relevanz in seiner Zielgruppe, statt simple PR oder Marketingbotschaften zu verbreiten. Als Autoren wurden ausschließlich namhafte IT- und Wirtschaftsjournalisten beschäftigt. Schließlich galt es, sich genau am Puls der Zeit zu bewegen und den Lesern exakt jene Informationen aus erster Hand zu liefern, die ihnen helfen, das eigene Business erfolgreicher zu meistern. Ein Anspruch, der sich durch das gesamte Magazin zog und sich auf den ersten Blick beim Öffnen des Briefkastens vermitteln sollte.

Und so präsentierte sich bereits die Titelseite mit der Anmutung eines Strategiemagazins. Technische Abbildungen waren analog zu den Innenseiten streng verboten, stattdessen wurde auf der Metaebene vor allem der praktische Nutzen und die Köpfe hinter den Produkten, Lösungen und Strategien gezeigt. Illustrationen und hochwertige Porträts verbanden sich auf allen Seiten mit viel Freiraum. So vermittelte sich Emotion gepaart mit Nutzwert und führte zu einer nachhaltigen Leser-Blatt-Bindung.

> *REGEL NUMMER 6 // Wer die Bedürfnisse und Interessenlagen seiner Kunden nicht kennt, kann im Corporate Publishing keinen Erfolg haben.*

TEIL 4: DESIGN

Ein gängiges Vorurteil ist, dass sich die Gestaltung dem Inhalt unterzuordnen hat, die Arbeit der Journalisten somit wichtiger ist als das ansprechende Layout eines Top-Artdirectors. Speziell den Fachabteilungen aus dem operativen Business geht es oft nur darum, „ihre" Themen im Magazin unterzubringen – unabhängig von der Relevanz für die Leser. Die Gestaltung wird gerne als reines „Transportmittel" für die PR verstanden. Doch oft passiert das auch den Kommunikationsexperten im Hause selbst – speziell im eher technisch orientierten B2B-Segment.

> Den Fachabteilungen aus dem operativen Business geht es oft nur darum, „ihre" Themen im Magazin unterzubringen – unabhängig von der Relevanz für die Leser. Die Gestaltung wird gerne als reines „Transportmittel" für die PR verstanden.

Wenn wir uns jedoch vergegenwärtigen, welche Rolle unser Unterbewusstsein bei der Entscheidungsfindung spielt, erkennen wir, dass die Visualität in allen Lebensbereichen zumindest für den ersten Impuls eine entscheidende Rolle spielt – egal ob es um einen faszinierenden Menschen, eine besondere Architektur oder ein Auto geht. Am Anfang steht der optische Impuls. Erst wenn unsere Aufmerksamkeit geweckt ist, sind wir bereit, uns näher mit dem Menschen oder dem Gegenstand zu beschäftigen – im Fall eines Autos zum Beispiel mit den Leistungsdaten, die am Ende bei der Kaufentscheidung oft den Ausschlag geben.

Ebenso verhält es sich bei einem Kundenmagazin. Wer sich diese psychologischen Mechanismen vergegenwärtigt, erkennt, dass die Gestaltung ebenso wichtig ist wie der Inhalt. Selbst der Ingenieur oder Techniker, der sich vom Kundenmagazin vor allem Hintergrundinformationen zu neuen Baureihen oder Produkten verspricht, hat mehr Freude an der Lektüre, wenn das Magazin durch eine tolle Gestaltung besticht – das Gefühl, vom Herausgeber wertgeschätzt zu werden, resultiert maßgeblich aus dem visuellen und haptischen Erlebnis bei der Lektüre.

> *REGEL NUMMER 7 // Ein hervorragender Inhalt ist ebenso wichtig wie eine ansprechende Gestaltung, Papierqualität und Verarbeitung. Bei Top-Kundenmagazinen bilden Redaktion und Artdirektion ein kreatives Team.*

ALLE MACHT DER TITELSEITE

Da sie für den Erfolg eines Kundenmagazins von entscheidender Bedeutung ist, sollte die Titelseite frühzeitig in die Konzeption eines neuen Magazins einbezogen werden – und im Rahmen dieses Beitrags macht es Sinn, ihr einen eigenen Absatz zu widmen. Erstaunlich ist, dass viele Kommunikationsexperten, wenn sie ihr eigenes Medium planen, sehr unkritisch werden, sobald es um die Gestaltung der Seite 1 geht. Dabei ist jeder Corporate-Publishing-Verantwortliche selbst auch Leser von Printprodukten jeder Art und weiß, wie sehr eine emotionale, spannungsreiche Titelseite und ein relevantes, überraschendes Top-Thema Interesse weckt. Beim eigenen Magazin geht man dennoch gerne auf Nummer sicher. Zu groß ist die Angst vor Kritik seitens Unternehmenskommunikation, Marketing und Unternehmensleitung.

Wer sich von diesen Ängsten befreit, hat beste Chancen, einen echten Hingucker zu entwickeln und die Zielgruppe langfristig als Leser und Kunden zu binden. Schließlich gilt für jede Kommunikation: Nur wer auffällt, sich vom Markt erfrischend differenziert und mit Gewohnheiten bricht, wird erfolgreicher sein als der Wettbewerb.

REGEL NUMMER 8 // *Erfolgreiche Kundenmagazine haben ein Titelseitenkonzept, das mit Gewohnheiten bricht. Der Kreativität sind keine Grenzen gesetzt, sofern die Relevanz des Inhalts und des Top-Themas stimmen.*

FLEXIBLER UMGANG MIT DER CORPORATE IDENTITY

In den meisten Firmen regeln die Corporate Identity (CI) beziehungsweise das Corporate Design (CD) das gesamte Erscheinungsbild. Dazu gehören sowohl die Gestaltung der Kommunikationsmittel – das Logo, die Geschäftspapiere, Werbemittel, Verpackungen, der Internetauftritt, die Architektur etc. – als auch das Produktdesign. Ein konsequenter Umgang mit den CI-/CD-Vorgaben ist von größter Bedeutung, schließlich kann nur so ein konsistentes Image nach innen wie nach außen entstehen. Allerdings gibt es doch Ausnahmen – speziell für das Corporate Publishing.

Ein Kundenmagazin sollte die Corporate Identity/das Corporate Design stets frei interpretieren und sogar bewusst damit brechen. Schließlich ist, wie eingangs erwähnt, ein hochkarätiges und erfolgreiches Kundenmagazin weder ein klassisches PR- noch ein Werbemedium, sondern ein journalistisches Produkt – auch wenn es einen klaren Bezug zum Unternehmen hat. So sollte selbstverständlich das Logo und eventuell die Hausschrift im Kundenmagazin verwendet werden, doch schon bei den Farben und Formulierungen sollten Artdirektion und Redaktion frei sein. Schließlich besteht die Chance auf einen lebhaften Dialog und eine langfristige Kundenbindung vor allem dann, wenn ein Kundenmagazin seine ureigenen Chancen ausspielen kann – und die liegen nun einmal im journalistischen Storytelling und einer klaren Orientierung an den Interessen der Leser – ein Ansatz, der sich komplett von Werbung und klassischer PR unterscheidet.

REGEL NUMMER 9 // Ein Kundenmagazin sollte das Corporate Design frei interpretieren und sich erkennbar von Werbung und klassischer PR differenzieren. Nur so kann es seine ureigene Stärke, das journalistische Storytelling, optimal ausspielen.

TEIL 5: DIALOG

Jedes Kundenmagazin sollte das Ziel verfolgen, eine starke Community rund um die Magazinmarke aufzubauen – um so in einen kontinuierlichen Dialog mit Kunden und Interessenten einzutreten. Ein wesentlicher Erfolgsfaktor hierbei ist jedoch die Bereitschaft des Herausgebers, den Kunden auf Augenhöhe zu begegnen. Wichtig ist deshalb, dass jede Anfrage, jeder Kommentar professionell und zeitnah vom jeweiligen Experten im Unternehmen beantwortet wird. Andernfalls wird der Kunde kein zweites Mal den Dialog suchen. Schlimmstenfalls wird er seinen Unmut über das negative Markenerlebnis sogar im Webforum, Blog, per Youtube, Twitter oder Facebook äußern. Gerade negative Kritik erfährt in der Social-Media-Ära oft eine Eigendynamik, die für Unternehmen einen erheblichen Imageschaden zufolge haben kann. Prominente Beispiele gibt es zuhauf, sie sollen hier nicht zum x-ten Mal aufgewärmt werden.

REGEL NUMMER 10 // Ein erfolgreicher Kundendialog misst sich nicht an der Anzahl der Response-Elemente, sondern an der Bereitschaft des Unternehmens, sich mit seinen Adressaten auf Augenhöhe auszutauschen.

Unternehmen, die einen offenen Austausch mit ihren Kunden scheuen, sollten im Kundenmagazin auf „harmlose" Dialogelemente wie Preisausschreiben oder Servicenummern und Kontaktformulare setzen. Zur Leser-Blatt-Bindung oder zum Aufbau einer lebhaften Community taugen diese klassischen Dialogelemente jedoch nicht.

Speziell durch die Verzahnung mit digitalen Medien ist heute ein Dialog in Echtzeit möglich – vorausgesetzt, die Redaktion schafft über relevante Themen, provokante Headlines, Zitate und Texteinstiege immer wieder Anlässe für moderierte Diskussionen, Feedback und Kommentare. Die Möglichkeiten für einen lebhaften Dialog nehmen rasant zu – insbesondere im mobilen Internet. Fast täglich gibt es neue Netzwerke, Foren und Social Apps mit innovativen Funktionalitäten. Viele dieser Kanäle eignen sich hervorragend, um aus dem Kundenmagazin heraus einen lebhaften Dialog zu initiieren.

EINIGE BEISPIELE:

VIRTUELLE REDAKTIONSKONFERENZ

Ein einfacher und effizienter Weg, die Kunden zum Dialog mit der Redaktion zu motivieren, ist eine Einladung zur „virtuellen Redaktionskonferenz". Ein kurzer Hinweis unterhalb des Editorials oder im Inhaltsverzeichnis reicht:

„Wir möchten unser Magazin noch stärker auf Ihre Bedürfnisse ausrichten. Bitte schicken Sie uns Ihre Themenwünsche für die nächste Ausgabe an redaktion@kundenmagazinxy.de"

Selbst wenn nur einige wenige Kunden von diesem Angebot Gebrauch machen: Die Botschaft „Wir richten uns auf Eure Bedürfnisse aus, liebe Leser" kommt bei allen Adressaten an.

EXPERTENTALK AUF FACEBOOK
Ein idealer Kanal für Diskussionen zu brandheißen Themen aus dem Kundenmagazin ist die Facebook-Seite des eigenen Unternehmens. Am Ende des Artikels oder Interviews im Magazin könnte beispielsweise stehen:

„Diskutieren Sie mit unserem Experten Dr. Hans Mustermann über die Auswirkungen von xyz auf das aktuelle Geschäftsklima etc.

Termine:
Montag, 17. Mai ab 18 Uhr
Freitag, 8. Juni ab 18 Uhr
auf: www.facebook.de/unternehmenxy"

UPDATES PER TWITTER
Auch über den Microblogging-Dienst Twitter ist ein Dialog möglich – quasi sogar in Echtzeit. Ein einfacher Hinweis auf den Twitter-Account des Autors oder Experten oder zu einem Schlagwort in Verbindung mit dem Zeichen #, das ohne Leerzeichen dem Schlagwort oder – auf Englisch und Neudeutsch – Hashtag vorangestellt wird, reicht. Die Leser des Kundenmagazins können so kontinuierlich alle vom Autor eingestellten Updates verfolgen, kommentieren und die gesamte Diskussion zum Thema verfolgen, wie das folgende Beispiel zeigt:

„Sie möchten mehr zum Thema xy erfahren?

Folgen Sie unserem Experten Max Mustermann auf Twitter:
http://twitter.com/Max_Mustermann
oder verfolgen Sie die aktuelle Diskussion zum Thema:
#NamedesKundenmagazins
oder, bei mehreren Diskussionen zu Themen der aktuellen Ausgabe:
#themenbezogenesSchlagwort"

VOM LESER ZUM REPORTER
In jedem hochkarätigen Kundenmagazin gibt es herausragende Interviews und Artikel mit hoher Relevanz für die Zielgruppe. Warum nicht den Leser einmal selbst Fragen stellen lassen? Diese Chance zum Dialog wird bislang viel zu selten genutzt. Voraussetzung für diesen spannenden Ansatz ist jedoch eine Planung, die über die aktuelle Ausgabe hinaus reicht. Wenn es also in der nächsten Ausgabe ein Interview mit dem Vorstand, dem Geschäftsführer, dem neuen Design-chef oder dem neuen Leiter Kundenservice geben soll – was wäre leichter, als dieses Interview in der aktuellen Ausgabe bereits anzukündigen? Ein kurzer Aufruf: „Herr Mustermann steht Ihnen Rede und Antwort. Bitte schicken Sie uns Ihre Fragen" reicht vollkommen aus. Auch bei der Konzeption von Artikeln – Features oder Reportagen – erhöhen O-Töne der Leser nicht nur die Authentizität des Mediums, sie bieten oftmals regelrechte Steilvorlagen, um den Dialog fort-

zuführen. Somit steht außer Frage: Ein Kundenmagazin, das seine Leser aktiv in den Inhalt einbindet, schafft die Grundlage für eine starke Community.

EINE NEUE ÄRA: FRAGESTUNDE PER SMARTPHONE

Auch ohne Einbindung von Facebook, Twitter oder andere Social Apps ist ein lebhafter Dialog zwischen Unternehmen und Kunden möglich – vor allem per mobilem Internet. Die aktuellen Webtechnologien HTML 5/CSS3 bieten hervorragende Möglichkeiten, die Leser eines Kundenmagazins mittels Smartphone oder Tablet zum spontanen Dialog zu animieren – sofern zwei Voraussetzungen erfüllt sind:

1. Die Kernzielgruppe nutzt überwiegend bereits Smartphones und/oder Tablet-PCs

2. Das Unternehmen investiert in eine Website auf Basis von HTML5/CSS3 – und setzt somit auf ein sogenanntes „responsive Webdesign". Eine solche Website wird herstellerübergreifend für jedes heute verfügbare und kommende digitale Gerät, ob Desktop-PC, Laptop, Fernseher, Smartphone, Tablet-PC oder Auto-PC, optimiert ausgeliefert. Das bedeutet konkret: Der Smartphone- oder iPad-Nutzer kann beispielsweise auf seinem Display per Fingergestik mit dem Unternehmen interagieren, der klassische Laptop-Nutzer hingegen konventionell per Tastatur und Maus. Und im Auto nutzt er die Dreh-/Drücksteller des Multimediasystems.

Das folgende Beispiel verdeutlicht die Möglichkeiten exemplarisch:

Ein großes deutsches Dienstleistungsunternehmen hatte den Etat für das Kundenmagazin Kurier neu ausgeschrieben. Das Medium richtet sich an alle Privathaushalte im Bundesgebiet und erhebt den Anspruch, die Kunden über neue Produkte und Services zu informieren, zugleich aber auch Verständnis für Unannehmlichkeiten, etwa steigende Preise, zu wecken. Ein intensiver Dialog mit den Kunden war deshalb eines der definierten Ziele der Ausschreibung.

Den Zuschlag erhielt am Ende ein Corporate-Publishing-Anbieter, der vom Kundenmagazin ausgehend ein völlig neuartiges Dialogkonzept entwickelt hatte, das ohne den Einsatz der neuen Webtechnologien HTML 5/CSS3 unmöglich gewesen wäre.

Diesem Dienstleister war klar: Es reicht heute nicht mehr aus, dass ein spannendes Kundenmagazin zahlreiche Impulse zum ernstgemeinten Dialog bietet. Dieser muss auch spontan erfolgen können – und das ist nur telefonisch oder mittels eines digitalen Feedback-Formulars möglich. Da jedoch alle seriösen Leserbefragungen im Corporate Publishing belegen, dass viele Leser ein Kundenmagazin nicht am Arbeitsplatz, sondern während „unproduktiver Zeiten" – etwa in Bus, Bahn und Zug – oder am Wochenende im Liegestuhl oder auf dem Sofa lesen, lag auf der Hand: Der Dialogkanal muss an jedem Ort verfügbar sein – nicht nur im Büro und zu Hause.

Die Lösung war schnell gefunden: Eine dynamische Dialog-Microsite musste her, die auf allen Geräten läuft und per QR-Code mit wenigen Klicks geöffnet werden kann. Nahezu alle modernen Smartphones und Tablet-PCs sind mit einer Kamera und einem speziellen Reader ausgestattet. Der Leser muss die Kamera seines Geräts lediglich auf den Code ausrichten – ein bis zwei Klicks, und das digitale Kontaktformular wird im Display angezeigt. Das Dienstleistungsunternehmen war offenbar begeistert – der erwähnte Corporate-Publishing-Profi bekam den Zuschlag für das neue Magazin samt Dialog-Microsite.

Seither haben die Leser die Möglichkeit, während der Lektüre des Kundenmagazins eigene Fragen an porträtierte Experten und Interviewpartner zu stellen, die ihnen binnen 48 Stunden über denselben Kanal beantwortet werden. Dafür sind nur wenige Angaben nötig:

1. Name des Lesers
2. E-Mail-Adresse
3. Frei formulierte Frage an den Experten

Seit Einführung der neuen Microsite als Beiboot zum Kundenmagazin nimmt der Dialog rasant zu. Denn jeder Leser kann heute einem spontanen Impuls folgen. Zuvor lautete die Alternative: Postkarte an die Redaktion – eine Option, die erwartungsgemäß kaum genutzt wurde und eher eine Alibifunktion hatte. Ein Dialog auf Augenhöhe war so kaum möglich.

> *REGEL NUMMER 11 //* Die Social Networks und das mobile Internet ermöglichen einen Dialog in Echtzeit. Den Impuls dazu kann das Kundenmagazin liefern. Allerdings entsteht eine starke Community nur dann, wenn Themen von höchster Relevanz diskutiert werden.

Kundenorientierung kann nur gelebt, nicht verordnet oder ausgelagert werden (etwa in Form eines individualisierten Versands an die Druckerei oder den Lettershop). Wer glaubt, ein Kunde fühle sich geschmeichelt, weil er im Editorial oder im beiliegenden Anschreiben seinen eigenen Namen liest, verkennt die Realität. Jeder professionelle Leser weiß heute, dass die persönliche Anrede in diesem Fall kaum mehr Aufwand bedeutet als einen Adressaufkleber zu drucken. Im Kundenmagazin ist sie kontraproduktiv. Kundenorientierung kann sich nun einmal nur im Dialog ausdrücken, ein paar individuelle Buchstaben auf Papier sind kein Ersatz – nicht einmal ein schlechter.

Das waren sie, lieber Leser: Wichtige Regeln und Beispiele für die Konzeption von erfolgreichen Kundenmagazinen. Vorbei sind die Zeiten, in denen Unternehmen Kommunikationsbudgets bereitgestellt haben, ohne einen Return-on-Invest zu erwarten. Wenn Sie den heute nicht liefern, steht Ihr Kundenmagazin spätestens bei der nächsten Sparrunde auf der Streichliste. Ärgern Sie sich deshalb nicht, wenn der Vertrieb oder der Vorstand die Frage nach dem Sinn des Magazins stellt. Nehmen Sie die Kritik als Anreiz und orientieren Sie sich an dem, was einen Top-Verkäufer auszeichnet: Treten Sie mit Ihren Kunden in Dialog, hören Sie ihnen zu, wo sie der Schuh drückt und entwickeln Sie aus diesen Erkenntnissen ein Magazin, auf das Ihre Adressaten gewartet haben. So steigern Sie nicht nur die Kundenbindung, sondern auch Ihren Umsatz. Ich wünsche Ihnen viel Erfolg.

„Bereits in der Konzeptionsphase lassen sich Messbarkeitskriterien aufstellen und integrieren, die später den Erfolg dieses Instruments nachweisbar machen."

MENSCHEN, KOMPETENZEN UND BUDGETS
INFRASTRUKTUR FÜR ERFOLGREICHES CORPORATE PUBLISHING

Der Beitrag zeigt in drei Blöcken auf, welche Menschen Sie benötigen, um eine Kundenzeitschrift zu erstellen, was Sie das kostet und welche zusätzlichen Hilfsmittel und Vorgehensweisen sich in der Praxis als nützlich erwiesen haben.

PROJEKT KUNDENMAGAZIN
Die Entscheidung für eine Kundenzeitschrift ist gefallen, Begeisterung und Erwartungen sind gleichermaßen groß, die Akzeptanz für das Vorhaben in der gesamten Organisation und den unterschiedlichen Abteilungen ist gesichert. Doch was wird nun alles benötigt – an Ressourcen, Kompetenzen und Infrastruktur – damit das Magazin auch ein Erfolg wird?

Es ist nicht der schlechteste Weg, sich dem Projekt Kundenmagazin auf die klassische Art allen Projektmanagements zu nähern. Denn, wenn man der Deutschen Industrienorm glaubt, dann gilt laut DIN 69 901: Projektmanagement ist „die Gesamtheit von Führungsaufgaben, -organisation, -techniken und -mitteln für die Abwicklung eines Projekts". Wenn wir dabei nicht vergessen, dass laut Niklas Luhmann ein Projekt auch wesentlich ein „soziales System" darstellt, steht dem Gelingen nichts mehr im Weg.

Dabei spielt es am Anfang der Überlegungen keine Rolle, wer im Einzelnen die anstehenden Aufgaben erledigen wird. Über Ressourcen, Verantwortung und Arbeitsverteilung (welche Abteilungen, welche Menschen, welche Dienstleister) machen wir uns später Gedanken.

Zuerst befassen wir uns mit den Planungsaufgaben, die sich in jedem Projekt stellen *(siehe Checkliste für Projektleiter auf S. 78)*. Die Steuerung (von Zeit, Kapazität und Budget) ist nicht Bestandteil dieses Beitrags, wohl aber Überlegungen zur Ausgangslage und Aufgabe. Es gilt, das Ziel verbindlich und gemeinsam mit allen Beteiligten verständlich zu formulieren. Dann wird in der Projektstruktur aufgelistet, was zu tun ist, mit Projektphasen eine logische Unterteilung in zeitliche Abschnitte definiert, im Projektablaufplan ihre Reihenfolge herausgearbeitet und deren Dauer bestimmt *(siehe Abbildung 1)*. Daraus ergibt sich ein Zeitplan, auf den aufbauend sich Verantwortlichkeiten verteilen und Kapazitäten (Mitarbeiter) planen lassen. Aus Zeitbedarf und beteiligten Mitarbeitern folgen schlüssig Budget und Terminplan.

....

CHECKLISTE FÜR PROJEKTLEITER

Projektplanung
 1. Wie ist die Ausgangslage?
 2. Welche Risiken könnten auftauchen?
 3. Was ist unser Ziel?
 4. Was ist zu tun?
 5. In welchen zeitlichen Abschnitten?
 6. In welcher Reihenfolge?
 7. Mit welcher Dauer?
 8. Unter wessen Verantwortung?
 9. Von welchen Mitarbeitern?
10. Zu welchen Kosten?
11. Zu welchem Zeitpunkt?

....

1. AUSGANGSLAGE UND AUFGABE
Um zum fertigen Kundenmagazin zu kommen, sind die folgenden Bausteine erforderlich:

....

- *Konzept (Analyse, Zielsetzung, Zielgruppen, Magazinidee, Themenmix, Gestaltung, Umfang, Periodizität, Auflage)*
- *Finanzierung/Budget*
- *Refinanzierung durch Anzeigen und/oder Vertrieb*
- *Projektleitung/-management*
- *Heftplanung*
- *Bild*
- *Text*
- *Layout/Grafik/Produktion*
- *Druck/Verarbeitung*
- *Versand/Vertrieb/Adressen und Adresspflege*
- *Administratives (Verträge und Vereinbarungen/Rechte und Lizenzen/Rechtsfragen)*
- *Erfolgskontrolle*

....

DAS DRUMHERUM
Dem *Konzept* vorangegangen sind verschiedene Analysephasen zur Situation und Zielsetzung des Unternehmens, zur Erwartung der Kunden und Leser sowie eine Untersuchung des Umfelds und der Wettbewerbssituation für die Zeitschrift *(siehe Seite 62 ff., „Der Leser bestimmt die Regeln"*

PROJEKTSTRUKTUR UND PHASENMODELL: RAHMENDATEN EINES KUNDENMAGAZINS ALS BEISPIEL

STECKBRIEF PUBLIKATION

KUNDENMAGAZIN

- ca. 100.000 Auflage
- ca. 60 Seiten
- Erscheinungsweise: 4 x pro Jahr
- Produktion im Redaktionssystem

ABBILDUNG 1-1

Projektstruktur und
Phasenmodell:
Rahmendaten eines
Kundenmagazins
als Beispiel

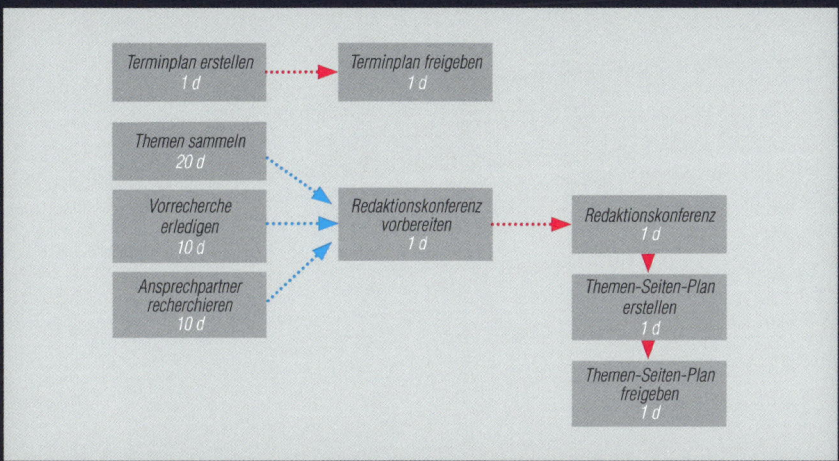

ABBILDUNG 1-2

Unterteilung in Projekt-
phasen, zeitliche
Abfolge und Dauer
(d = 1 Arbeitstag)
einzelner Arbeitsschritte:
Phase 1: Vorarbeiten

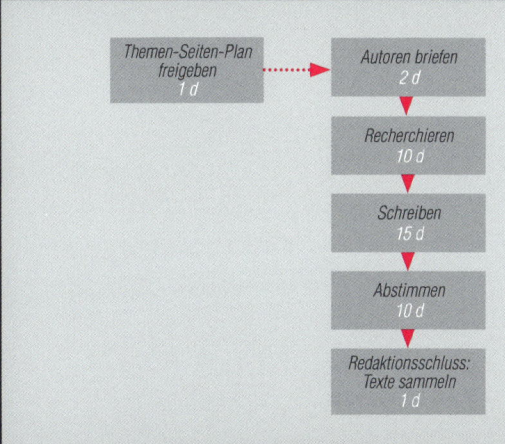

ABBILDUNG 1-3

Phase 2: Redaktion

Zum Konzept
gehören die
Definition der
Ziele des Heraus-
gebers sowie die
Strategien zur
Positionierung
des Mediums.

von Markus Elsen). Zum Konzept gehören die Definition der Ziele des Herausgebers sowie die Strategien zur Positionierung des Mediums. All das – Ziele, Positionierung und Konzept – müssen in schriftlicher Form vorliegen und allen Projektbeteiligten gut bekannt sein. Darin wird die Grundidee des Magazins festgelegt und hergeleitet. Wichtig sind Überlegungen zum Aufbau, zur Dramaturgie und zum Spannungsbogen im Heft. Der Themenmix und seine journalistische Aufbereitung werden abgesteckt. Dazu kommen Festlegungen zur Tonalität, zur Bildsprache, zur gestalterischen Umsetzung und zum Layoutrahmen.

Wesentlicher Bestandteil der konzeptionellen Überlegungen sind Entscheidungen über *Budget und Finanzierungskonzept.* Daraus ergeben sich Umfang, Frequenz und Auflage. Und das Magazin muss eingebunden sein in den Medienmix des Unternehmens. Zu diskutieren ist auch, ob eine *Refinanzierung* über Anzeigen *(siehe Seite 176 ff., „Corporate Publishing wirkt" von Stefan Fehm)* oder ein *Vertriebskonzept (siehe Seite 182 ff., „Vertrieb, Verbreitung und Datengewinnung" von Volker Zanetti)* gewünscht und möglich sind.

Wir überlassen es an dieser Stelle dem geneigten Leser und Macher von Kundenzeitschriften, die Risiken seiner ganz individuellen Situation auf eigene Faust zu analysieren. Auf keinen Fall sollten Sie die Bedeutung dieser Überlegungen unterschätzen. Stellen Sie die Erarbeitung einer Liste der Risiken, ihrer Bewertung (Wahrscheinlichkeit des Eintretens und Auswirkung auf den Projekterfolg) sowie möglicher Gegenmaßnahmen auf keinen Fall hinten an!

Einen weiteren wichtigen Baustein bildet die *Erfolgskontrolle*: Überlegungen zum Return-on-Investment beziehungsweise zum „Return-on-Communication". Gleich vier Beiträge dieses Buchs befassen sich mit entsprechenden Fragestellungen. Deshalb sei an dieser Stelle lediglich darauf hingewiesen, dass der Wirkungsnachweis eines Kundenmagazins entscheidend von seiner Zielsetzung abhängt. In jedem Fall lassen sich bereits in der Konzeptionsphase Messbarkeitskriterien aufstellen und ins Heft integrieren, die später den Erfolg dieses Kommunikationsinstruments nachweisbar machen. Dabei gelingt dies umso einfacher, je klarer und operativer die Zielsetzung des Magazins ist. Dient das Kundenmagazin vor allem der Verkaufsunterstützung, so lassen sich Vertriebserfolge aufgrund des Einsatzes des Magazins relativ gut nachweisen, nämlich einfach zählen. Geht es allerdings um Fragen von Image und Renommee, fällt der Nachweis oft weniger leicht. Dennoch lassen sich Ziele jeglicher Art operationalisieren, quantitativ oder qualitativ. Messbarkeit erfordert allerdings eine Analysephase, eine „Nullmessung" und eindeutige Kriterien.

DIE PRODUKTION

Bleibt alles, was mit der eigentlichen *Produktion* des Magazins zu tun hat: Die strategische und operative Leitung des gesamten Projekts Kundenmagazin, Themenfindung und journalistische Erstellung der Beiträge, ansprechende Bebilderung und gestalterische Aufbereitung, Druck und Vertrieb des fertigen Printprodukts.

Projektleitung und Projektmanagement umfassen die gesamten Planungs-, Steuerungs- und administrativen Aufwendungen. Dazu zählen Themensammlung, Vorbereitung, Durchführung, Nachbereitung der Redaktions- und Bildkonferenz, Erstellung und Abstimmung von Terminplänen und Themenseitenplänen, die Erstellung von Briefings und Verträgen, die Koordination sämtlicher Mitarbeiter und Partner, Abstimmungen sowie alles Kaufmännische. Das betrifft auch die Steuerung von Druck und Vertrieb sowie die ständige Pflege der Adressdaten.

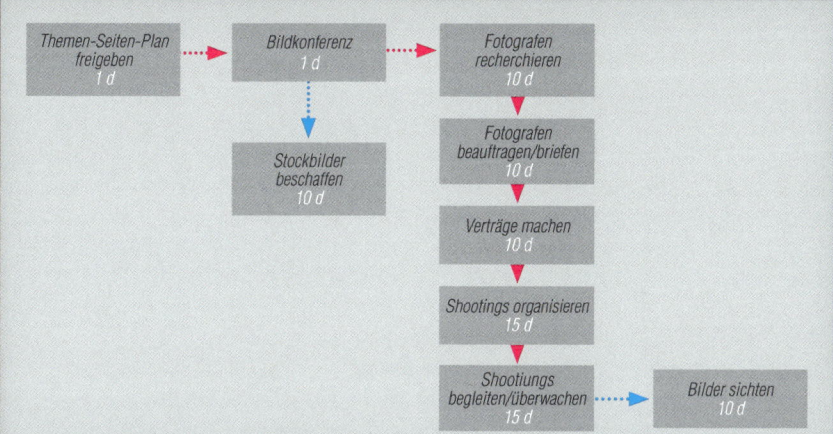

ABBILDUNG 1-4

Phase 3: Bildbeschaffung

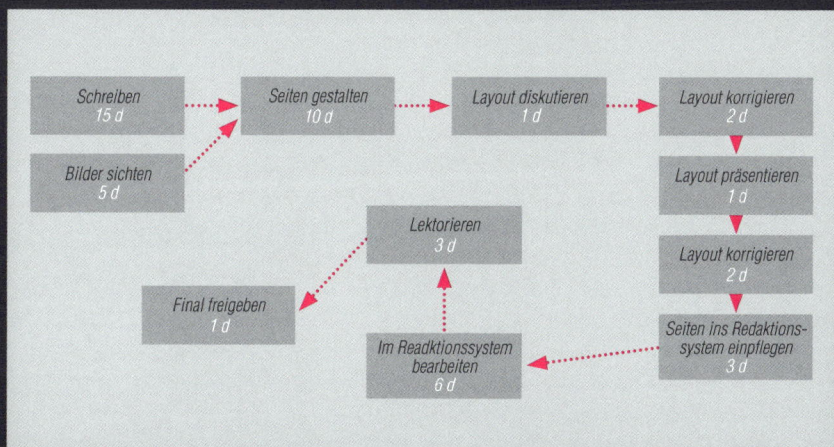

ABBILDUNG 1-5

Phase 4: Grafik/Layout

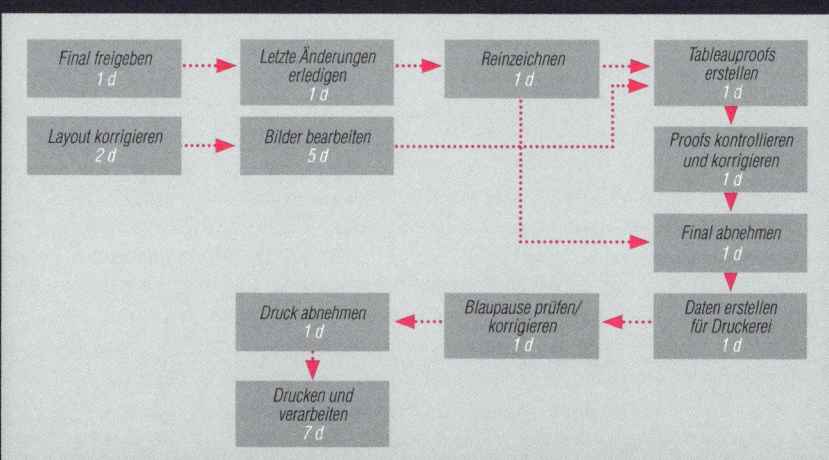

ABBILDUNG 1-6

Phase 5: Produktion

Zum *Text* gehören sämtliche redaktionellen Aufgaben – von der Themensammlung, Vorbereitung, Durchführung, Nachbereitung der Redaktions- und Bildkonferenz, der Erstellung von Themenseitenplänen, Autorenbriefings über Recherche und Schreiben, Redigieren, Abstimmen und Korrigieren bis zum Lektorat.

Artdirektor, Grafiker und Layouter nehmen an Redaktions- und Bildkonferenzen teil, entwickeln Bild- und Gestaltungsideen, gestalten und layouten das gesamte Heft, sorgen für Illustrationen, übernehmen Abstimmung und Korrektur des Layouts, koordinieren und sorgen für Bildbearbeitung und Retusche sowie für die Reinzeichnung und die Aufbereitung sämtlicher Daten für den Druck.

Die *Bildredaktion* kümmert sich um Vorbereitung, Durchführung, Nachbereitung der Bildkonferenz, übernimmt Bildrecherche und -beschaffung, organisiert, beauftragt und brieft Fotografen für Shootings und erledigt das Rechtemanagement.

2. DAS TEAM
Und für diese Aufgaben gilt es, das Team zu finden. Es besteht aus der zentralen *Projektleitung* und der *Chefredaktion*. Diese steuern, lenken und überwachen Inhalte, Kollegen, Dienstleister, Termine und Kosten. Verantwortliche für Kundenmagazine gehören in Unternehmen und Institutionen meist den Abteilungen Kommunikation, Presse, PR oder Marketing an.

Die Praxis zeigt, dass Kundenmagazine – zumindest erfolgreiche – eine große Strahlkraft innerhalb von Organisationen entwickeln können und so bei vielen Abteilungen und Mitarbeitern Begehrlichkeiten bzw. Interesse an Beteiligung erwecken. Es hat sich als sinnvoll erwiesen, nicht nur die Geschäftsleitung (in welcher Form auch immer), sondern auch weitere Abteilungen wie Vertrieb, Human Resources, Recht oder Forschung etwa in Form eines *Redaktionsbeirats* oder über ein „Korrespondentennetz" einzubinden. Redaktionsbeirat und Korrespondenten werden beispielsweise während der Informationsbeschaffung in der Recherchephase beteiligt, vermitteln Ansprechpartner, liefern Unterlagen oder Textentwürfe, bleiben aber ansonsten in beratender Funktion und arbeiten nicht im Alltag des professionellen Blattmachens mit.

Unabdingbar ist die Einbindung der *Geschäftsleitung*. Allerdings tut es dem Kundenmagazin meist besonders gut, wenn sich deren Beteiligung auf die strategische Entscheidung beschränkt, ob es ein solches Instrument geben soll und mit welcher Zielsetzung und Basiskonzeption es erscheint.

Projektleitung und Chefredaktion benötigen für die Alltagsarbeit ein *Redaktionsteam* aus erfahrenen Journalisten, ein Gestaltungsteam aus *Artdirektor* und im Editorial Design bewanderten *Grafikern* sowie eine flexible *Bildredaktion*. Dazu kommen die technischen Aufgaben *Vorstufe* und *Druck* sowie eine Organisation für den *Vertrieb* des Heftes.

FEST ODER FREI?
Ob dieses Magazinteam aus fest angestellten Mitarbeitern im Unternehmen zusammengestellt wird oder mit Unterstützung von freien Mitarbeitern oder Dienstleistern arbeitet, hängt im Wesentlichen von der personellen Ausstattung im Unternehmen zusammen. Haben Sie einen erfahrenen Projektleiter, der mit Corporate-Publishing-Projekten umgehen kann? Gibt es im Unternehmen einen geeigneten Blattmacher für die Rolle des Chefredakteurs? Wie viele Journalisten stehen Ihnen zur Verfügung, die die verschiedenen Darstellungsformen bedienen können und Zeit für Ihr Magazin haben? Haben Sie eine grafische Abteilung mit Erfahrung

im Editorial Design und Zeit für Ihr Produkt? Welche Ausfallsicherheit müssen und können Sie garantieren? Verfügen Sie über Hausfotografen, welche die diversen Aufgabenstellungen bewältigen können und Ihnen auch zeitlich zur Verfügung stehen? Verfügen Sie über ein unternehmenseigenes Bildarchiv? Wer kann Fotos von Bildagenturen und Bildmaterial von anderen Firmen beschaffen? Erhalten Sie Sonderkonditionen bei Bildagenturen? Haben Sie eine leistungsfähige Hausdruckerei, die das gewünschte Format in Umfang und Auflage im erwarteten Zeitrahmen produzieren kann? Gib es Rahmenverträge mit anderen Druckereien? Und nicht zuletzt: Wie sehen interne Kostenstrukturen aus? Vor allem die Anforderungen an spezielle Kompetenzen und ausreichend Zeit und Freiraum für die Erstellung des Magazins führen bei vielen Unternehmen dazu, dass diese Magazine nicht komplett mit internen Mitarbeitern erstellt werden.

Dafür steht professionelle externe Hilfe bereit. Der Markt an Dienstleistern ist allerdings weit gespannt: Da gibt es freie Journalisten für spezielle Themenstellungen, den Grafiker oder Fotografen um die Ecke im Einmannbüro, Redakteure und Gestalter, die sich in freien Netzwerken oder kleinen Bürogemeinschaften organisieren, kleine Agenturen, die sich auf Corporate Publishing spezialisiert haben oder unter anderem auch Kundenmagazine erstellen, größere spezialisierte Corporate-Publishing-Dienstleister (häufig im Branchenverband Forum Corporate Publishing organisiert), die entweder in Agentur- oder in Verlagsstrukturen agieren. Davon wiederum gehören nicht wenige zu größeren Agenturnetzwerken oder Verlagshäusern.

Die richtige Auswahl und für Sie passende Konstellation hängt im Wesentlichen vom Umfang der Leistungen ab, die Sie nach draußen vergeben möchten. Benötigen Sie nur hier und da textliche Unterstützung oder für ein einzelnes Shooting einen Fotografen in Übersee, ist es sinnvoll, auf kompetente „Einzelkämpfer" zurückzugreifen. Je umfassender aber die Aufgabenstellung an den Dienstleister ist, desto spezieller sollte auch dessen Ausrichtung sein. Am häufigsten ist die Fremdvergabe von Aufträgen in den eher unternehmensfernen Bereichen Druck, Vertrieb und Anzeigenakquise. Auch hier gibt es eine große Palette von Anbietern, die aber genauso gut über einen zentralen Dienstleister als Generalunternehmer koordiniert werden können.

> Die richtige Auswahl und für Sie passende Konstellation hängt im Wesentlichen vom Umfang der Leistungen ab, die Sie nach draußen vergeben möchten.

Als Entscheidungshilfe kann die Matrix in *Abbildung 2 auf Seite 85* dienen. Kriterien für Make or Buy sind für alle infrage kommenden Teilaufgaben die Aspekte Kompetenz der Mitarbeiter, ihre zeitliche Verfügbarkeit sowie Flexibilität, Ausfallsicherheit und Kosten. Bei Beauftragung von Freelancern und Dienstleistern kommen Werk- oder Rahmenverträge zum Tragen.

3. DIE KOSTEN
Um die Kosten richtig einzuschätzen, hilft uns die Anfangsüberlegung mit dem Projektstrukturplan. Im Phasenmodell haben wir die Phasen Vorarbeiten/Planung, Redaktion, Bildbeschaffung, Grafik/Layout, Produktion benannt. Im detaillierten Projektstrukturplan haben wir ja sämtliche Tätigkeiten erfasst und mit Dauer und zeitlichem Aufwand beziffert. Versehen mit Stundensätzen ergibt sich unmittelbar daraus der Kostenaufwand für die Gesamterstellung des Kundenmagazins. Auch bei diesen Überlegungen spielt es zuerst einmal keine Rolle, wer die jeweiligen Aufgaben erledigt, ob sie im Unternehmen, von Freien oder von Dienstleistern übernommen werden *(Tabelle 2)*.

ANALYSE, KONZEPT, VERSAND UND VERTRIEB
Dabei verweisen wir bei den Kostenblöcken Analyse, Konzept sowie Versand und Vertrieb auf die jeweiligen Beiträge in diesem Buch *(siehe Seite 62 ff., „Der Leser bestimmt die Regeln" von*

Markus Elsen und Seite 182 ff., „Vertrieb, Verbreitung und Datengewinnung" von Volker Zanetti) und lassen die Produktion fremdsprachiger Ausgaben außen vor. Alle Überlegungen zu Refinanzierungsmodellen und Anzeigenverkauf finden Sie ab *Seite 176 ff., im Beitrag von Stefan Fehm „Corporate Publishing wirkt".*

BILDBUDGET

Gesondert zu behandeln gilt es auch die Kosten für Bildrechte, Lizenzen und Honorare für Illustratoren und Fotografen. Hier entstehen je nach Nutzungsbedingungen (abhängig von Auflage und Verbreitung der Zeitschrift sowie weitere Verwendung der Bilder beispielsweise in elektronischen oder Online-Medien) unterschiedliche Kosten. Am besten lässt sich das erfahrungsgemäß über ein pauschales Bildbudget für die einzelnen Ausgaben des Magazins steuern.

Denn diese Kosten sind oft auch Verhandlungssache. Bildagenturen stellen Bilder meist in digitaler Form zur Verfügung, den Preis für die jeweiligen Nutzungsrechte erhalten Sie auf Anfrage nach Angabe von Kriterien wie Auflage, Abbildungsgröße, Platzierung, Verbreitungsraum, Art des Mediums, Laufzeit usw. Oft bieten Unternehmen kostenloses Info-Material an; die Nutzungsrechte dafür liegen bei den jeweiligen Firmen. Bei der Auswahl eines Fotografen entscheidet oft die geografische Nähe zum Objekt (vor allem bei Auslandsaufträgen). Fahrtkosten und Zeitaufwand bleiben geringer, und die Ortskenntnis vereinfacht die Abläufe. Da sich viele Fotografen spezialisieren (Stills, Reportage, People etc.), empfiehlt sich ein Experte für die jeweilige Aufgabe. Die Konditionen werden frei ausgehandelt, es gibt aber Richtsätze. Für seine Kalkulation muss der Fotograf den Umfang des Auftrags und den Verwendungszweck des geshooteten Materials kennen. Fahrtkosten und Materialkosten werden immer zusätzlich berechnet.

DRUCK UND VERTRIEB

Für die Druckkosten sind die Rahmendaten des Magazins ausschlaggebend. Beim Vertrieb spielen die Verteilart (Postversand, Haus-zu-Haus-Verteilung, Auslage am Point-of-Sale etc.; *Tabellen 2 und 3, S. 87)* sowie Format, Gewicht und Verpackung eine wesentliche Rolle. Die wichtigsten Daten für eine Druckanfrage finden Sie in *Tabelle 4, S. 89.*

BLATTMACHEN

Preise für die restlichen Kostenblöcke ergeben sich aus den Kalkulationsgrundlagen in *Tabelle 5, S. 92.* Dabei errechnen sich die internen Kosten entweder aus den hausinternen Verrechnungssätzen oder auf der Basis von Stundensätzen für die einzelnen Mitarbeiter, Funktionen oder Aufgaben.

Externe Dienstleister kalkulieren auf ähnlicher Basis. Dabei haben sich unterschiedliche Arten der Angebotsstellung als üblich herauskristallisiert. Freie Journalisten rechnen nach Tagessätzen oder nach Textumfang in Zeilen oder Zeichen ab. Lektoren arbeiten auf Stundenbasis oder nennen einen pauschalen Preis für bearbeitete Layoutseiten. Übersetzer stellen pauschale Preise je Wort (in den USA und Großbritannien) oder je Zeile (in Europa) für den Umfang in der Zielsprache in Rechnung. Fotografen beziffern Tagessätze plus Material; für Locationsuche sowie die Hilfe von Assistenten gelten in der Regel geringere Tagessätze. Freie Grafiker und Layouter arbeiten für Tagessätze. Anzeigenvertreter erhalten einen Prozentsatz des Anzeigenpreises als Vermittlungsgebühr. Für Konzeptionsaufträge werden in der Regel Pauschalpreise (One Number) angeboten. Umfragen, Leserbefragungen, Fokusgruppen und andere Arten von quantitativen oder qua-

ABBILDUNG 2

CHECKLISTE MAKE OR BUY						
	Kompetenz	zeitlicher Bedarf/Aufwand	zeitliche Verfügbarkeit	Flexibilität	Ausfall-sicherheit	Kosten
Projektmanagement						
Text						
Grafik						
Bild						
Litho						
Druck						
Vertrieb						
Anzeigen						

Selbst machen oder Fremdvergabe? Kriterien für Make or Buy sind für alle infrage kommenden Teilaufgaben die Aspekte Kompetenz der Mitarbeiter, ihre zeitliche Verfügbarkeit sowie Flexibilität, Ausfallsicherheit und Kosten.

litativen Analysen oder Erfolgskontrolluntersuchungen werden nach Tagessätzen und Material-aufwand kalkuliert. Messbarkeit ist machbar, aber es müssen zuvor nachprüfbare Ziele kon-kretisiert und konzeptionell verfolgt werden. Aufwand und Ertrag steigen mit dem Detaillierungs-grad der Erkenntnisse und dem Wunsch nach qualitativen und quantitativen Ergebnissen.

Komplettdienstleister wie Corporate-Publishing-Agenturen und -Verlage bieten ihre Dienste für Kundenmagazine *(Abbildung 3)* häufig mit pauschalen Seitenpreisen an, die in der Regel den gesamten definierten Leistungsumfang abdecken. Dies ermöglicht einen guten Überblick über die Gesamtkosten, ist leicht skalierbar und über den Umfang der Zeitschriften zu regulieren.

Preise sind in der Regel Verhandlungssache. Bedenken Sie aber bitte, dass Dienstleister in der Regel an einer langfristigen vertrauensvollen und fairen Zusammenarbeit interessiert sind. Das schlägt sich in ihren Angeboten nieder. Diese werden (zumindest in den allermeisten Fällen) auf Basis der eigenen Kostenstrukturen und dem Leistungsumfang angemessen kalkuliert. Erwarten Sie mehr (Kreativität, Flexibilität, Qualität, Internationalität, Geschwindigkeit etc.), werden Sie mehr bezahlen müssen. Benötigen Sie weniger (Umfang, Originalität, externe Hilfe und Beratung, spezielle Kompetenzen etc.), dürfen Sie niedrigere Rechnungen erwarten.

Komplettdienstleister wie Corporate-Publishing-Agenturen und -Verlage bieten ihre Dienste für Kundenmagazine häufig mit pauschalen Seitenpreisen an, die in der Regel den gesamten definierten Leistungsumfang abdecken.

4. DIE TOOLS

Bei der Erstellung von Kundenzeitschriften haben sich in den letzten Jahren einige hilfreiche Werkzeuge etabliert. Ob sie genutzt werden, hängt natürlich von den Gegebenheiten im Unter-nehmen und der individuellen Arbeitsweise der Verantwortlichen ab. Nicht ohne Grund aber sind die folgenden Tools beliebt:

....

- *Projektmanagement-Software*
- *Redaktionssystem*
- *Redaktionsstatut*
- *Redaktionsbeirat*
- *Leitfäden*
- *Pläne*

....

INSTRUMENTE

Projektmanagement-Software erspart nicht das Denken oder den Austausch zwischen den Mitgliedern des Projektteams, sie erleichtert aber viele Arbeiten. Solche Programme unter-stützen die Erstellung von Projektstrukturplänen, aber vor allem von Zeit- und Terminplänen. Sie erlauben eine Kapazitätsplanung und helfen bei der Projektsteuerung (hinsichtlich Zeit, Kosten und Kapazitäten) sowie bei Kommunikation und Dokumentation. Solche Programme gibt es in großer Vielzahl von unterschiedlichen Anbietern für alle gängigen Betriebssysteme auf PC oder Apple. Die Kosten variieren stark, von Free- oder Shareware bis zu Pauschalpreis und Lizenzmodellen.

Redaktionssysteme unterstützen die Produktion unterschiedlicher Publikationsarten und Medi-en. Meist basieren sie auf einem der gängigen DTP-Programme, das dann direkt an das Re-

KOSTENBLÖCKE TABELLE 1

....

- *Analyse*
- *Konzept*
- *Projektleitung/-management*
- *Text*
- *Bild*
- *Layout/Grafik/Produktion*
- *Übersetzungsmanagement und Produktion fremdsprachiger Ausgaben*
- *Druck/Verarbeitung*
- *Versand/Vertrieb*

VERTRIEB TABELLE 2

....

DIREKTER VERTRIEBSWEG
- *Postversand*
- *Pressevertrieb*
- *Niederlassungen und eigene Geschäfte (POS)*
- *Wurfsendung*
- *Außendienst*

INDIREKTER VERTRIEBSWEG
- *Vertrieb am POS über Handel /Partner*
- *Vertrieb über Trägermedien (Zeitungen, Magazine, Fachzeitschriften)*
- *Kiosk/Bahnhofsbuchhandel*
- *Lesezirkel*

daktionssystem gekoppelt ist. Es sind meist Client-Server-Systeme, oft plattformübergreifend (etwa: PC/PC und PC/Apple), die standortunabhängig etwa über Webzugang betrieben werden können. In der Regel sind sie skalierbar von Einzelarbeitsplätzen bis zu ganzen Teams und erlauben so die Anbindung von internen und externen Mitarbeitern (Reportern, Übersetzern, Lektoren etc.) oder die Anbindung von Auslandsgesellschaften. Zur Speicherung aller Inhalte dienen meist eine relationale SQL-Datenbank sowie zusätzlich verschiedene Archive auf Betriebssystemebene (direkt im Dateisystem auf dem Server). Im Redaktionssystem werden Workflow und Qualitätsmanagement über Rollenmodelle und Zugriffsrechte festgelegt. Die wichtigsten Vorteile sind paralleles Arbeiten an einer Publikation und in mehreren Sprachversionen (Grafiker, Layouter, Redakteur), das Arbeiten an verteilten Standorten, Layout-vor-Text- und Text-vor-Layout-Abläufe, automatische Benachrichtigung über Änderungen an Layouts, Texten, Bildern sowie Versionskontrolle, Änderungsverfolgung und Notizen sowie die ständige, einfache Übersicht zum Projektstatus.

Eine *Contentplattform* kann als datenbankgestütztes System die kontinuierliche Themensammlung vereinfachen und organisieren. Eine *Abstimmungs- und Planungsplattform* (etwa über SharePoint von Microsoft) nutzt beispielsweise ein passwortgeschütztes Extranet im Internet. Dafür lassen sich Zugangsberechtigungen sowie Berechtigungen für jeden einzelnen Arbeitsschritt definieren (Änderungen, Freigaben etc.). Das System enthält ein Dokumentenmanagement, eine Versionsverwaltung, eine Terminverwaltung und wird auf die Erfordernisse des Projekts angepasst.

Die eingesetzte Redaktion eines Kundenmagazins kann befreiter und effektiver arbeiten, wenn es ein eigenes *Redaktionsstatut* gibt, das wichtige Rahmenbedingungen wie Zielsetzung, Inhalte, Arbeitsabläufe und Verantwortlichkeiten regelt. Es kann beispielsweise die Unabhängigkeit der Leitung und der Mitarbeiter garantieren und eine Geschäftsordnung für mögliche kritische Situationen vorsehen. Im Statut sollten die Arbeitsbedingungen eines selbständig arbeitenden Redaktionsteams festgelegt sein. Das betrifft vor allem Fragen nach dem Status der redaktionellen Arbeit und nach unternehmenskritischen Äußerungen.

Ein *Redaktions- oder Herausgeberbeirat* kann die Unternehmensrealität repräsentieren und für interne Akzeptanz des Kundenmagazins sorgen. Die Mitglieder des Redaktionsbeirats spiegeln möglichst das organisatorische, geschäftliche und soziale Gefüge des Unternehmens wider. Ziel ist es, Informationen aus allen Bereichen zu erhalten und damit möglichst viele Abteilungen an der Generierung von Inhalten zu beteiligen. Als Mitglieder für den Redaktionsbeirat eignen sich Meinungsführer aus allen Hierarchiestufen. Die Aufgaben des Redaktionsbeirats umfassen Mithilfe bei der Themensammlung und Teilnahme an der Redaktionskonferenz. Die Mitglieder fungieren als Themenpaten, unterstützen die Redaktion als Türöffner bei fachlichen Ansprechpartnern und versorgen sie mit Informationsmaterial. Themenpaten können die fachliche Abstimmung im Haus übernehmen und die Arbeit der Redaktion kritisch-konstruktiv begleiten.

LEITFÄDEN
In einem *Styleguide Layout* werden anhand einer Musterdatei Festlegungen getroffen, mit Beispielen illustriert und mit Stilvorlagen hinterlegt. Das betrifft das Format der Zeitschrift, Satzspiegel und Grundlinienraster, das Prinzip des Seitenaufbaus für Umschlag- und Innenseiten sowie die Definition der Schriften (Art, Schnitt, Größe, Abstände) und ihrer Anwendung. Dazu

VERTRIEBSKOSTEN TABELLE 3

- *Konfektionierung*
- *Verpackung*
- *Adressierung bei Einzelversand (Etiketten drucken und aufkleben, Eindruck der Adressen, etc)*
- *Blockversand in Paketen an definierte Adressen (sortieren, verpacken, adressieren)*
- *Versandkosten (Porto und Spedition)*
- *Verteilkosten bei Haus-zu-Haus-Verteilung*
- *Beilagekosten (bei Trägermedien)*
- *Adresspflege (Datenübernahme und -aufbereitung, Adresskorrektur, löschen und neu aufnehmen, etc.)*

DATEN FÜR DRUCKANFRAGE TABELLE 4

- *Format in Millimetern, gegebenenfalls offen und geschlossen*
- *Umfang in Seiten*
- *Gesamtauflage und gegebenenfalls Teilauflagen (Zusammendruck?)*
- *Versionen (etwa Sprachversionen oder Regionalteile)*
- *Erscheinungsweise*
- *Farbigkeit des Drucks + gegebenenfalls Sonderfarben, Lackierungen etc.*
- *Papier (Material und Grammatur, jeweils für Umschlag und Innenteil)*
- *Druckverfahren*
- *Verarbeitung + gegebenenfalls Veredelungen wie Stanzungen etc.*
- *Besonderheiten (Beilagen etc.)*
- *Verpackung*
- *Adressierung*
- *Lieferart*
- *Fortdruckkosten (in weiteren Tausend)*

kommen ggf. Hinweise zur Verwendung und Definition von Farben und von weiteren gestalterischen Elementen (Linien, Flächen, Hinterlegungen, Transparenzen, Icons etc.)

Vorgaben für die Erstellung der Texte im *Styleguide Redaktion* ergeben sich vor allem aus der Zielsetzung des Magazins, der adressierten Zielgruppe und der Grundidee der Zeitschrift. Die journalistischen Darstellungsformen sowie die grundlegende Tonalität und ggf. Stil und Sprache der Beiträge werden definiert. Dazu kommen Vereinbarungen zu Formalien (etwa Rechtschreibung, Umgang mit Firmen- und Produktnamen sowie Personen, Zitierweise, Abkürzungen etc.).

Es hat sich bei vielen Corporate-Publishing-Projekten als hilfreich erwiesen, bei Abstimmungs- und Freigabeprozessen den freigebenden Instanzen mit Freigabe-briefings einen Rahmen vorzugeben, innerhalb dessen sie prüfen und korrigieren sollen.

In vielen Corporate-Publishing-Projekten hat es sich als hilfreich erwiesen, bei Abstimmungs- und Freigabeprozessen den jeweilig freigebenden Instanzen mit *Freigabebriefings* einen Rahmen vorzugeben, innerhalb dessen sie Texte und gestaltete Seiten prüfen und korrigieren sollen. Beispielsweise könnte eine Vorgabe lauten, nur fachliche Inhalte oder wörtliche Zitate zu prüfen, nicht aber auf Stil oder Struktur eines Beitrags oder auf die Bildauswahl aus Geschmacksgründen Einfluss zu nehmen. Unbedingt notwendig sind klare Terminsetzungen und rechtzeitige vorherige Absprachen über das gesamte Freigabe- und Produktionsprozedere.

Autorenbriefings regeln in standardisierter Form Organisatorisches und Inhaltliches. Autorenbriefings enthalten deshalb: Vorgaben für den Umfang, Hinweise zur Kommunikation untereinander und mit Zitatgebern, Vorgaben für Freigabeprozesse, Formate und Benennung der gelieferten Textdateien, falls vorhanden einen Styleguide zu Schreibweisen und Formalien, Vereinbarungen über Termine, Honorare und Nutzungsrechte. Für die inhaltliche Ausgestaltung brauchen Autoren Informationen darüber, für welchen Zweck der einzelne Text geplant ist und welche journalistische Form gewählt werden soll. Auch freie Autoren sollten das Konzept, und damit Zielgruppe, Zielsetzung und Tonalität des Magazins kennen. Eine Storyline, Kernbotschaften und Überlegungen zu Struktur und Stil des Textes können hilfreich sein oder man lässt dem Autor bewusst freie Hand.

Fotografen muss unmissverständlich klar werden, welches Ergebnis der Auftrag bringen soll. Im *Fotografenbriefing* ist also einzugrenzen, wie der Fotograf Objekt oder Person zu fotografieren hat. Welche Umgebung, welches Licht und welcher Look erwartet wird, wie mit Schärfe und Unschärfe umzugehen ist. Als allgemeine Vorgabe dienen die Konzeptideen zur Bildsprache des Mediums, die der Fotograf zusammen mit dem Briefing für den konkreten Auftrag erhält. Als hilfreich erweisen sich beispielhaftes Bildmaterial aus früheren Ausgaben des Magazins oder Moodboards. Das Briefing muss Angaben zur geplanten Bildgröße, zur Anzahl der erwarteten Bilder (Vorauswahl gewünscht oder Übergabe des kompletten Shooting) und zur Technik (Auflösung, Datenformat wie RAW/JPG etc.) enthalten. Außerdem sind Verwendungsart und Lizenzierung unbedingt schon im Vorfeld zu klären. Vereinbarungen über Termine, Honorare und Nutzungsrechte bilden wichtige Bestandteile des Briefings.

PLÄNE
Mit dem *Projektstrukturplan* gelingt die Strukturierung des Vorhabens Magazinproduktion recht einfach. Wichtige Voraussetzungen sind: Die Ausgangslage muss bekannt und die Ziele klar benannt sein. Denn der Projektstrukturplan bezieht sich auf den Weg vom Startpunkt zum Ziel. Er beantwortet auf seiner untersten Ebene die Frage: „Was ist zu tun, um ausgehend von der Ausgangslage die Ziele zu erreichen?" Daraus entsteht eine Checkliste, ein Überblick aller Tätigkeiten, die erledigt werden müssen. Die erste Ebene des Projektstrukturplans beschreibt

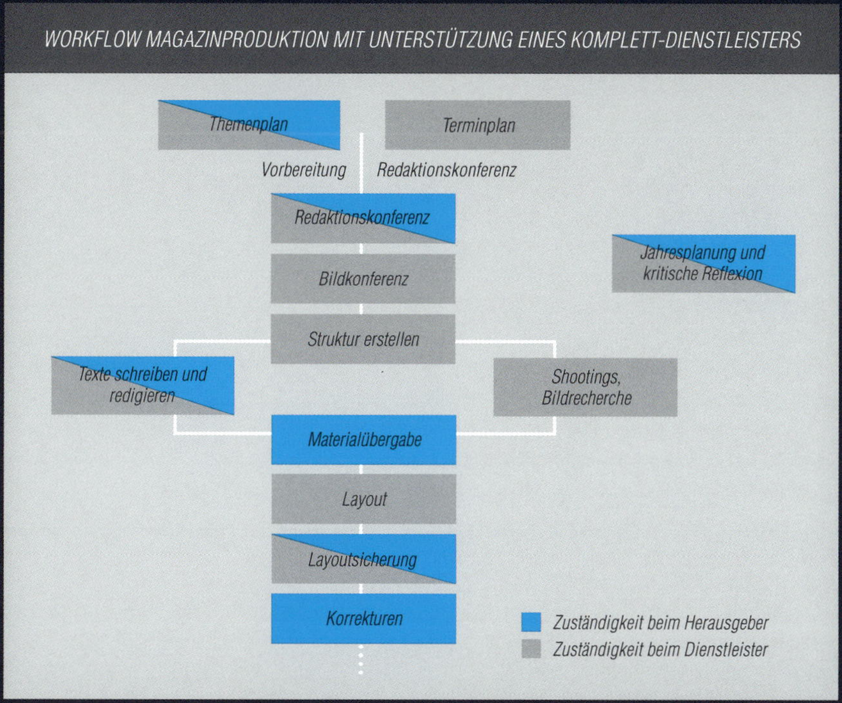

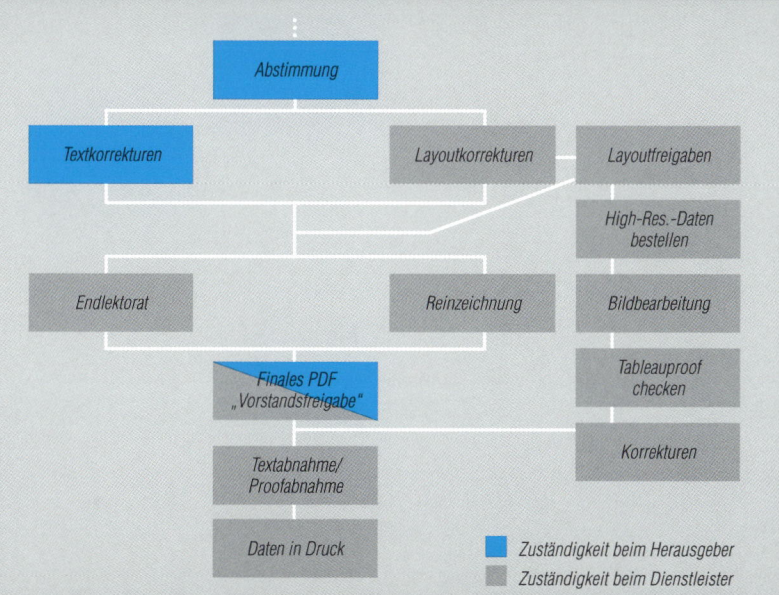

ABBILDUNG 3-1

Schematischer Workflow

WORKFLOW MAGAZINPRODUKTION MIT UNTERSTÜTZUNG EINES KOMPLETT-DIENSTLEISTERS

Themenplan

Terminplan

Vorbereitung   Redaktionskonferenz

Redaktionskonferenz

Bildkonferenz

Jahresplanung und kritische Reflexion

Struktur erstellen

Texte schreiben und redigieren

Shootings, Bildrecherche

Materialübergabe

Layout

Layoutsicherung

Korrekturen

■ Zuständigkeit beim Herausgeber
■ Zuständigkeit beim Dienstleister

ABBILDUNG 3-2

Schematischer Workflow

WORKFLOW MAGAZINPRODUKTION MIT UNTERSTÜTZUNG EINES KOMPLETT-DIENSTLEISTERS

Abstimmung

Textkorrekturen

Layoutkorrekturen

Layoutfreigaben

High-Res.-Daten bestellen

Endlektorat

Reinzeichnung

Bildbearbeitung

Finales PDF „Vorstandsfreigabe"

Tableauproof checken

Textabnahme/ Proofabnahme

Korrekturen

Daten in Druck

■ Zuständigkeit beim Herausgeber
■ Zuständigkeit beim Dienstleister

KALKULATIONSGRUNDLAGE – TÄTIGKEITEN BEI DER MAGAZINERSTELLUNG TABELLE 5

PROJEKTLEITUNG/-MANAGEMENT

- Jahresplanung
- Themensammlung und Vorrecherche
- Redaktionskonferenz (Vorbereitung, Themensammlung, Konferenz, Nachbereitung) Themen-Seiten-Plan (Erstellung und Abstimmung)
- Terminpläne: Jahresplanung und Planung einzelner Ausgaben (Erstellung und Abstimmung)
- Briefings
- Bildkonferenz
- Meetings (z. B. Bildsichtung, Layoutsichtung, Problemsichtung, Abnahme Layout, Abnahme Proofs, Endabnahme, Druckabnahme, Heftkritik, Strategieworkshop)
- Abstimmungen und Freigaben
- Übersetzungsmanagement
- Druckhandling und Drucküberwachung
- Versandmanagement
- Adresspflege und Adressmanagement
- Kaufmännisches
- Angebote einholen und erstellen
- Controlling
- Freie und Partner recherchieren
- Verträge und Aufträge mit Freien Mitarbeitern (Autoren, Fotografen etc.) und Partnern (Druckereien etc.)
- Rechnungen prüfen und erstellen
- Projektsteuerung
- Koordination Teammitglieder und Partner
- Kommunikation Teammitglieder und Partner
- Terminüberwachung
- Budgetüberwachung
- Qualitätsmanagement

REDAKTION

- Themensammlung und Vorrecherche
- Redaktionskonferenz (Vorbereitung, Themensammlung, Konferenz, Nachbereitung)
- Themen-Seiten-Plan (Erstellung und Abstimmung)
- Terminpläne (Erstellung und Abstimmung)
- Meetings (z. B. Bildsichtung, Layoutsichtung, Problemsichtung, Abnahme Layout, Abnahme Proofs, Endabnahme, Druckabnahme, Heftkritik, Strategieworkshop)
- Briefings
- Verträge/Aufträge mit freien Autoren
- Recherche (Materialien, Ansprechpartner, etc)
- Schreiben
- Redigieren (eigener und gelieferter Texte, gegebenenfalls Überarbeitung und Anpassung von Übersetzungen, Anpassungen im Layout)
- Abstimmung und Korrektur
- Lektorat

GRAFIK/LAYOUT

- Meetings (z. B. Bildsichtung, Layoutsichtung, Problemsichtung, Abnahme Layout, Abnahme Proofs, Endabnahme, Druckabnahme, Heftkritik, Strategieworkshop)
- Gestaltungsideen
- Satz
- Illustrationen
- Bildauswahl
- Artdirektion und Fotoregie
- Layout erstellen, abstimmen, korrigieren
- Reinzeichnung
- Prooferstellung und -kontrolle
- Gegebenenfalls Erstellung, Satz, Layout und Anpassung fremdsprachiger Ausgaben
- Datenerstellung für Druckerei
- Dokumentation und Archivierung

BILDREDAKTION

- Meetings (z. B. Bildsichtung, Layoutsichtung, Problemsichtung, Abnahme Layout, Abnahme Proofs, Endabnahme, Druckabnahme, Heftkritik, Strategieworkshop)
- Bildrecherche, Bildbeschaffung, Organisation
- Shootings (Fotografenrecherche, Organisation, Verträge/Aufträge, Briefing, Fotoregie)
- Bildsichtung und -auswahl
- Dokumentation und Archivierung
- Rechtemanagement

LITHOGRAFIE

- Scans
- Bildbearbeitung
- Retusche

BILDBUDGET

- Honorare und Lizenzen

SONSTIGES

- Reisekosten
- Materialien
- IT-Infrastruktur
  – Geräte
  – Softwareo
  – Lizenzen

Teilprojekte und beantwortet die Frage „Um welche Bereiche müssen wir uns kümmern?" Als nächstes wird die Frage beantwortet „Um welche Themenbereiche müssen wir uns im Teilprojekt kümmern?" Dieser Zyklus wiederholt sich wieder für jede Teilaufgabe innerhalb dieses Teilprojektes. Das geht so lange, bis eine Teilaufgabe so kleinteilig beschrieben ist, dass es leicht fällt, die zur Erledigung notwendigen Arbeits- bzw. Aufgabenpakete aufzuzählen. Am Ende geht es darum, eine strukturierte Checkliste mit allen Tätigkeiten zu erstellen. Nach dieser Liste lassen sich Tätigkeiten delegieren und steuern. Der Projektstrukturplan bildet die Grundlage für jegliche weitere Form der Planung; so wird daraus der Zeitplan ebenso erstellt wie die Projektkalkulation.

Ein *Projektplan* ergibt sich direkt aus dem Projektstrukturplan und beschreibt die Ideallinie des Projektablaufs. Er ist ein Hilfsmittel, weniger ein Kontrollinstrument. Der Projektplan wird am besten gemeinsam im Team erarbeitet. Er wird damit zu einer Art Vertrag des Projektteams.

Ein *Zeitplan* ergibt sich aus dem Projektstarttermin sowie der Reihenfolge von Tätigkeiten und deren Dauer, nicht aus einzelnen Terminen. Mit einem Zeitplan sollen Terminvorgaben erreicht werden. Die Terminvorgaben taugen nicht als Grundlage der Planung.

Im *Terminplan* werden, abgeleitet aus dem Zeitplan, konkrete Start- und Endtermine für einzelne Tätigkeiten und Abschnitte der Magazinproduktion festgelegt. Zugrunde liegt dabei bereits die Planung von Kapazitäten und Ressourcen. Das heißt, Urlaube, Feiertage sowie zwingend vorgegebene Termine (Verfügbarkeit von Informanten, Freigabeprozesse, Erscheinungstermine aufgrund von Messen, Produktlaunches, Hauptversammlungen oder Ähnlichem).

Im *Themenseitenplan* werden die Ergebnisse der Redaktionskonferenz dokumentiert. Er bildet das verbindliche Gerüst des Magazins. Hier sind die Reihenfolge und der Umfang aller Themen im Heft mit Seitenzahlen vor Augen geführt. Im Idealfall werden bereits journalistische Darstellungsformen, eine knappe Inhaltsangabe, die Storyline sowie Bildideen protokolliert.

KLEINES FAZIT // Auch wenn Magazinmacher sich gern als Kreative sehen: Vieles, was ein Magazin erfolgreich macht, ist solides Handwerk, akribische Planung und ein offenes Miteinander der Menschen, die daran arbeiten. Dafür gilt es, Strukturen und Freiräume zu schaffen. Dann gelingt Corporate Publishing.

LITERATUR (Verwendete Quellen und lesenswerte Lektüre)
AGF VERGÜTUNGSTARIFVERTRAG DESIGN (AGD/SDST) 2011, hrsg. von AGD Allianz deutscher Designer
CORPORATE PUBLISHING 9: Dienstleisterguide 2011/2012, hrsg. von Forum Corporate Publishing e. V.
CORPORATE PUBLISHING 7: Factbook 2010, hrsg. von Forum Corporate Publishing e. V.
Vertragsbedingungen und Honorare 2011 für die Nutzung freier journalistischer Beiträge, hrsg. von Deutscher Journalisten-Verband e. V. und Gewerkschaft der Journalistinnen und Journalisten
HAEMING, ANNE: Das ABC des Autorenbriefings, in: medium magazin 7 – 8/2010, S.44 – 45
ZIMMERMANN, HOLGER: http://projektmensch.com/; http://blog.projektmensch.com/; Projektmanagement für Corporate Publisher, hrsg. von Akademie des Deutschen Buchhandels GmbH (Seminarskript)

vigo

GESUNDHEIT PLUS

IN DIESER AUSGABE

Alleskönner Aspirin?
Wann das Medikament wirklich hilft

Wurzel mit Wirkung
Lakritze ist nicht nur zum Naschen da

Schleudern inklusive
Was ein Fahrsicherheitstraining
bringt

Bleib gesund, Mann

Warum es sich lohnt, auf die
Signale des Körpers zu achten

VERKNÜPFT, VERNETZT, VERLINKT
ODER WIE MAN KUNDEN BEGEISTERT

Was ist crossmediale Kommunikation? Ein Magazin mit – sinnvoll verknüpfter – Website? Na ja. Vielleicht noch mit einer TV-Sendung? Nicht schlecht. Und mit eigener Jugendplattform? Schon besser. Mit monothematischen Specials? Mit trendigen Apps und einem Social-Media-Auftritt? Mit Broschüren und Flyern? Mit DVDs und Mailingprogrammen? Mit mobilen Angeboten? Mit Magazin und Angeboten für Studenten? Magazin, Broschüren und Website für Unternehmer? Mit einer Zeitung für Apotheker und ihre Kunden? Einem Supplement für Familien? Mit ziel-gruppenspeziellen Events? Mit einer Verknüpfung zum Callcenter des Unternehmens? Und das alles unter einer einzigen Kommunikationsmarke? Ja, das gibt's tatsächlich, und das ist einmalig in Deutschland, ja sogar in Europa und auf der ganzen Welt: *vigo*. Uns ist jedenfalls weltweit kein vergleichbares Kundenkommunikationssystem bekannt. Die AOK Rheinland/Hamburg beweist mit *vigo* bereits seit Jahren, wie vielfältig und vernetzt Kundenkommunikation tatsächlich sein kann. Die Vielfalt hat Methode und folgt konsequent einer klaren Strategie: Die der Kundenbindung und -gewinnung.

vigo SPEZIAL

SYSTEM MIT STRATEGIE

Fragt man die Deutschen, was sie für das Wichtigste in ihrem Leben halten, steht eine der Top-Antworten schon vorher fest: Gesundheit! Gemessen daran, hält sich das Interesse des – ge-sunden – Durchschnittsbürgers an Informationen zu diesem Mega-Thema in Grenzen. Erst recht gilt das, wenn es um die eigene Krankenversicherung geht. „Früher reichte es aus, den Kunden ein gedrucktes Informationsmedium regelmäßig nach Hause zu schicken", weiß Wilfried Jacobs, Vorstandsvorsitzender der AOK Rheinland/Hamburg. „Heute stellt sich das mediale Nutzungs-verhalten ganz anders dar. Neben den klassischen Lesern von Gedrucktem gibt es andere, die sich ihre Informationen eher aus dem Fernsehen, aus Online-Medien, übers Telefon oder Handy holen. Wollen wir alle erreichen – und diesen Anspruch haben wir als regionaler Markt-führer –, dann müssen wir auch auf allen Kanälen senden, auf denen es uns sinnvoll und machbar erscheint." Die Philosophie seines Mediensystems bringt Jacobs folgerichtig so auf den Punkt: „Mit *vigo* holen wir den Leser, Nutzer und Zuschauer dort ab, wo er sich medial bewegt."

„Mit *vigo* holen wir den Leser, Nutzer und Zuschauer dort ab, wo er sich medial bewegt."

KEIMZELLE MAGAZIN

So wundert es nicht, dass es 1999 ein für Krankenkassen neuartiges Magazinkonzept war, das den Grundstein zum heutigen Mediensystem legte. *vigo Bleib gesund* bediente zwar das naheliegende Themenspektrum von Medizin- und (präventiven) Gesundheitsthemen, tat dies jedoch von Beginn an aus einem konsequent regionalen Blickwinkel. Die Reportagen, Berichte, Interviews, Porträts, Features oder Glossen aus dem Lebensumfeld der Leser transportierten ihre Botschaften in einem thematisch angemessen unterhaltsamen Umfeld; der rheinische Prominente auf dem Titel, der per Talkrunde Auskunft über sich und sein – gesundes – Leben gab, darf als prototypisch für das damalige Heftkonzept gelten.

Das Magazin entwickelte sich auch zu einem Schaufenster des Unternehmens AOK.

Mit den politischen Reformen auf dem Gesundheitsmarkt und dem verstärkten Wettbewerb der Krankenkassen um die Kunden veränderten sich die Rahmenbedingungen auch fürs Magazin. Das entwickelte sich (unter Beibehaltung des journalistisch-informierenden wie unterhaltenden Anspruchs!) auch zu einem Schaufenster des Unternehmens AOK, präsentierte neue Produkte, innovative Services und attraktive Angebote rund um die Gesundheit. Beispielhaft darf hier etwa die enge Zusammenarbeit mit dem Anfang der 2000er-Jahre gegründeten telefonischen ServiceCenter AOK Clarimedis gelten, dessen Fachärzte und medizinische Experten für persönliche Leser-Fragen faktisch auch als „Hotline zum Magazin" fungieren – wenn man so will, eine Frühform von individualisierter Massenkommunikation.

SYSTEMGEDANKE VON ANFANG AN

Einige zielgruppenspezifische Medien gab es bereits beim *vigo*-Start, wenn sie auch noch nicht so schlüssig unter dem Logo der medialen Marke segelten. So wandte sich schon zur Jahrtausendwende das heutige *vigo Unilife* als regionales Studentenmagazin an seine Leser und war damit unter anderem Sprachrohr der AOK-Campus-Geschäftsstellen an den größten rheinischen (und heute auch hamburgischen) Universitäten.

Als kleiner Erziehungsratgeber rund um die Gesundheit der Kinder wendet sich das 16-seitige Magazinsupplement *vigo Familie* an die Eltern. Es schließt sich heute organisch an das gleichnamige Mailingprogramm an, das die Eltern der Jüngsten auf die regelmäßigen Vorsorgeuntersuchungen für ihre Sprösslinge hinweist. Im ersten Lebensjahr ihrer Kleinen haben sich die jungen Mütter da per *vigo*-DVD bereits nützliche Mitmachtipps bei der Rückbildungsgymnastik geholt oder sich auf einem weiteren Silberling der *vigo*-Reihe über Kinderkrankheiten und deren Behandlung informiert.

Mit *vigo Online* war die AOK bereits früh im Internet präsent. Heute ist dieses „elektronische Gesundheitsmagazin" neben der klassischen Unternehmensplattform aok.de/rh (bzw. in enger Verknüpfung mit dieser) das Rückgrat der AOK-Netzaktivitäten. Unter der Adresse www.vigo.de bildet sich dabei die mediale Vielfalt des Systems ab, denn hier lassen sich Anknüpfungen an Printcontent ebenso realisieren wie die Verknüpfung der interaktiven Onlineelemente mit den bewegten Bildern aus Video- und TV-Produktionen.

NATIONAL, REGIONAL, LOKAL – ALLES UNTER EINER REGIE

Stichwort TV: Als sich 2007 für die AOK die Gelegenheit ergab, mit *vigo TV* ein eigenes monatliches Fernsehmagazin zu etablieren, ergriff sie diese Möglichkeit – jedoch nicht, ohne den eigenen regionalen Anspruch im Auge zu behalten. Denn ausgestrahlt wird das

vigo FAMILIE

vigo UNILIFE

vigo AKTIV

vigo MOBIL

Magazin folgerichtig bei lokalen Fernsehsendern wie Hamburg1 oder den CenterTV-Stationen in Düsseldorf, Köln, Essen, Duisburg, Aachen und Mönchengladbach. Lokale Inhalte gehören dabei – neben zentral produzierten Themenschwerpunkten – zum Konzept. Auch wer außerhalb wohnt, schaut natürlich nicht in die Röhre, sondern schaltet bei *vigo Online* ein.

Mobile Services wie die Suche nach Ärzten in der Nähe, nach AOK-Geschäftsstellen oder der aktuellen Notdienst-Apotheke hält die Plattform *vigo Mobil* (mobil.vigo.de) bereit. Hier können die Kunden auch einen Auslandskrankenschein per SMS bestellen und sich schnellen Expertenrat von AOK Clarimedis holen.

Auch an ungewohnter Stelle könnten die mobilen Menschen von heute auf *vigo* stoßen, denn seit zwei Jahren wartet in den zahlreichen *vigo*-Partnerapotheken ein gleichnamiges „Gesundheitsblatt" auf sie. Alle zwei Monate wird in den 27 (!) lokalen Ausgaben von *vigo Apotheke* darüber berichtet, was sich in Stadt und/oder Kreis in Sachen Medizin, Gesundheit und Wellness tut. So generiert das Medium im Tabloid-Zeitungsformat lokalen *vigo*-Content und stärkt die AOK-Kooperation mit den örtlichen Apothekern, die den AOK-Kunden unter anderem Rabatte bei Einkäufen im Nebensortiment der Apotheken einbringt.

Vor Ort – wenn auch eher an Schulen – taucht auch die Jugendplattform *vigozone* auf, die den 12- bis 17-Jährigen einen ersten Kontakt mit *vigo* und AOK beschert. Events wie die „Schultouren" gehören hier ebenso zum Standard wie die informative Homepage und der Social-Network-Dialog via Facebook.

Bei alledem verliert der traditionelle Printkanal keineswegs an Bedeutung. So erhöht das zweimal jährlich erscheinende Wissensmagazin *vigo Spezial* die Schlagzahl an postalischen Kontakten mit den Kunden. 60 Seiten nimmt sich dieses hochwertig verarbeitete Blatt, um ein Thema aus dem klassischen *vigo*-Portfolio auch auf ungewöhnliche Art und Weise zu beleuchten – und so den einen oder anderen Aha-Effekt beim Leser zu erzielen.

Noch tiefer schließlich steigt die Broschürenreihe *vigo Wissen* in populäre Medizin- und Gesundheitsthemen ein. In einem attraktiven Präsenter sorgt die Reihe auch dafür, dass mediale *vigo*-Inhalte buchstäblich in jeder der zahlreichen AOK-Geschäftsstellen den direkten Kundenkontakt unterstützt.

ZENTRALE STEUERUNG: DIE HAUPTKONFERENZ

Die hier skizzierte Vielfalt und vor allem die sinnvolle Vernetzung der Inhalte will selbstverständlich geplant sein, damit entstehende Contentsynergien auch effektiv genutzt werden können. Dafür hat sich das maßgeblich aus Mitarbeitern des AOK-Geschäftsbereiches *vigo* Medien und des Dienstleisters wdv bestehende *vigo*-Team ein spezielles Werkzeug geschaffen: die *vigo*-Hauptkonferenz. Alle zwei Monate planen die Redaktionen der einzelnen Medienkanäle ihre Schwerpunktthemen und stimmen diese aufeinander ab. Damit dies übersichtlich bleibt, werden konkret nur vier definierte „Leitmedien" direkt am Tisch geplant. Hierbei handelt es sich um die reichweitenstärksten Medien, quasi die „Generalisten": *vigo Gesundheit Plus*, *vigo TV*, *vigo Online* und *vigo Apotheke*. Die übrigen Redaktionen, die selbstverständlich über ein Vorschlagsrecht für Themen verfügen, orientieren sich bei ihrer Planung an diesem Gerüst und vernetzen „ihre" Medien gleichsam damit.

vigo ONLINE – Startseite

vigo ONLINE – Vigothek

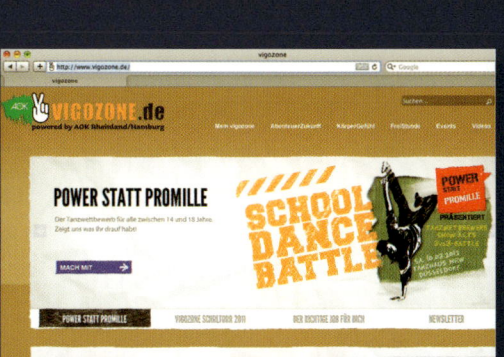

vigozone – Startseite

vigozone – Events

*Jugendgemäß aufbereitete Information über die Internet-Plattform,
der schnelle Dialog via Social Network und Events vor Ort,
die das Angebot erlebbar machen - bei vigozone findet Jugend-
kommunikation auf Augenhöhe mit den Nutzern statt.*

*Eine Sendung, sieben Magazine –
auch im Fernsehen verfolgt vigo konsequent
die Strategie der regionalen Nähe.*

vigo TV – Filmbeitrag

Die Vernetzung der Themen und Inhalte erfolgt dabei unter zwei Prämissen. Einerseits muss der entstehende Beitrag sich eigenständig erschließen lassen. Er darf also nicht zwingend die Rezeption des Themas in einem anderen Kanal voraussetzen. Andererseits sollten sich die Aspekte der vernetzt geplanten Beiträge ergänzen und im besten Fall – der crossmedialen „Übergabe" eines Lesers/Nutzers an einen anderen Medienkanal – zu einer sinnvollen Zusammenschau kombinieren. Dass bei Letzterem *vigo Online* aufgrund seiner technischen Möglichkeiten eine zentrale Rolle spielt, liegt auf der Hand.

Keine Frage: Natürlich spielen die vernetzte Planung und der gezielte Einsatz von Content gemäß den Stärken des jeweils genutzten Medienkanals eine wichtige Rolle. Man muss kein Prophet sein um zu wissen, dass sich diese Tendenz noch weiter verstärken wird. Neue mediale Möglichkeiten und neue Generationen von Kommunikationsmedien geben dabei den Takt vor. Dabei spielen die Printmedien immer noch eine elementare Rolle: Ohne ihre Push-Funktion – die Social-Media-Formate nur bedingt erfüllen – geht das meiste daneben. Wer nur auf digital setzt, sollte wissen: Er muss auf dem Computer-, Tablet- oder Smartphonefenster(chen) neben Millionen anderer Angebote gefunden und vor allem wahrgenommen werden. Nicht ganz einfach, wenn man keine permanenten super-mega-tollen Angebote für die Kunden hat und um die Flüchtigkeit digitaler Botschaften weiß.

MEDIUM UND MARKE(N)

Gestartet als singulärer Magazintitel, hat sich *vigo* längst zur Marke gemausert, die sich weiter entwickelt. Bereits mit dem konsequenten Branding der gleichnamigen Medienfamilie konnte man mit Fug und Recht von einer Kommunikationsmarke sprechen – übrigens stets einer, die in Logo und Gebrauch klar auf die Marke des Absenders AOK Rheinland/Hamburg einzahlt. Diese Symbiose setzt sich mittlerweile auch in anderen Bereichen der AOK-Unternehmenskommunikation fort.

Mit dem konsequenten Branding der gleichnamigen Medienfamilie kann man mit Fug und Recht von einer Kommunikationsmarke sprechen.

So führen beispielsweise private Zusatzversicherungen oder angebotene Wahltarife, die AOK-Kunden bei ihrer Krankenkasse aus einer Hand bekommen können, *vigo* im Namen. Von den *vigo*-Partnerapotheken war bereits die Rede, und 2009 brachte es eine Werbekampagne mit dem Sujet der *vigo*-Packung und dem Claim „Ihre volle Packung Vorteile" auf den Punkt: *vigo* hat sich zur Vorteilsmarke entwickelt, die alle besonderen und innovativen Pluspunkte einer AOK-Mitgliedschaft subsummiert. Einer dieser Pluspunkte besteht dabei nach wie vor im originären Kontext des *vigo*-Systems, in den erstklassigen Medien, die den Kunden zuverlässig und auf vielen Kanälen informieren und mit ihm in den Dialog treten.

*„Früher reichte es aus, den Kunden regelmäßig ein
Magazin zu schicken. Heute wollen wir auch die erreichen,
die sich ihre Informationen eher aus dem Fernsehen,
aus Onlinemedien oder übers Telefon holen."*

DAS MAGAZIN FÜR DIE MITARBEITER DER DEUTSCHEN TELEKOM → **MAI 2011**

you AND me

Hey,
Alter!

*Älter werden bei der
Telekom: Geht das gut?*

Ausgedient
→ Wie man sich fühlt, wenn
man mit 55 gehen soll

Eingestellt
→ Wie man jenseits der 50
einen neuen Job bekommt

Durchtrainiert
→ Wie die Telekom uns beim
Älterwerden hilft

REVOLUTION STATT EVOLUTION
DIE ENTWICKLUNG DES MITARBEITERMAGAZINS „YOU AND ME"
DER DEUTSCHEN TELEKOM

Warum sollten Unternehmen im heutigen Online- und Smartphonezeitalter überhaupt noch ein gedrucktes Mitarbeitermagazin veröffentlichen? Ist das nicht nur völlig anachronistisch, sondern im schlimmsten Fall sogar kontraproduktiv? Dokumentiert das nicht vielmehr eine „nach hinten gerichtete" Kommunikation? Ist es also das falsche Signal in einer online dominierten Zeit, in der nicht nur technologisch nach vorne geblickt und Aufbruchstimmung verbreitet werden soll?

Diese Fragen stellten sich auch die Verantwortlichen der Unternehmenskommunikation der Deutschen Telekom im Herbst 2006. Gerade war René Obermann als Vorstandsvorsitzender angetreten mit dem Ziel, den behäbigen Konzern noch schneller zu reformieren als es seine Vorgänger schon getan hatten.

Denn woher kam die Deutsche Telekom? In den Jahren zuvor hatte sie unter ständigem Druck gestanden: Privatisierung inklusive Börsengang, ständige Umstrukturierungen, Vorgaben der Regulierung zur Marktöffnung, internationale Expansion, Managementwechsel auf vielen Ebenen … Diese und andere Schlagzeilen beherrschten die Berichte über die Deutsche Telekom.

Die Interne Kommunikation war – gemäß ihres klassischen Auftrags – vor allem das Sprachrohr von Managemententscheidungen und darauf bedacht, das Unternehmen in einem guten Licht zu präsentieren. Das war und ist auch weiter eines der Hauptziele.

> Die Facebook-Generation erwartet in Unternehmen nicht nur die Bereitstellung von Informationen, sondern eine Dialogkultur.

Doch in den vergangenen Jahren hat vor allem eine Entwicklung die Ausrichtung der Internen Kommunikation maßgeblich beeinflusst: Das Internet hat sich vom Konsum- zum Mitmachmedium gewandelt. Dieser Trend manifestiert sich vor allem im Aufkommen von Facebook, Twitter & Co. Das hat erhebliche Auswirkungen auf die Interne Kommunikation von Unternehmen. Die Facebook-Generation erwartet in einem Unternehmen nicht nur die Bereitstellung von Informationen, sondern vielmehr eine Dialogkultur. Mitarbeiter wollen stärker eingebunden werden in die Kommunikation. Verbunden damit wird eine stärkere Transparenz der Managemententscheidungen

DEN MITARBEITER ERNST ZU NEHMEN IST OBERSTES ZIEL DER REDAKTION.
DESHALB WERDEN AUCH UNANGENEHME THEMEN AUFGEGRIFFEN.

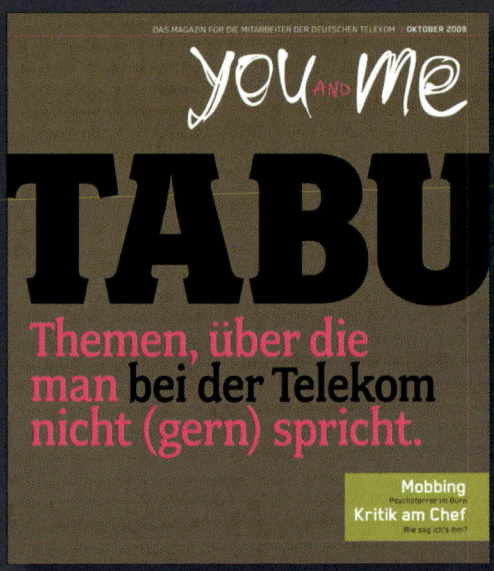

EIN AKTUELLES THEMA
MITARBEITERNAH VERPACKT:

„you and me" beleuchtet die Schwierigkeiten,
Beruf und Privatleben zu vereinbaren.

BUNTE REIHE:

Azubis der Telekom gestalten,
fotografieren und schreiben für
die „you and me"

erwartet. Bietet ein Arbeitgeber dieses kommunikative Umfeld nicht, wird er mittelfristig Probleme bei der Suche nach Fachkräften haben, die in dieser neuen Kommunikationswelt aufgewachsen sind.

KLARE POSITIONIERUNG IN ZEITEN VON WEB 2.0

Damit stellt sich aber die Frage nach der Stellung der Kommunikation. Für die Deutsche Telekom heißt das: Die Interne Kommunikation hat neben ihrem klassischen PR-Auftrag auch die Aufgabe, den Mitarbeitern die Möglichkeit zu bieten, sich zu Wort zu melden und sich am Kommunikationsprozess beteiligen zu können. Und damit ist ein ganz anderer Einsatz der Internen Medien gefragt. Das Intranet wird vom News-Channel zum Feedback-Kanal, und das Mitarbeitermagazin vom Verlautbarungsorgan zur Mitmachpublikation. Außerdem sind die Verzahnung der Medien und eine klarere Positionierung viel stärker gefragt. Ein Beispiel: War früher die Mitarbeiterzeitung dazu da, die letzten vier Wochen im Unternehmen Revue passieren zu lassen, damit jeder Kollege auf dem aktuellen Stand war, sind heute das Intra- oder Internet Newskanal Nummer 1.

Warum dann überhaupt noch ein gedrucktes Magazin? Zwei wesentliche Gründe sprechen dafür:

....

1. Es haben nicht alle Mitarbeiter regelmäßig Zugang zu Online-Medien. Sei es aus Zeitgründen oder weil einfach der Online-Zugang beispielsweise über Gemeinschaftsrechner limitiert ist.

2. Ein Magazin kann überall hin mitgenommen werden. Es kann in der Bahn, zu Hause oder in der Pause gelesen werden.

....

Letztlich stellt sich aber die schon erwähnte Frage der Positionierung einer solchen Publikation. Wie zahlt sie optimal auf den Kommunikationsmix in einem Unternehmen ein? Dazu ein Auszug aus dem Briefingpapier, das im Frühjahr 2007 die Grundlage für die Neukonzeption des Mitarbeitermagazins der Deutschen Telekom bildete:

IDEE // Konzeption eines kompakten monothematischen Magazins, das ein Thema sehr emotional und mitarbeiternah (Mitarbeiter kommen zu Wort) aufgreift.

UMSETZUNG // Einige wenige Grundelemente sollen in jeder Ausgabe aufgegriffen werden, ansonsten orientiert sich das Layout sehr stark am jeweiligen Thema (jedes Thema mit einer neuen Aufmachung). Mitarbeiter kommen zu Wort und werden auch aufgefordert, Meinungen und Ideen zu liefern.

SPRACHE // kurze Texte, direkt, verständlich, viele O-Töne.

WAS SOLL DAS NEUE MAGAZIN NICHT? //
- Die Organisation widerspiegeln
- Aufteilung nach festen Rubriken, Themen
- Anspruch auf Vollständigkeit erheben („alles was wichtig ist im Konzern")
- Radikaler Schnitt zum Dialog auf Augenhöhe

Fünf Agenturen hatten die Chance, ihr Konzept zu präsentieren. Schließlich entschied sich die Interne Kommunikation der Deutschen Telekom für die Idee der Hamburger G+J Corporate Editors. Damit war auch die Entscheidung gefallen, nicht den nächsten Schritt auf dem Weg zu einer neuen Mitarbeiterzeitung zu machen, sondern: den radikalen Schnitt zu wagen. Weg von gewohnten Mustern einer Top-Down-Kommunikation hin zu einem Dialog auf Augenhöhe. Durch den monothematischen Ansatz – jede Ausgabe sollte ab sofort neu erfunden werden – verschwanden lieb gewordene Rubriken. Damit verschwand aber auch der Anspruch, reines Sprachrohr der Unternehmensleitung zu sein. Dieser revolutionäre Schritt konnte nur gemacht werden, da – angefangen vom Vorstandschef, der Leitung der Unternehmenskommunikation bis hin zum Redaktionsteam – alle an einem Strang zogen. Alle unterstützten diesen neuen Ansatz. Das zeigte René Obermann gleich in der ersten Ausgabe, als er nicht mit einem großen programmatischen Interview oder einem Editorial die neue Mitarbeiterzeitung schmückte, sondern sich neben anderen Mitarbeitern auf Seite 10/11 zum Thema der Ausgabe zu Wort meldete. Das kam bei den Mitarbeitern gut an. Die erste Ausgabe von *„you and me"* erschien im März 2007 mit dem Schwerpunkt „One Company" und dem kommunizierten Ziel: „In jeder Ausgabe kommen Beschäftigte aus aller Welt und den verschiedenen Geschäftsbereichen zu Wort – jeweils zu einem Leitthema, das sich durch das gesamte Magazin zieht."

Diesem Anspruch ist die Redaktion bis heute treu geblieben. Strategische Themen werden – wenn überhaupt – möglichst aus Mitarbeitersicht aufbereitet, und nicht über mehrseitige Grundsatzinterviews mit Top-Managern. Und so unterscheiden sich die Themen im Intranet auch deutlich von Inhalten der *„you and me"*. Einige Beispiele aus dem ersten Jahr ihres Erscheinens verdeutlichen bereits die thematische Vielfalt: „Jetzt aber Tempo – wie Geschwindigkeit den Alltag der Telekom bestimmt" (Mai 2007), eine Doppelausgabe zum Thema „Mut – was uns bei der Telekom zuversichtlich stimmt" und „Angst – was uns bei der Telekom Sorgen bereitet" bis zum Dauerbrenner „Was können wir für Sie tun – auf dem Weg zu besserem Service".

Dadurch, dass die Redaktion kritische Themen nicht verschweigt, sorgt sie für eine neue Glaubwürdigkeit der Kommunikation und vermittelt das Bild einer Firma, die die Sorgen und Bedürfnisse ihrer Mitarbeiter ernst nimmt.

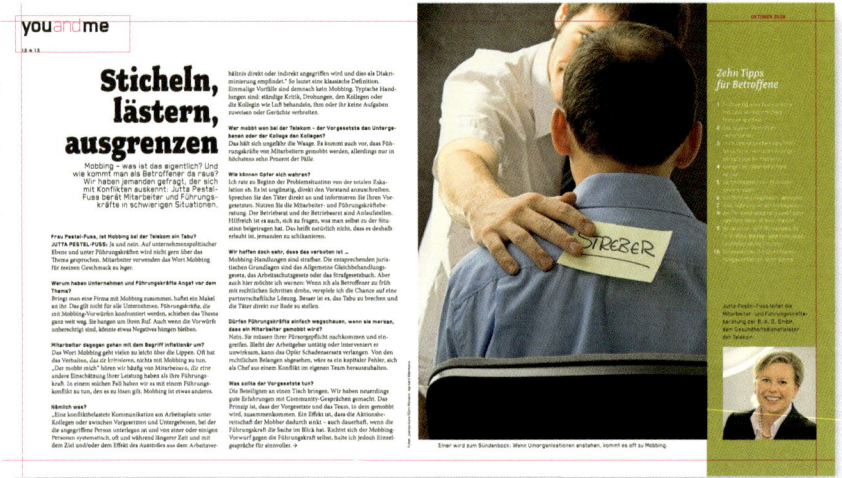

KRITISCHE AUSGABEN BESONDERS GEFRAGT BEI MITARBEITERN

Besonders beliebt sind Ausgaben, die kritische Themen beleuchten. In der „Mut-Angst"-Ausgabe war das beispielsweise ein Artikel über die Ängste von Mitarbeitern, nicht mehr gebraucht zu werden. Eine andere Mitarbeiterin dachte via *„you and me"* darüber nach, was in dem damals diskutierten Szenario eines Verkaufs von T-Systems auf sie zukommen könnte. Auf der anderen Seite erschien ein Artikel über einen Mitarbeiter, der so mutig war, sich an den Vorstandschef persönlich zu wenden, und der plötzlich eine Einladung nach Bonn erhielt, um dem obersten Chef seine Sorgen zu schildern.

In jedem Jahr erscheint *„you and me"* zehn Mal. Darunter sind immer wieder Ausgaben, die sich sehr konstruktiv mit kritischen, aber mitarbeiterrelevanten Themen auseinandersetzen. Im April 2008 war das eine Ausgabe zum Thema „Stress – warum wir ihn brauchen – wie er uns belastet – was uns helfen kann", einige Monate später war das ein Heft zum Thema „Kritik" oder „Tabus – worüber wir bei der Telekom nicht sprechen".

Ein roter Faden ist die Einbindung der Mitarbeiter. Jedes Thema wird wenn möglich von einem Kollegen „repräsentiert". Das geht manches Mal so weit, dass eine Mitarbeiterin – in diesem Fall ausnahmsweise anonym – über ihre Burnout-Erfahrungen berichtete. Sehr authentisch erzählte sie von ihrem Zusammenbruch und wie sie diese Krise meisterte. Und dadurch, dass die Redaktion solche Fälle nicht verschweigt – es gibt sie in jedem Unternehmen – sorgt sie für eine neue Glaubwürdigkeit der Kommunikation und vermittelt das Bild einer Firma, die die Sorgen und Bedürfnisse ihrer Mitarbeiter ernst nimmt.

AUSZUBILDENDE WERDEN ZU REDAKTEUREN

Manchmal geht die Redaktion sogar noch einen Schritt weiter und übergibt das Zepter an die Leser. Bereits zweimal haben Azubis der Telekom eigene *„you and me"*-Ausgaben entwickelt und umgesetzt. Von der Themenfindung bis zu den Fotos kam der gesamte Inhalt von den Nachwuchskräften.

Die Themen zu finden fällt der Redaktion nicht schwer. Immer wieder werden aktuelle Themen, die die Mitarbeiter bewegen (zum Beispiel Frauenquote oder Work-Life-Balance), aufgegriffen. Oder es werden Ideen umgesetzt, die einen ganz besonderen Blick auf die Telekom werfen. Zum Beispiel mit der Ausgabe „Papa, was machst Du eigentlich", in der es darum ging, dass Kinder von Telekom-Mitarbeitern ihre Eltern am Arbeitsplatz besuchten und ihre Eindrücke in *„you and me"* schilderten. Die Krönung war ein Interview, das die zehnjährigen Zwillinge Max und Lukas (natürlich ebenfalls Kinder eines Mitarbeiters) mit Telekom-Vorstand Niek Jan van Damme führten. Heraus kam eine Ausgabe, die stolz machte auf die tollen Jobs bei der Telekom und letztlich dem internen Image extrem half.

Eine ganz wichtige Quelle für Themen und auch Protagonisten für die Artikel ist ein internes Blog der Redaktion, in dem Inhalte diskutiert, Ausgaben kritisiert und Ideen rekrutiert werden. Während es früher mühsam war, die richtigen Ansprechpartner für bestimmte Themen zu finden, melden sich mittlerweile viele Mitarbeiter über das Blog selbst oder werden von Kollegen für ein Thema vorgeschlagen.

BLOG ALS WICHTIGE DIALOGQUELLE

Diese Verknüpfung zwischen Online und Print ist extrem hilfreich und wichtig. Daneben gibt es ein E-Paper und natürlich eine Berichterstattung, wenn wieder eine neue Ausgabe erschienen ist. Und immer wieder werden die Themen von *„you and me"* verknüpft mit Onlinemedien. Zum Beispiel erschien 2011 eine Ausgabe zum Thema Work-Life („Alles eine Frage der Einstellung? – Über die Schwierigkeit, Beruf und Privatleben zu vereinbaren"). Zeitgleich produzierte die Interne Kommunikation ein TV-Journal zum gleichen Thema und entsprechende Hinweise unterstützten die crossmediale Zusammenarbeit.

Insgesamt funktioniert das *„you and me"*-Konzept auch nach mehreren Jahren noch sehr gut, und die Akzeptanzwerte in der jährlichen Medienbefragung sind sehr gut. Das Magazin erreicht sein Ziel, die Telekom intern in einem anderen – sprich: mitarbeiternahen – Licht darzustellen und die Kollegen einzubinden in die Themen und die Produktion. Denn letztlich soll *„you and me"* ein Magazin von Lesern für Leser sein.

FAKTEN

you and me

FREQUENZ // *10 Ausgaben*
UMFANG // *24 Seiten*
SPRACHEN // *Deutsch und Englisch*
AUFLAGE // *185.000 Exemplare (Mitarbeiterzahl Deutsche Telekom AG weltweit Ende 2010: 247.000)*

das alles ist Teil unseres Programms BlueTecEco", sagt der Mercedes-Benz Profiberater Kurt Metz (s. Interview S. 29). Egal ob der Kunde in Irland, Frankreich oder Deutschland ansässig ist – es geht um ein flächendeckendes Bündel von Angeboten technischer und beraterischer Art.

„Mercedes-Benz und wir haben das gleiche Ziel: Ökonomie und Ökologie unter einen Hut zu bekommen", bestätigt Andrew Reynolds. Er spricht von Lean Management. „Für uns sind die Leistungen von Mercedes-Benz ein wichtiger Bestandteil unserer Bestrebungen, ein schlankeres und fitteres Unternehmen zu werden. Wir sind an einem interessanten Punkt angekommen. Wir wollen in den nächsten bis fünf Jahren in neue Märkte vorstoßen, und dafür brauchen wir nachhaltigere, effizientere und belastbarere Strukturen überall im Unternehmen!"

■

reynoldslogistics.com
mercedes-benz.com/bluetececo

t
eynolds, CEO Reynolds Logistics
4242301
nolds@reynoldslogistics.com

dem im Internet: Andrew Reynolds im Interview
mercedes-benz.com/transport

1. Großverbraucher
Laut Intergovernmental Panel on Climate Change entstehen 25,9 Prozent der CO_2-Emission durch Energieerzeugung – Kraftwerk in Dublins Nordosten

2. Nutzlastsensible Aufträge
Um noch mehr Ladung mitnehmen zu können, ordert Reynolds seine Actros künftig inklusive einer neu entwickelten leichten Mittelachse mit kleinerer Bereifung

3. Berg- und Talfahrt
In den irischen Highlands – hier am Sally Gap – glänzen die Lkw mit dem Stern durch Sparsamkeit und Drehmomentstärke

INTEGRIERT, MARKENKONFORM, LEBENDIG
50 JAHRE „TRANSPORT"

Logistik ist ein Zukunftsmarkt – und der Straßengüterverkehr nach wie vor seine wichtigste Stütze. Das Kundenmagazin „Transport" verfolgt die neuesten Entwicklungen und aktuellen Trends auf diesem Gebiet durch Reportagen aus dem Transportalltag, Experteninterviews und Porträts erfolgreicher Unternehmer.

In diesem Jahr feiert Mercedes-Benz „Transport" – Das Magazin für die mobile Wirtschaft sein 50-jähriges Bestehen. Damit dürfte das Periodikum eines der ältesten B2B-Kundenmagazine weltweit sein. Im Editorial der Erstausgabe von 1962 versicherten die Redakteure, sie würden keineswegs die Absicht haben, „Werbeprospekte für die Produkte unseres Hauses in Zeitschriftenform" herauszugeben. „Wir wollen vielmehr einen Erfahrungsaustausch mit den Transportunternehmern, mit Besitzern und Fahrern von Nutzfahrzeugen und mit verantwortlichen Mitarbeitern kommunaler oder privater Fuhrparks in aller Welt anstreben."

Vieles hat sich seit damals verändert – in der Transportbranche, bei den Fahrzeugherstellern und im Corporate Publishing. Der Anspruch aber, keine Werbepostille, sondern ein dialogorientiertes Kundenbindungsinstrument mit echtem Nutzwert zu sein, ist bis heute geblieben.

ZENTRALE, MÄRKTE, FACHBEREICHE – VIELE „SPIELER" AUF EIN ZIEL GEPOLT
In den 60er-Jahren wurde „Transport" primär zum Leben erweckt durch das Engagement, die Kontakte und den Ideenreichtum eines kleinen unternehmensinternen Teams rund um den ebenso umtriebigen wie charismatischen Chefredakteur Peer-Uli Färber. Heute ist es ein fein justiertes, breit abgestimmtes Marketinginstrument, das eine zentrale Säule der Kommunikation für die Nutzfahrzeuge mit dem Stern bildet. „Transport" wird realisiert in einem strategisch und kaufmännisch präzise abgestimmten Zusammenspiel verschiedener Partner.

Da ist zunächst die Stuttgarter Zentrale mit ihren diversen Geschäftsbereichen von Mercedes-Benz Trucks über Daimler Financial Services bis hin zur markenübergreifenden Pressekommunikation.

Magazinlayout mit ausgewogenem Verhältnis von Text und Bild: Auftakt von drei Titelstrecken in „Transport".

Authentizität zählt: Recherchiert und fotografiert werden „Transport"-Geschichten direkt auf der Straße und vor Ort bei den Kunden - ganz gleich, ob über die Erfolgsrezepte des deutschen Mittelstands am Beispiel der Spedition Bork berichtet wird (oben), die Chancen irischer Transportunternehmer auf dem europäischen Markt ausgelotet werden (Mitte) oder der neue Actros getestet wird.

Dann gibt es die europäischen Vertriebsorganisationen, und schließlich den Corporate-Publishing-Dienstleister PRH Hamburg Kommunikation mit seinem europaweiten Korrespondentennetzwerk. Sie alle gemeinsam entwickeln „Transport", wobei jeder Partner seinen fest umrissenen Verantwortungsbereich hat, damit nicht „viele Köche den Brei verderben".

KUNDENBINDUNG UND KAUFBESTÄTIGUNG: GUTE NOTEN VON DEN LESERN, ERFOLGE IM WETTBEWERB

Auch wenn in Übersee Lizenzausgaben erscheinen, liegt der Fokus von „Transport" auf Europa: Das Magazin kommt hier viermal im Jahr in elf Märkten und vierzehn Sprachen heraus. Die Auflage von über 200.000 Exemplaren pro Ausgabe erreicht Entscheider in der Transport- und Logistikbranche. Chefredakteur Faerber forderte seine Leser vor 50 Jahren auf: „Bitte geben Sie die Hefte an die interessierten Mitarbeiter Ihres Betriebes weiter!" Dieser Tradition sind die Empfänger bis heute treu geblieben. Laut der jüngsten Leserumfrage der „Fakultät Informationsmanagement" der Hochschule Neu-Ulm aus dem Jahr 2009 wird jede „Transport"-Ausgabe im Schnitt von vier Personen gelesen. Die durchschnittliche Lesedauer pro Heft beträgt 37 Minuten. Ein guter Wert, der belegt, dass es sich bei diesem Kundenmagazin um ein nachhaltiges Kommunikationsinstrument ohne große Streuverluste handelt. Zumal 90 Prozent der Befragten mittelständische Unternehmer sind oder in leitenden Funktionen bei großen Transport- und Logistikanbietern arbeiten – kurz: echte Meinungsführer!

Die Kunden betrachten „Transport" heute auf breiter Front als *ihr* Blatt: 92 Prozent der Leser würden das Magazin weiterempfehlen, 87 Prozent loben Themenwahl und Gestaltung, 95 Prozent sehen ihre Ansprüche an ein europäisches Transport- und Logistikmagazin erfüllt – auch das Ergebnisse der Analyse der Hochschule Neu-Ulm, die zeigen, dass „Transport" der Kundenbindung dient und die Leser in ihrer Entscheidung, Nutzfahrzeuge von Mercedes-Benz zu kaufen, nachhaltig bestätigt.

Medienfachleute haben dem Kundenmagazin ebenfalls immer wieder gute Noten gegeben: „Transport" hat im Lauf der Jahre zahlreiche Auszeichnungen erhalten, war 2010 für den Designpreis Deutschland nominiert und hat weit mehr als ein Dutzend Auszeichnungen bei den BCP-Awards und anderen internationalen Wettbewerben errungen.

Was aber ist es, das dieses Magazin zum Dauerbrenner macht? Natürlich kommt eine Vielzahl von Erfolgsfaktoren zusammen. Aber – um es vorweg zu nehmen – letztlich ist es die konsequente Ausrichtung auf Optimierung und Innovation bei gleichbleibend hoher Qualität, wie sie auch die Nutzfahrzeuge von Mercedes-Benz prägen, aus deren Welt das Magazin schwerpunktmäßig seine Inhalte zieht. Der Blick auf die Entwicklung von „Transport" in den vergangenen zehn Jahren kann dies belegen.

REGIONALISIERUNG: JEDEM LAND SEIN EIGENES MAGAZIN

Bis 2001 gab es nur *eine* „Transport", die lediglich in diverse Sprachen übersetzt wurde und dann zu den Kunden in den jeweiligen Märkten gelangte. Der Vorteil dieses Konzepts: Alle Kräfte – kreative wie budgetäre – konnten auf ein Objekt konzentriert werden. Themen, die von allgemeiner Relevanz waren, hatten gute Chancen, ins Heft zu kommen. Die Auslese war äußerst streng, die großen Märkte dominierten, die Zentrale entschied. Weniger vorteilhaft an dieser Herangehensweise war, dass zahlreiche Themen, die in einzelnen Ländern durchaus zentrale Bedeutung hatten, „hinten runterfielen". Die Marketingmanager in den Ländern waren häufig nicht glücklich

Auflage in drei Jahren verdoppelt: „Transport" erscheint heute viermal pro Jahr in elf europäischen Märkten. Jede Länder-ausgabe besitzt ihren spezifischen Regionalteil, der im Land produziert wird und in dem markt-spezifische Inhalte kommuniziert werden.

mit der Situation, dass sie für ihre Kunden nützliche Informationen nicht im Heft unterbringen konnten. Die neue Gebraucht-Lkw-Versicherung, die es nur in Italien gab, schaffte es natürlich nicht auf die Newsseite.

Eine Lösung dieses Grundproblems bot das neue Konzept der Länderregionalisierung: Zunächst erhielten die Märkte auf Wunsch eigene, achtseitige Länderjournale im Magazin. Hier hatten sie Platz für ihre nationalen Themen. In einem zweiten Schritt wurde den Märkten ein Drittel des Heftes zur inhaltlichen Gestaltung komplett überlassen. Bestückt von den PRH-Korrespondenten vor Ort, erhält jede „Transport" seitdem ihre landestypische Note. Die Märkte sind in der Themen-setzung dabei weitgehend autonom, solange die journalistischen Standards eingehalten werden. Gleichzeitig setzt die Zentrale aber weiter Titelgeschichten und länderübergreifende Schwerpunkte fest, um Kernthemen der Fachbereiche einheitlich kommunizieren zu können.

Das Konzept der Länderregionalisierung funktionierte so gut, dass sich die Auflage in weniger als drei Jahren mehr als verdoppelte.

EXZELLENZ SICHTBAR MACHEN: PROFESSIONELLE REPORTAGEFOTOGRAFIE, LAYOUT ALS BENCHMARK

Der Erfolg des Magazins verschaffte den Machern von „Transport" den nötigen Rückenwind, um einen weiteren Entwicklungsschritt zu gehen. Als Treiber erwies sich auch die Inspiration und die verschärfte Konkurrenz, die von einem stark wachsenden und sich grundlegend erneuernden Corporate-Publishing-Segment in Deutschland ausging: Rund um das Jahr 2000 wurden nur einzelne „Transport"-Geschichten vor Ort fotografiert, vieles musste mit Pressematerialien oder Agenturbildern bestückt werden. Das passte nicht zur Marke, die auch emotional erlebt werden will.

Authentizität musste her! Recherche vor Ort, „echtes Leben", richtige Menschen, Stimmungen. Die Kollegen, die sich mit Kauftiteln am Kiosk behaupten mussten, machten es vor: Der deutlich überwiegende Teil der „Transport"-Geschichten wurde ab 2003 exklusiv fotografiert. Gleichzeitig wurde das Layout so markenkonform weiterentwickelt, dass auf der Grundlage von „Transport" sogar ein Brand-Design-System entstand, das im Folgenden als Richtschnur für alle Kunden-publikationen des Nutzfahrzeugsektors bei Daimler galt.

Mithilfe von professioneller Reportagefotografie und Layout, die gemeinsam einen neuen Standard setzten, ließ sich plötzlich auch optisch zutage fördern, was Kenner schon lange wussten und was viele „Transport"-Texte immer geprägt hatte: Der vielfach als simpel gestrickt be-trachtete Transport- und Logistiksektor ist ein wichtiger Motor des Wirtschaftslebens weltweit und ein Feld, in dem sich jede Menge Abenteuer abspielen – frei nach dem Motto: „Nichts ist spannender als Logistik!"

DAS KUNDENMAGAZIN ALS „CONTENTMASCHINE" UND LEITMEDIUM

Die journalistische Professionalisierung der „Transport"-Fotografie machte sich für die Kommu-nikation im wahrsten Sinne des Wortes bezahlt: Die einmal produzierten Bilder fanden in den folgenden Jahren vielfach Verwendung: zum Beispiel in der Pressearbeit, in der internen Kom-munikation, im Internet, in Büchern und selbst in der klassischen Werbung. So konnten Foto-budgets an anderer Stelle kleiner gehalten werden. Immer wieder gab das Genre Reportage-fotografie so wertvolle Anstöße für die bis dato gelernte Ästhetik und Bildsprache in Bereichen jenseits des Corporate Publishing.

Auch „Transport"-Texte wurden in den vergangenen Jahren zunehmend in anderen Kanälen genutzt. Angesichts der Vielzahl an Medien gibt es auf Kundenseite mittlerweile den Anspruch, dass ein Unternehmen überall präsent zu sein hat. Das zwingt die Kommunikationsverantwortlichen zu einer Effizienzsteigerung ihrer Maßnahmen, da Marketingbudgets in der Regel nicht in gleicher Weise erweiterbar sind. Aus „Transport"-Recherchen entstanden vor diesem Hintergrund immer häufiger auch Internetbeiträge, Pressemitteilungen, Artikel für Mitarbeiterzeitungen, Broschüren, Leitfäden, Q&A's und manchmal sogar ganze Bücher. Man kann durchaus soweit gehen zu sagen, dass sich das Corporate Publishing zu einem Leitmedium aufschwang. In einem nächsten Schritt ist man bei Mercedes-Benz Trucks zurzeit dabei, im Sinne eines Single-Source-Publishing eine Datenbank für Texte, Bilder und Grafiken aufzubauen, aus der sich künftig alle Kanäle bedienen werden.

MARKENWERTE GLAUBWÜRDIG VERMITTELN: „TRUCKS YOU CAN TRUST"

Die Welt von Mercedes-Benz ist immer auch eine Welt aus Emotionen – das gilt nicht nur für den Pkw-Sektor. Lkw und Transporter mit dem Stern haben ebenso das Zeug, Enthusiasmus auszulösen – wenn man die Sache kommunikativ richtig angeht. Ein 40-Tonner wie der Mercedes-Benz Actros hat auf jeden Fall das gewisse Extra, die „Gene" von Gottlieb Daimler und Carl Benz, den Erfindern des Automobils. „Transport" verankert diese Emotionalität der Marke mit jeder Ausgabe unmittelbar im Bewusstsein des Kunden.

Eine Marke steht allerdings vor allem für ganz konkrete Werte. Nicht nur auf emotionaler, sondern besonders auf rationaler Ebene bietet sie Orientierung und schafft ein gewisses Grundvertrauen. Das gilt ganz besonders für den B2B-Bereich und ein Investitionsgut wie ein Nutzfahrzeug. Zentrale Markenwerte von Mercedes-Benz lauten hier: Qualität und Wirtschaftlichkeit. Zum Tragen kommen sie in Kombination mit der Partnerschaft, die Mercedes-Benz-Mitarbeiter ganz selbstverständlich mit ihren Kunden pflegen. Diese Markenwerte und -haltung werden in „Transport" nicht nur in PR-Phrasen postuliert, sondern am konkreten Fallbeispiel geradezu bewiesen – vor Ort bei der Spedition, auf der Baustelle oder im Büro eines Logistikmanagers.

Ein Beispiel, das die zentrale Funktion des Kundenmagazins für die Kommunikation von Mercedes-Benz Trucks belegt, ist die 2006 auf breiter Front erfolgte Einführung des Markenversprechens „Trucks you can trust" in die externe Kommunikation. Zuverlässigkeit ist einer der Hauptgründe, warum Kunden den Lkw mit dem Stern vertrauen. Untersuchungen haben ergeben, dass ein Lkw, der nur vier Tage im Jahr außerplanmäßig steht, in eben diesem Jahr zu den schwarzen Zahlen des Unternehmens nichts mehr beitragen kann. „Trucks you can trust" heißt, dass die Kunden den Lkw mit dem Stern und den dazugehörigen Dienstleistungen voll vertrauen können. Alle Aktivitäten bei Mercedes-Benz sind darauf ausgerichtet, den Kunden die maximale Verfügbarkeit der Fahrzeuge zu ermöglichen – von der Entwicklung über die Produktion bis hin zu Verkauf und Service.

Die Aufgabe, den Nachweis zu führen, dass dem tatsächlich so ist, war eine Steilvorlage für „Transport": Seither belegt eine eigene „Trucks you can trust"-Serie im Magazin in immer neuen Variationen, dass Actros, Axor und Atego in puncto Zuverlässigkeit tatsächlich Spitze sind. Mal wird von den Prüfständen im Werk Untertürkheim berichtet, mal von Testfahrten am Polarkreis. Mal wird hinter die Kulissen der Lackiererei geschaut, mal werden kompetente Servicetechniker, die „auf Zack" sind, eine Nacht lang begleitet. Mal wird der Vorstand befragt, was er eigentlich für noch mehr Zuverlässigkeit tut, mal stehen die Reporter bei ThyssenKrupp am Hochofen und lassen sich zeigen, wie der Stahl für einen „unkaputtbaren" Lkw-Rahmen hergestellt wird.

LINE EXTENSIONS: CLASSIC, IAA-SPECIALS, ROUTE

Die breite Akzeptanz von „Transport" macht sich mittlerweile auch daran fest, dass es zahlreiche Line Extensions des Magazins gibt. Immer wenn ein spezielles Thema, ein besonderer Anlass oder ein komplexer Sachverhalt nach Publikation verlangt, steht ein Sonderheft zur Diskussion. So entstanden zum Beispiel zwei „Transport classic", die sich nicht nur mit Lkw-Oldtimern und ihren Fans beschäftigten, sondern auch Wirtschafts- und Mobilitätsthemen aus der Vergangenheit aufgriffen. Das „Transport-Bau-Spezial" wendete sich gezielt an die Messebesucher der Bauma 2009, wurde aber auch danach vom Vertrieb noch aktiv genutzt, um Kunden über die Angebote von Mercedes-Benz Trucks in diesem Segment zu informieren.

Ein weitere Line Extension erscheint regelmäßig: Zur weltgrößten Nutzfahrzeugmesse IAA in Hannover gibt es „Transport" traditionell als Special. Hier bietet sich immer wieder die Gelegenheit, ein ganz besonderes Konzept umzusetzen. In den beiden letzten IAA-Specials wurden so nicht nur die Produkthighlights von Mercedes-Benz vorgestellt, sondern auch das Markenversprechen „Trucks you can trust" in aufmerksamkeitsstarker Weise erklärt: So befragte die Redaktion vom Minensucher über den Wildhüter bis hin zum Bergsteiger ganz unterschiedliche Menschen, die *nicht* aus der Transport- und Logistikbranche stammten, aber ganz besondere Antworten auf die Frage liefern konnten, was Vertrauen für sie bedeutet. Die Ergebnisse wurden daraufhin in einem Wendeteil mit eigenem Cover in das Messeheft integriert.

Fester Bestandteil des Portfolios: Sonderausgaben, wie etwa zur Messe IAA, setzen neue Akzente, zum Beispiel durch die Realisierung von Wendeheften, die Platz für reine Markenthemen schaffen.

Die Beliebtheit von „Transport" bei den Kunden kommt auch darin zum Ausdruck, dass – vom Ölkonzern Shell bis zur kleinen Spedition mit fünf Lkw – zahlreiche Unternehmen, die im Magazin präsentiert werden, Sonderdrucke „ihrer" Artikel zu Vertriebszwecken anfertigen lassen.

Großzügiges Weblayout mit zahlreichen klickbaren Optiken: „Transport" online.

Bewegtbild ist Trumpf, Tablet-Anwendungen sind Trendsetter: Im Internet präsentiert sich „Transport"
großzügig und ebenfalls in elf Sprachversionen - allerdings mit zahlreichen Inhalten, die es nur im Netz gibt,
darunter aktuelle Meldungen, Filme von den Recherchen und Diashows. Crossmedial wird in der
Printausgabe auf diese Angebote aufmerksam gemacht, QR-Codes verlinken zu „Geschmacksproben" von
„Transport" online für Smartphones.

Ebenfalls seit zehn Jahren auf dem Markt: Fahrermagazin „ROUTE", das sich aus „Transport" entwickelt hat.

Neben dieser individualisierten Kurzform gibt es noch eine weitere Line Extension von „Transport", die als komplett eigenständiges Magazin in diesem Jahr bereits ihren zehnten Geburtstag feiert: das Fahrermagazin Mercedes-Benz ROUTE. Es erscheint mit ca. 300.000 länderregionalisierten Exemplaren vierteljährlich in fünf europäischen Märkten. Kein anderer Nutzfahrzeughersteller kümmert sich in dieser Form um die wichtige Zielgruppe der Lkw-Fahrer.

Der Nutzen für Mercedes-Benz ist dabei offenkundig, denn Untersuchungen haben gezeigt, dass Lkw-Fahrer wichtige Mitentscheider bei der Beschaffung von Fahrzeugen sind. Außerdem ist ein Lkw heute ein Hightech-Produkt, das nur dann wirtschaftlich betrieben werden kann, wenn der Fahrer es optimal bedient und gut behandelt. ROUTE spricht die Zielgruppe der Fahrer deshalb auf emotionaler wie rationaler Ebene an. Die Reporter begleiten die Fahrer im Alltag, das Heft bietet aber auch zahlreiche wichtige Informationen über technische Themen oder zum Beispiel darüber, wie man am besten kraftstoffsparend fährt.

INTEGRIERTE KOMMUNIKATION: KLASSIK, DIGITAL, CORPORATE PUBLISHING

Die Bedeutung des Magazins „Transport" für die Kommunikation ist in den vergangenen Jahren stetig gestiegen. Ein wichtiger Schritt in diesem Prozess war der Aufbau einer integrierten Kommunikation für Mercedes-Benz Trucks ab 2007. Seither werden die verschiedenen Agenturen für klassische Werbung, digitale Medien und Corporate Publishing frühzeitig gemeinsam über die Vermarktungsthemen des jeweils kommenden Jahres gebrieft. Danach entwickeln die Agenturen, ebenfalls gemeinsam, ein zeitlich und inhaltlich synchronisiertes Gesamtkommunikationskonzept. Das erfordert von allen Beteiligten erfahrungsgemäß Geduld, Toleranz und Teamfähigkeit, aber es lohnt sich. Das beweist sich gerade in Zeiten wie diesen, wenn neue Produkte eingeführt werden, die Kunden auf neue Emissionsvorschriften reagieren müssen und der gestiegene Wettbewerbsdruck klare Rezepte verlangt, wie Lkw-Fuhrparks ökologisch und ökonomisch am besten betrieben werden können. Sehr schnell haben alle Beteiligten hier die Erfahrung gemacht, dass das gemeinsame Entwickeln von Ideen jede Disziplin befruchtet und jeder „Kanal" auf diese Art seine spezifischen Stärken noch besser ausspielen kann.

INTERNET UND BEWEGTBILD

Natürlich gibt es „Transport" auch im Internet. Unter www.mercedes-benz.com/transport erwarten die Nutzer mittlerweile nicht nur die Schwerpunktartikel aus der Printausgabe in elf Sprachen, sondern auch echter Mehrwert, den es nur im Netz gibt. Dazu gehören aktuelle Meldungen genauso wie Diashows, interaktive Grafiken, Verlinkungen zu weiterführenden Nutzfahrzeug-Online-Angeboten und Videos, die auf den Recherchen der „Transport"-Reporter gedreht werden. Diese Zusatzangebote, bekanntgemacht in den Magazinen selbst und durch Newsletter, sorgen dafür, dass die Klickraten des Onlineauftritts stetig wachsen. Besonders die Bewegtbildangebote werden stark nachgefragt und gern auch in anderen Zusammenhängen, zum Beispiel bei Kundenveranstaltungen, präsentiert.

AUSBLICK

Es gibt einen Trend in der Fachzeitschriftenbranche zu immer weniger Publikationen. Die Folge: Zahlreiche Unternehmen haben in der Presse immer weniger Foren, um ihre Botschaften zu platzieren. Mit einem eigenen Kundenmagazin schafft sich ein Unternehmen genau dieses Forum. Die Chancen, die sich daraus ergeben, werden mit „Transport" auf ganzer Linie genutzt.

*Traditonsreiche Markenbotschafterin: „Transport"-
Erstausgabe von 1962 und Jubiläumsheft 2012.*

Es ist eine Binsenweisheit des Marketing, dass der Kunde, den man neu gewinnen muss, kommunikativ „teurer" wird, als derjenige, der wiederkommt. Die regelmäßigen Befragungen der Leser zeigen: „Transport" ist ein extrem effizientes Instrument zur Kundenbindung und Kaufbestätigung, wenngleich über das Magazin direkt keine Fahrzeuge verkauft werden. Es hat einen so hohen Stellenwert bei den Kunden, dass diese selbst zu Multiplikatoren der Botschaften von Mercedes-Benz werden.

Die Geschichte von „Transport" unterstreicht: Ein Kundenmagazin entwickelt dann seine ganze Stärke als Markenbotschafter und Informationstool, wenn es konstant erscheint, von den Verantwortlichen als integrierter Bestandteil der gesamten Kundenkommunikation betrachtet wird und sich kontinuierlich weiterentwickelt.

In diesem Sinne wird das Team, das für die Realisierung von „Transport" verantwortlich ist, das 50-jährige Jubiläum des Magazins nicht nur feiern, sondern den runden Geburtstag auch zum Anlass nehmen, nach vorne zu schauen. So viel darf verraten werden: Im Sommer, zur IAA Nutzfahrzeuge 2012 in Hannover, könnte es wieder eine besondere Jubiläumsausgabe geben. Oder genauer gesagt: zwei – eine zum Blättern und eine zum Klicken auf einem Tablet-Computer!

50 Jahre dialogorientierte Kundenbindung mit Bodenhaftung: Kontinuität, Nutzwert und Kundennähe sind die Stärken von „Transport" – damals wie heute.

Deliver

„Mit einem Tablet tauchen die User von der Couch aus in journalistisch aufbereitete Themen und Produktwelten ein. Der Point-of-Sale wandert ins Wohnzimmer."

WENN CONTENT UND COMMERCE ZUEINANDERFINDEN
EDITORIAL SHOPPING

Zahlen, bitte! Mit einem jährlichen Umsatz von rund 400 Millionen Euro ist der Einzelhandel der drittgrößte Wirtschaftszweig in Deutschland, Tendenz steigend. Selbst in Krisenzeiten gilt: gekauft wird immer, und immer mehr online. Denn besonders der Handel im Internet boomt und verzeichnet ein stetiges Wachstum. Allein 2011 betrug der Umsatz im deutschen E-Commerce nach Schätzungen des Marktforschungsinstituts TNS Infratest rund 21,1 Milliarden Euro, das sind 15 Prozent mehr als im Vorjahr. Für den ungebrochen rasanten Zuwachs sorgen selbst klassische Handelsunternehmen, die verstärkt mit Cross-Channel-Strategien auch online auftreten und – wenn auch mit jahrelangem Rückstand – den reinen E-Commerce-Retailern massiv Konkurrenz machen.

Eines aber eint Händler und Kunden online wie offline: Bei der Kaufentscheidung spielen vorangehende Informationsprozesse eine immer wichtigere Rolle. Kunden vergleichen nicht nur Preise, sondern sie informieren sich intensiv über neue Produkte. Der Digital-Life-Studie von TNS Infratest zufolge informieren sich etwa Käufer eines Mobiltelefons durchschnittlich bei 2,1 Online- und 1,2 Offlinequellen. Die Überraschung: Kunden erteilen *User Generated Content* eine Absage. Das größte Vertrauen genießen nämlich die Websites von Unternehmen – mit großem Vorsprung vor Sites mit nutzergenerierten Inhalten. Das zeigt, dass es sich für den Handel lohnt, aktiv mit den Kunden in Dialog zu treten.

Die meisten Unternehmen haben das bereits erkannt, wie die Ergebnisse des CP-Barometers Herbst 2011 des Europäischen Instituts für Corporate Publishing zum Thema Content und Commerce gezeigt haben. Zwei Drittel der befragten Unternehmen nutzt Corporate Publishing gezielt zur Vertriebsunterstützung. Corporate Publishing eignet sich nach Ansicht von Unternehmen wie von Corporate-Publishing-Dienstleistern insbesondere dazu, Produkte attraktiv in Szene zu setzen und auf Bezugsquellen hinzuweisen. Hinzu kommt die Möglichkeit, direkte Einkaufsmöglichkeiten zu integrieren. Rund 75 Prozent der Unternehmen und Dienstleister sind außerdem überzeugt, dass journalistische Inhalte den Verkauf wirksam unterstützen. Daraus hat sich in den letzten Jahren eine neue Mediengattung im Corporate Publishing entwickelt: Editorial Shopping.

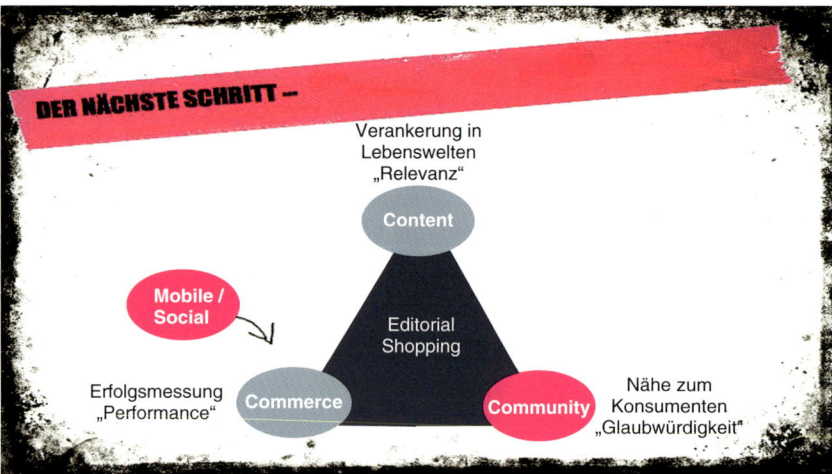

ABBILDUNG 1

Nachhaltige Inhalte schaffen die Community und kurbeln den Handel an

Hochwertige journalistische Inhalte mit einer crossmedialen Kommunikations- und Verkaufsstrategie zu verbinden, das ist Editorial Shopping – und revolutioniert den klassischen Kundendialog im Handel online wie offline. Content und Commerce finden in einem Konzept zueinander *(siehe Abbildung 1)*. Im Gegensatz zu althergebrachten Katalogen und Prospekten, zu überkommenen Shoppingportalen oder Preisvergleichsseiten setzt Editorial Shopping Produkte emotional in Szene, bindet sie durch Storytelling in spannende wie informative Geschichten ein und bietet außerdem durch Coupons, Produktcodes oder Links eine direkte Einkaufsmöglichkeit. Editorial Shopping bietet Kunden einen klaren Mehrwert in Form von Unterhaltung und Beratung und setzt damit Kaufanreize abseits des reinen Preiskampfs.

AUTHENTISCH DURCH INHALTE

Die Grundlagen des Editorial Shopping finden sich in klassischen Kundenmagazinen. Obgleich gedruckt und von der digitalen Elite vorschnell infrage gestellt, sind sie nach wie vor ein hervorragendes Instrument für den Kundendialog. Das beweist auch die Studie CP 360 Grad (2011) vom Siegfried-Vögele-Institut, TNS Emnid und der Deutschen Post herausgegeben wurde. Kundenmagazine besitzen eine anhaltend hohe Akzeptanz unter den Lesern. Über 80 Prozent bescheinigen ihnen hohe Authentizität und hohen Nutzwert; sie bringen dem Kunden Marken, Produkte und Unternehmen nahe und erhöhen das Unternehmensimage. Außerdem haben sie eine starke Aktivierungsleistung: 44,3 Prozent der befragten Leser gaben an, nach der Lektüre eines Kundenmagazins eine Filiale des Unternehmens besucht zu haben, 41,5 Prozent haben sich danach die Unternehmenswebsite angesehen.

Die vielleicht bekanntesten Beispiele für klassische Kundenmagazine im Retailbereich sind *Maxima*, das Kunden- und Frauenmagazin der österreichischen Rewe-Tochter Merkur, das bereits seit 15 Jahren am Markt ist, und *Laviva*, das deutsche Pendant, das Rewe seit vier Jahren in seinen deutschen Märkten verkauft. Rewe betrachtet die Magazine explizit als zusätzlichen Vertriebskanal. Zentrales Element dabei sind Gutscheine für ausgewählte Markenprodukte, die den Heften beigelegt sind. Zu dieser Kategorie gehört auch *Body & Soul*, das Kundenmagazin der Drogeriekette Müller, das vor rund zwölf Jahren bei BurdaYukom entwickelt wurde. Das Konzept von Magazinen wie *Body & Soul* ist es, die Kunden und insbesondere Kundinnen auf smarte Weise zu unterhalten, über aktuelle Produkte zu informieren und mit Gewinnspielen und Coupons Kundendialog und Abverkauf zu fördern. Weitere Beispiele solcher Kundenmagazine sind Centaur von Rossmann oder *inlife* von Kaufhof. Der Verkauf findet dabei nach wie vor im stationären Handel statt.

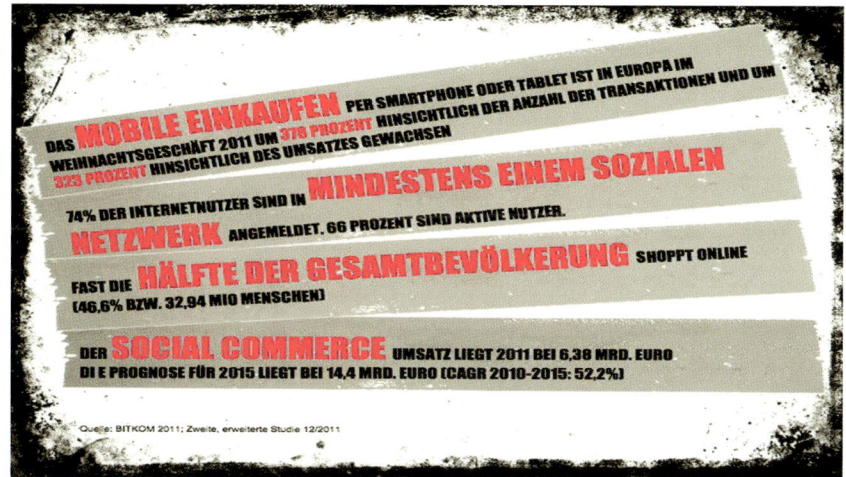

ABBILDUNG 2

*Steigende
Zahlen, eine Tendenz:
der digitale Handel
legt zu.*

Doch die nächste Evolutionsstufe haben manche Shoppingmagazine schon erreicht. Die aktuelle Entwicklung im Editorial Shopping geht einen Schritt weiter und integriert durch Produktcodes und Links direkte Verkaufslösungen in die Publikation.

Zum modernen Editorial Shopping gehört mittlerweile untrennbar eine durchdachte crossmediale Strategie und ein ausgewogener Medienmix. Dazu zählen neben Printmagazinen vor allem Websites und immer stärker Formate für mobile Medien wie Smartphones und Tablet-PCs. Die Kombination aus Print, Online und Mobile ist sowohl nach Ansicht von Unternehmen (75,5 Prozent) wie auch Corporate-Publishing-Dienstleistern (78,4 Prozent) am besten für das Editorial Shopping geeignet, so ein Ergebnis des CP-Barometers Herbst 2011. Über drei Viertel der befragten Unternehmen (75,5 Prozent) und noch mehr Corporate-Publishing-Dienstleister (80,4 Prozent) glauben außerdem, dass Smartphones und Tablets das Potenzial von Editorial Shopping deutlich erweitern.

COUCH ALS POINT-OF-SALE

Tablets wie Apples iPad oder das Samsung Galaxy Tab eröffnen ganz neue mediale Möglichkeiten für das Editorial Shopping. Denn mit den flachen Geräten wandert der Point-of-Sale ins Wohnzimmer. Mit einem Tablet können die User von der Couch aus in journalistisch-qualitativ aufbereitete Themen und Produktwelten eintauchen. Multimediale Inhalte wie Diashows, Webvideos oder *Augmented-Reality*-Apps verwandeln das Einkaufen in ein Freizeiterlebnis. Damit zündet Editorial Shopping eine neue Welle des E-Commerce.

Nach einer langsamen Erholung und Konsolidierung des E-Commerce nach der Dotcom-Krise Anfang der 2000er-Jahre startet der Markt nun mit Editorial Shopping und Crossmedia-Konzepten erneut durch. 2010 erwirtschafteten laut dem IT-Verband Bitcom die Unternehmen in Deutschland bereits 18 Prozent ihres Umsatzes im E-Commerce *(siehe Abbildung 2).*

2010 erwirtschafteten laut dem IT-Verband Bitcom die Unternehmen in Deutschland bereits 18 Prozent ihres Umsatzes im E-Commerce.

Dieser Trend ist auch international zu beobachten. Insbesondere in Großbritannien und den USA ersetzt der Einkauf online inzwischen sogar mehr und mehr den Gang zum Supermarkt. Unternehmen wie die britische Supermarktkette ASDA reagieren darauf mit neuen, redaktionell aufbereiteten Angeboten. Im *ASDA-Magazine* findet der Kunde nicht nur Produktinformationen und Kochrezepte, sondern auch Rubriken wie „fashion & beauty" oder „home & garden". Die Website des Magazins verlängert die Printausgabe online mit Videos, einer Rezeptdatenbank und

Step-by-Step-Anleitungen. Zutaten und andere Produkte kann man sich über einen Link auch direkt im Webshop von ADSA bestellen und bequem nach Hause liefern lassen.

Mittlerweile folgen auch deutsche Unternehmen diesem Konzept. Rewe testet zum Beispiel in einigen Städten bereits einen Onlineshop mit Lieferservice, allerdings ohne eine Verknüpfung mit der Website von *Laviva*.

Ein weiteres internationales Beispiel für die enge Verzahnung von Kundenmagazin und Website gibt die britische Drogerie- und Bioladenkette Holland & Barret. Deren Kundenmagazin *Healthy* hat sich zum bestverkauften Gesundheitsmagazin Englands entwickelt und positioniert das Unternehmen mit qualitativ hochwertigen Expertenbeiträgen als führenden Gesundheitsexperten. Auf der Website www.healthy-magazine.co.uk findet der User nicht nur exklusive Artikel und Angebote, sondern wird durch Web-2.0-Elemente, Blogs und Gewinnspiele selbst in das Angebot integriert. Das Beispiel zeigt, wie Editorial Shopping nicht nur dem Verkauf, sondern auch der Markenbindung dient.

BESTELLEN INTEGRIERT

Dass ein crossmediales Konzept im Editorial Shopping auch hierzulande funktionieren kann, beweist MeinPaket, der neue Onlinemarktplatz von Deutsche Post DHL. Auf www.meinpaket.de finden die User neben attraktiven Produktangeboten aller Kategorien auch hochwertige redaktionelle Themen und Artikel. Fester Bestandteil des Konzepts, das BurdaYukom für DHL entwickelt hat, ist das MeinPaket-Magazin, in dem ausgewählte Produkte in einem redaktionellen Umfeld intelligent in Szene gesetzt werden. Mit einer Auflage von inzwischen 400.000 Exemplaren sorgt es drei- bis viermal jährlich für zusätzliche Reichweite und erhöht den Bekanntheitsgrad des Webshops.

Bei MeinPaket wurde in Deutschland erstmals ein kompletter Bestellvorgang in ein Printmagazin integriert. Die Produkte im Heft können über einen Webcode direkt online geordert werden. So zieht das Magazin den Leser auf die Website. MeinPaket erreicht seine Zielgruppe somit über verschiedene Kanäle, Print, Online und auch mobile Endgeräte. Inzwischen hat sich das Portal mit mehr als 200.000 registrierten Kunden und über 2.000 Händlern erfolgreich am Markt etabliert. Das DHL-Portal setzt dabei voll auf die *Konvertierungskraft* journalistischer Inhalte, ohne dabei gelernte Web-2.0-Elemente wie Kommentierungen und Empfehlungen zu vernachlässigen.

Für Handelsunternehmen hat Editorial Shopping außer, dass es einen zusätzlichen interaktiven Vertriebskanal ermöglicht, unbestritten weitere Vorteile. Die hohe journalistische Qualität des redaktionellen Content, in dessen Umfeld die Waren präsentiert werden, schafft Vertrauen. Der Kunde will nicht nur ein Produkt angeboten bekommen, er möchte beraten werden und erfahren, warum er ein bestimmtes Produkt kaufen sollte. Editorial Shopping vermittelt ein positives Markenimage. Spannende Artikel holen den Leser ab und nehmen ihn mit in ganze Themen- und Erlebniswelten.

Wie das aussehen kann, zeigt zum Beispiel die britische Plattenladenkette HMV. Das Kunden- und Musikmagazin *HMV Choice* gibt es neben der Printversion, die in den Filialen ausliegt, auch online als digitale Kurzfassung in Form eines blätterbaren E-Magazines. Interaktiv kann der User Musikvideos aufrufen, Soundclips von CDs anhören und diese über einen Click-to-buy-Button auch direkt kaufen. Das E-Magazin wird per E-Mail an über 250.000 Kunden verschickt, sodass *HMV Choice* eine deutlich höhere Reichweite erreicht als allein durch das gedruckte Heft. Durch ein elektronisches Trackingsystem lässt sich außerdem verfolgen, wie die Leser das E-Magazin nutzen.

Ebenfalls aus dem Bereich Digital Lifestyle kommt das neueste, breit angelegte Editorial-Shopping-Projekt in Deutschland. *Turn On*, das neue Kundenmagazin von Saturn, das seit Ende 2011 monatlich mit einer Auflage von 300.000 Stück in allen Märkten der Elektronikkette ausliegt. *Turn On* verknüpft Themen rund um Lifestyle und Technik mit den Lebenswelten der Saturn-Kunden. Das Magazin, das von BurdaYukom produziert wird, fügt sich in die neue Multichannel-Strategie des Unternehmens ein, den Kunden individuell über Kanäle außerhalb der stationären Märkte zu erreichen. Kern ist der neue Saturn-Onlineshop. *Turn On* dient dabei auch als Bindeglied zwischen On- und Offlineangebot. Das Magazin informiert unterhaltsam und pragmatisch über aktuelle Elektronik-Gadgets, zukunftsweisende Technik, Musik, DVDs und die neuesten Kinofilme. *Turn-On* ist konsequent als crossmediales Magazin angelegt. QR-Codes im Heft ermöglichen es dem Leser, online und auf mobilen Geräten ausgewählte Artikel abzurufen oder an Gewinnspielen teilzunehmen. Außerdem ist *Turn-On* auch als iPad-App erhältlich, die zusätzliche Inhalte wie Videos oder Animationen enthält. Als weiterer Schritt plant Saturn, die Marke auch mit Social-Media-Verknüpfungen auszuweiten.

Durch crossmediale Umsetzung und elektronisches Tracking macht Editorial Shopping die Effizienz von redaktionellem Content für die Unternehmen zum ersten Mal wirklich messbar. Der Abverkauf wird zur harten, aber ehrlichen Währung im Corporate Publishing. In Zukunft ist mit Editorial-Shopping-Projekten zu rechnen, die mit dem Kunden nicht mehr über althergebrachte Modelle wie etwa dem Seitenpreis abgerechnet werden, sondern über den Verkaufserfolg. Denkbar sind Beteiligungsmodelle, bei denen die Corporate-Publishing-Dienstleister prozentual am Verkaufserlös der über ein Editorial-Shopping-Objekt abgesetzten Waren beteiligt werden.

Aktuell zeichnet sich eine Entwicklung ab, die das Editorial Shopping aus einer ganz anderen Richtung befeuert – nämlich vom Kiosk aus. Dort haben Fashion-Magazine wie *Vogue* und *Esqire* damit begonnen, die Mode, die sie vorstellen, direkt über ihre Websites zu verkaufen. Dazu kooperieren sie mit E-Commerce-Seiten wie Net-a-Porter und erhalten Prämien für jedes über ihre Website verkaufte Produkt. Der Trend schwappt bereits über den großen Teich. Wie nach seinem amerikanischen Vorbild www.style.com hat Condé Nast hier in Deutschland alle Verkaufsaktivitäten seiner Titel wie www.vogue.com oder www.glamour.de auf der Seite www.style. de gebündelt. Andere Publikumszeitschriften und Verlage ziehen nach. Die deutsche Ausgabe von *Instyle* zum Beispiel hat ebenfalls auf ihrer Website www.instyle.de in das redaktionelle Angebot umfangreiche Shopfunktionen integriert. Der Trend ist klar: Auch Publikumsmedien beginnen, das weite Feld des Editorial Shopping von einer neuen Seite aufzurollen. Den Anstoß gab, wer hätte es vor Jahren schon für denkbar gehalten: Corporate Publishing.

Marginal note: Durch crossmediale Umsetzung und elektronisches Tracking macht Editorial Shopping die Effizienz von redaktionellem Content für die Unternehmen zum ersten Mal wirklich messbar, der Abverkauf wird zur harten Währung.

LITERATURVERZEICHNIS

DIGITAL LIFE (2011), hrsg. von TNS Infratest, http://www.tns-infratest.com/presse/pdf/TNS_Digital_Life_2011.pdf

CP-BAROMETER HERBST (2011): Content & Commerce, hrsg. von zehnvier und EICP., http://magazine.magmagmedia. ch/eicp_zehnvier/cp_barometer_herbst_2011.mag#/book/1

CP 360 GRAD (2011): Effiziente Handelskommunikation. Grundlagenstudie zum optimalen Kommunikations-Mix mit Kundenmagazinen im Handel, hrsg. von Deutschen Post AG, des Siegfried Vögele Instituts und der TNS Emnid Medienforschung, http://www.tns-emnid.com/medienforschung/pdf/corporate-publishing/TNS_Emnid_Basispraesentation_CP-360-Grad.pdf

TNS Infratest/Bundesverband des Deutschen Versandhandels e. V., Interaktiver Handel in Deutschland 2011, München, Berlin 2012 (das scheint nur der Name der Pressekonferenz vom 27.2.2012 zu sein, denn eine Studie mit diesem Titel ist auf www.bvh.info nicht zu finden ...)

„Wenn es darum geht, Themen zu generieren, suchen die Journalisten der Unternehmenspublikationen den Diskurs mit ihren Vorständen und Fachabteilungen."

DIE STRUKTURIERUNG VON ERLEBNISWELTEN
THEMENFINDUNG UND RUBRIZIERUNG

Corporate Publishing hat sich in den vergangenen Jahren rasant entwickelt. In Printmedien ist es etabliert, doch heute werden hochwertige Inhalte auch über andere Medienkanäle online und mobile zur Zielgruppe transportiert. Dies bedeutet für Corporate-Publishing-Macher, dass sie bei der Wahl von Rubriken und Themen stets medienübergreifend denken und agieren. Auch wenn sie konkret mit einem Printmagazin befasst sind, gilt es Facetten eines Themas oder spezifische Mehrwerte wie weiterführende Inhalte oder einen Film von Beginn an zu berücksichtigen und zu planen. Unterschiedliche Medienkanäle sind oft verbunden mit unterschiedlichen Zielgruppen. Dies wiederum bedeutet, dass Themen unterschiedlich – eben zielgruppengerecht – aufbereitet und die Medienkanäle intelligent miteinander verknüpft werden müssen. Themen müssen zuzuordnen sein und sich in Rubriken wiederfinden, die langfristig tragen und nicht künstlich konstruiert werden, die authentisch und ansprechend beim Leser, beim Nutzer Interesse wecken und Orientierung bieten. Erfahren Sie im Folgenden, wie Sie die Rubriken- und Themenfindung am besten angehen.

VON DER NULLNUMMER ZUR REGELAUSGABE
Themen- bzw. Redaktionskonferenzen können eine leidige Sache werden. Wie füllen wir die nächste Ausgabe? Welche Themen haben wir, und haben wir für unsere Rubriken ausreichend Themen? An Vorschlägen mangelt es selten, doch fallen einem beim Stöbern durch diverse Corporate-Publishing-Titel immer wieder Beiträge auf, die entweder nicht in die vorgesehene Rubrik passen oder gleich gar nicht ins Magazin. Glücklicherweise gibt es aber auch zahlreiche Gegenbeispiele, und die sind augenscheinlich in der Mehrzahl. Dies hat mit der zunehmenden Professionalisierung des Corporate Publishing zu tun. Längst haben Journalisten Corporate Publishing zu einem wichtigen Arbeitsfeld in der Kommunikation gemacht. Immer mehr Journalisten nehmen in großen wie mittleren Unternehmen PR- und Marketingaufgaben wahr. Sie gehen heute in den Diskurs mit ihren Vorständen und Fachabteilungen, wenn es darum geht, Themen zu generieren, die eine Relevanz für die Zielgruppe haben und nicht bloß die Meinung des Unternehmens abbilden sollen. Sie klopfen Strategien, Produkte, Veränderungsprozesse und

Relevanten Content mediengerecht aufzubereiten zählt zu den Kernkomponenten im CP.

Foto: © picatfolio/iStockphoto.com

das Marktumfeld auf Themenrelevanz ab. Und genau darauf kommt es bei der Themenfindung im Corporate Publishing an – auf die Relevanz. Die Relevanz im Sinne des Informationenvermittelns und der Kommunikationsziele auf der einen und – noch wichtiger – die Relevanz für den Leser bzw. die Zielgruppe auf der anderen Seite.

Es gilt, den Leser in den Bann zu ziehen, sein Interesse zu wecken und auf diesem Wege seine Loyalität zum Unternehmen und zu seinen Produkten zu stärken.

BESSERE QUALITÄT DURCH HÖHERE PROFESSIONALISIERUNG

Arbeitet ein Unternehmen mit einem Dienstleister, so ist eine klare Rollenverteilung zu empfehlen. Ist die Rolle der Unternehmensjournalisten üblicherweise die des Informationsgebers und Katalysators nach innen, sollte der externe Dienstleister als Vertreter des Rezipienten im Ring stehen. Diese Rollenverteilung fördert nachhaltig die Professionalisierung und damit auch die Qualität der Medien, wie nicht zuletzt der Best-of-Corporate-Publishing-Wettbewerb von Jahr zu Jahr zeigt. Die Rollenverteilung ist gut für das Resultat und damit gut für das herausgebende Unternehmen. Denn durch den externen Blick bleibt stets sichergestellt, dass das journalistische Medium einerseits die Unternehmensthemen kommuniziert, andererseits aber auch die Interessen der Rezipienten ausreichend berücksichtigt. Dafür lohnt es zu streiten, den Finger in die Wunde zu legen und sich darüber im Klaren zu sein, dass es zwar viele Themen gibt, aber nicht hinter jedem Thema auch eine Geschichte steckt.

Es gibt viele Dinge, die ein Unternehmen kommunizieren möchte, aber es geht im Corporate Publishing um mehr als die Vermittlung von Botschaften. Es gilt, den Leser in den Bann zu ziehen, sein Interesse zu wecken und auf diesem Wege seine Loyalität zum Unternehmen und zu seinen Produkten und/oder Dienstleistungen zu stärken bzw. zu wecken. Es ist diese Art des „Sich-Verkaufens", die Corporate-Publishing-Medien in den vergangenen Jahren so erfolgreich gemacht hat. Sie haben sich etabliert bzw. sind zum Kernmedium der Unternehmenskommunikation vieler Unternehmen geworden. Sich-Verkaufen wird dabei nicht verstanden als Werbung für ein Produkt, sondern als Neugierig-Machen auf die Geschichte im Kunden- oder Mitarbeitermagazin, den Film auf der Homepage oder die App auf dem Smartphone – eben auf das, was ein Unternehmen ausmacht und seine Vielfalt widerspiegelt. Diese Geschichten konkurrieren mit unzähligen anderen auf dem Markt der Informationen. Damit aber „mein" Magazin gelesen wird, gilt es schon bei der Konzeption darauf zu achten, dass pfiffige Rubriken entwickelt werden, die Platz für ebenso besondere Themen und Inhalte bieten.

MIT KONZEPT ZUM ERFOLG

Die Zeitfenster für den Launch eines Corporate-Publishing-Titels sind oft knapp bemessen. Dienstleister werden gescreent, einige ausgewählt und zu einem Pitch eingeladen. Interessant ist in diesem Kontext das Briefing, das die Unternehmen herausgeben und welches oft ein Spiegelbild des eigenen Know-how über die Ziele und die anvisierte Zielgruppe ist. Zunehmend sind die Briefings erstklassig und lassen erkennen, dass hinter dem Medium eine klare Strategie steht, dass Wissen über die Wirkungsweise vorhanden ist. Noch immer gibt es aber auch rudimentäre Briefings, und erst die gemeinsamen Diskussionen im Rahmen eines Rebriefing fördern das eigentliche Anliegen zutage. Manch als Adler gestartetes Corporate-Publishing-Projekt ist in dieser Phase auch schon als Suppenhuhn im Mülleimer gelandet. Wer mit seinem Medium erfolgreich sein will, muss auf folgende Fragen klare Antworten und/oder Lösungen parat haben:

....

1. Wer ist mein Leser/meine Zielgruppe?
2. Wie ist der Corporate-Publishing-Titel eingebettet in meine Gesamtkommunikation?
3. Was will ich kommunizieren?
4. Was kann ich kommunizieren?
5. Was bedeutet der journalistische Anspruch für den Umgang mit Informationen?
6. Was will ich erreichen und bis wann?
7. Welche Themenbereiche kann ich langfristig bedienen?
8. Wie und als was will ich mich dem Leser präsentieren?
9. Wie viel an Geld und Manpower kann ich investieren?
10. Welche Medienkanäle sind adäquat, um die Zielgruppe zu erreichen?

....

Es macht Sinn, möglichst viel Zeit in die Klärung dieser vorbereitenden Fragen zu investieren, Zielgruppen und Ausrichtung zu spezifizieren sowie all diejenigen im Unternehmen einzubinden, die man später für die Realisation benötigt. Sei es in der Rolle des Themengebers, des Multiplikators oder desjenigen, der Beiträge am Ende freigibt – alle müssen wissen, was die Entscheidung für einen Corporate-Publishing-Titel für sie bedeutet und welche Rolle ihnen in diesem Kontext zukommt.

Die konzeptionelle Idee eines Corporate-Publishing-Titels sollte nicht nur im Elfenbeinturm zwischen Kommunikations-/Marketingabteilung und zuständigem Geschäftsführer oder Vorstand entwickelt werden, denn in der Umsetzung sind viel mehr Menschen beteiligt und gefragt als dieser kleine Kreis. Je breiter die Füße, auf denen das Corporate-Publishing-Projekt intern steht, desto größer sind seine Erfolgsaussichten und desto reibungsloser funktioniert die operative Umsetzung.

KLARE STRUKTUR DURCH RUBRIKEN

Die Festlegung von Rubriken ist im Rahmen der Konzeption eine Kernaufgabe. Die Anforderungen an sie sind hoch. Die Rubriken geben die Ordnung im Magazin vor, sie bieten den organisatorischen Rahmen für die Themen, sie müssen langfristig tragen und gleichzeitig dem Leser Anreiz und Orientierung bieten. „Können wir die Rubriken dauerhaft sinnvoll füllen?", lautet eine zentrale Frage, die im Vorfeld beantwortet werden muss. Man kann Rubriken entweder inhaltlich ausrichten oder an journalistischen Darstellungsformen. Zu empfehlen ist eine inhaltliche Ausrichtung, da immer vor dem Hintergrund der Themen entschieden werden sollte, welche journalistischen Stilmittel im Einzelfall genutzt werden. Entscheidend ist, dass möglichst viele Genres verwendet und entsprechend vielfältig eingesetzt werden. Es kann natürlich auch zum Konzept gehören, zum Beispiel ein Reportage- oder Interviewmagazin zu entwickeln – dann verhält es sich entsprechend anders. Ferner sollten die Rubriken so gewählt sein, dass sich alle Themen gut einsortieren lassen. Oft neigt man in der Konzeption dazu, zu viele Rubriken zu kreieren, um diesem Anspruch gerecht zu werden und die scheinbar so unterschiedlichen Themen irgendwo unterbringen zu können. Doch auch hier gilt: Weniger ist mehr, und es lohnt sich im Vorfeld ausführlich mit den Rubriken zu beschäftigen.

Es erleichtert die Rubrikenfindung, wenn man die zentralen Themen, die kommuniziert werden sollen, einmal auflistet. Möchte man einen Schwerpunkt auf Best Cases legen, auf neue Produkte, Dienstleistungen oder Innovationen, auf Standorte oder Aktivitäten weltweit? Sollen alle Themen an Menschen festgemacht werden, die im Mittelpunkt stehen, geht es vor allem um Techniken, um Themen aus der Zentrale und den Geschäftsbereichen? All diese Themenbereiche können Anhaltspunkte liefern, wie sich eine Rubrik bilden lässt. Grundsätzlich sollten die Rubriken die Heftdramaturgie festlegen – und diese folgt klaren Regeln. So empfiehlt sich ein kurzes und knackiges Editorial – bitte keine epische Ausformulierung der Unternehmensziele durch den Vorstandsvorsitzenden. Das Magazin sollte für sich überzeugen, und so kann der Chefredakteur ebenso für das Editorial verantwortlich zeichnen wie ein Manager des Unternehmens, aus dessen Geschäftsbereich die Schwerpunktthemen kommen. Empfehlenswert ist immer, möglichst auf konkrete Themen des Magazins einzugehen, nicht im Sinne eines ausformulierten Inhaltsverzeichnisses, sondern vielmehr in einem übergeordneten Statement. Hier wird Stellung bezogen und die Relevanz (!) des Titelthemas, des Schwerpunkts deutlich gemacht. Das Editorial ist kein Ort der Selbstdarstellung.

Es folgt das Inhaltsverzeichnis: Es sollte übersichtlich und schnell erfassbar sein, mit markanten Fotos Lust auf das Magazin machen und einen schnellen Überblick liefern. News und kurze Meldungen empfehlen sich als redaktioneller Einstieg, ehe es mit ausführlichen Berichten, Reportagen, Features, Porträts oder Interviews innerhalb der Rubriken weitergeht. Termine oder Jubiläen im Mitarbeitermagazin können als einzelne Rubrik vorkommen oder, besser noch, ergänzt um weitere kurze Infos in einer Sammelrubrik auftauchen. Zu empfehlen ist, die Zahl der Rubriken möglichst klein zu halten und sie prägnant zu benennen. Die Dramaturgie muss stimmen, der Wechsel von kurzen zu langen Beiträgen, der Wechsel der Stilformen. Die Details müssen immer gemeinsam mit dem Layout entwickelt werden und umsetzbar sein. Pitch-Präsentationen bieten immer die Möglichkeit, das Beste und Schönste zu zeigen. Das ist gut und wichtig. Entscheidend ist aber, dass das Niveau der Nullnummer über einen langen Zeitraum hinweg umgesetzt werden kann.

Das Corporate-Publishing-Medium sollte immer im Kontext der anderen Kommunikationskanäle realisiert werden. Vielleicht sind die Jubiläen auch besser im Intranet aufgehoben, oder ich ergänze die Reportage im Magazin durch ein Interview auf der Website? Oder ich stelle mein neues

Man braucht
nicht zwingend eine
Rubrik „Aktuell",
die im Zweifel nur
den Anschein
erweckt, der Rest
des Magazins sei
nicht aktuell.

Produkt im Magazin vor und zeige die praktische Anwendung über eine App? Die Recherche führt meist zu vielen Informationen, die man vielfältig nutzen und einsetzen kann. Eine Frage, die in diesem Zusammenhang immer wieder auftaucht, ist die der Aktualität. Ein Corporate-Publishing-Produkt bietet immer eine Mischung von aktuellen mit mittelfristig vorzubereitenden Themen. Man braucht nicht zwingend eine Rubrik „Aktuell", die im Zweifel nur den Anschein erweckt, der Rest des Magazins sei nicht aktuell. Der Themenplan wird immer rubrikenübergreifend Möglichkeiten bieten, kurzfristig auf Veränderungen zu reagieren. Zudem stehen die Milestones in den Unternehmen ohnehin fest, sei es die Veröffentlichung der Finanzkennzahlen, die Einführung neuer Produkte und Leistungen oder die Messepräsenzen. Das Corporate-Publishing-Produkt hat den Auftrag, die strategisch angelegten Unternehmensbotschaften an die Zielgruppe zu bringen und langfristig, kontinuierlich Wirkung zu erzielen. Für die tagesaktuelle Kommunikation gibt es andere und bessere Kanäle, sei es die Website, Social-Media-Kanäle wie Facebook oder Twitter oder der Newsletter, der ergänzend zum Printmagazin erscheint.

HALLO THEMA, WO BIST DU?

„Themen liegen bei uns auf der Straße!" – Natürlich tun sie das, nur manchmal liegen sie damit auch im Weg. Wie bei allem, was einem vor die Füße gerät, empfiehlt es sich auch bei vermeintlichen Themen nicht immer, sich zu bücken, sie anzufassen oder gar aufzuheben. Manchmal sind die Themen zu heiß, manchmal macht man sich die Hände schmutzig und manchmal entpuppt sich das Aufgehobene dann doch nicht als das, wonach es aussah. Für Themen muss man ein Gespür entwickeln und sie sorgfältig planen. Und es gibt wesentliche Unterschiede, welches Thema für welche Zielgruppe relevant (!) ist.

Ist man im B2C-Medium gern etwas bunter und lifestyliger, geht es in der B2B- oder Investorenkommunikation eher um Sachinformationen. In der Mitarbeiterkommunikation muss es vor allem „menscheln", Mitarbeiter müssen sich wiedererkennen. An wen auch immer ich mich mit meinem Corporate-Publishing-Produkt wende: Meine Kommunikation muss meinem Leser einen Mehrwert bieten – sei es zum Beispiel Marken-/Produktbindung und Unterhaltung (B2C), Informationen und Vorteile für das eigene Geschäft (B2B) oder Identifikation und Motivation (intern). Nicht jedes vermeintlich spannende Thema einer Fachabteilung ist interessant für den Leser oder lässt sich so aufbereiten, dass es für den Leser relevant wird. Immer wieder bilden Powerpoint-Präsentationen die Grundlage für eine Geschichte – daraus dann ein für die Zielgruppe relevantes Thema zu machen, ist für den Journalisten nicht selten eine Herkulesaufgabe.

Sinnvoll ist es, wesentliche Themen für mehrere Ausgaben im Voraus festzulegen. Dies gilt nicht nur vor dem Hintergrund, das einzelne Medium zu bestücken. Vielmehr geht es darum zu prüfen, wie man in seinen Kommunikations- und Marketingaktivitäten insgesamt mit einem bestimmten Thema umgeht, welchen Aspekt man in welcher Kommunikationsform betont und in welchem zeitlichen Kontext man es wie und wo aufbereitet.

Ein typisches Beispiel aus der B2C-Kommunikation: Eine Krankenversicherung plant die Einführung einer neuen Leistung im Bereich der Zahngesundheit für den Herbst. Hierzu wird Anfang des Jahres ein entsprechender Kommunikations- und Marketingplan entwickelt, der sowohl die voll- und zusatzversicherten Bestandskunden berücksichtigt als auch die Gewinnung von Neukunden zum Ziel hat. Welche Rolle kann das Versichertenmagazin in diesem Kontext übernehmen, wie binde ich dieses Neuprodukt ein und worin besteht das Thema für mein Magazin? Stelle ich das Produkt vor, wenn es auf den Markt kommt? Das kann man tun, schlau ist es nicht.

Besser ist es, das Thema Zahngesundheit in den ersten Ausgaben des Magazins zu fokussieren. Da gibt es eine Reihe von Möglichkeiten: von Statistiken über Zahngesundheit über die größten Gefahren für Zähne bis zu den Kosten für den Versicherten. Man beleuchtet also das Thema redaktionell, kann einen Zahnarzt einen Tag lang bei seiner Arbeit begleiten, ein Interview mit einem Ökonomen über die volkswirtschaftliche Bedeutung der Zahngesundheit führen und außerdem eine Glosse darüber schreiben, was einem Gebiss so täglich widerfährt. Als Kranken-kasse zeige ich meinem Leser damit, dass ich dieses Thema sehr ernst nehme, mich umfassend damit beschäftige und hilfreiche Informationen liefere, was er oder sie selbst zu seiner/ihrer Zahngesundheit beitragen kann – ich mache meine Leser schlau.

Der neue Zusatztarif, das Produkt, ergänzt dann diese Serie ideal. Ich kann redaktionell darüber berichten oder einen anderen Beitrag zum Thema mit einer Anzeige flankieren. Die Recherche-ergebnisse aus den redaktionellen Beiträgen kann ich wiederum auch werblich aufbereiten und nutzen, für meine Anzeigenkampagne, meine Website, meine Flyer etc. Ich kann eine Hotline oder Couponing einbeziehen, um den Erfolg der Kampagne direkt zu messen und zu beurteilen.

Derlei Beispiele gibt es unendlich viele in jedem Unternehmen, und es ist Aufgabe des Journa-listen, aus der Idee – wir haben da ein neues Produkt – ein Thema bzw. eine Themenreihe zu machen, die den Leser interessiert. Und hierauf kommt es an: Vom Leser her zu denken und zu überlegen, was genau an dem Zusatztarif eigentlich das Spannende für die Kunden ist. Worin liegt sein Vorteil und wie kann ich ihm diesen quasi subkutan näher bringen, statt plump zu plakatieren: „Unser Angebot – Ihre Vorteile!" Leser von Kundenmedien erwarten ernsthafte In-formation und einen persönlichen Mehrwert, der sie dazu bringt, sich Zeit für das Lesen eines Beitrags im Unternehmensmagazin zu nehmen.

Eine Produkteinführung gehört zu den Anlässen, die frühzeitig bekannt sind und die man bei Planung und Themenfindung frühzeitig berücksichtigen und vorbereiten kann. Wie lässt sich die technische, hochkomplexe Innovation so darstellen, dass sie für den Leser interessant ist? Immer geht es um die Vorteilsargumentation: Was habe ich von diesem neuen Produkt? Die Charts der Fachabteilung mögen für die Fachexperten interessant sein, aber wie bringe ich die Innovation meinem Leser nahe? Hier hilft die journalistische Herangehensweise ungemein, denn hinter der Innovation stehen in der Regel immer auch Menschen. Lassen Sie uns also im Magazin einen Blick in die Forscherwerkstatt wagen. Was sind das für Menschen, die die neue Technik entwickelt haben? Wie entstehen überhaupt Innovationen? Wie fördert das Unternehmen For-schung? Wie funktioniert das Produkt in der Praxis?

Die journalistische Herangehensweise hilft ungemein, denn hinter der Innovation stehen in der Regel immer auch Menschen.

EXKURS: IM DIALOG MIT DEN MITARBEITERN

Die interne Kommunikation ist ein besonderes Spielfeld des Corporate Publishing, und sie ge-winnt stetig an Bedeutung. In Zeiten kontinuierlicher und kurzfristiger Veränderungen, angesichts der enormen Arbeitsverdichtung und vor dem Hintergrund der demografischen Entwicklung ist interne Kommunikation aus meiner Sicht eine der zentralen Aufgaben der Unternehmenskom-munikation. Selten zuvor haben sich wirtschaftliche Prozesse so schnell verändert wie in der heutigen Zeit. Durch die Globalisierung und den rapiden technischen Fortschritt befinden sich die meisten Unternehmen in einem stetigen Veränderungsprozess. Kontinuierlich sind Anpassungen vorzunehmen, um Schritt zu halten mit der Entwicklung. Für die Beschäftigten bedeutet dies erhöhte Unsicherheit, Sorge um den eigenen Arbeitsplatz oder Ängste, ob die eigenen Qualifi-kationen für die aktuellen und zukünftigen Bedürfnisse noch ausreichen. Gleichzeitig stehen die

Unternehmen vor dem Problem des Mitarbeitermangels. Längst werden nicht mehr nur die Fachkräfte verzweifelt gesucht. Jeder Mitarbeiter, der ein Unternehmen verlässt, nimmt immer spezifischeres Know-how mit und ist nur mit Mühe oder gar nicht durch Neuzugänge aus dem Arbeitsmarkt zu ersetzen. Darum investieren immer mehr Unternehmen in die Kommunikation mit ihren Mitarbeitern, um sie auf den Weg der Veränderung mitzunehmen, sie zu motivieren und an das Unternehmen zu binden. Gleichzeitig ist der eigene Mitarbeiter der beste Multiplikator sowohl für die Produkte des Unternehmens als auch für das Unternehmen als Arbeitgeber.

Journalistische Kommunikation hilft dabei, die oft sehr komplexen und spezifischen Veränderungen alltagsgerecht für die Mitarbeiter aufzubereiten. Themenfindung in der internen Kommunikation bedeutet somit, ganz besonders die Mitarbeiter aktiv einzubinden und ein Mitarbeitermedium auch als Dialoginstrument zu verstehen und zu nutzen. Dies kann mit dem Abdruck von kritischen Leserbriefen einhergehen oder mit der redaktionellen Begleitung anderer Kommunikationsinstrumente im Haus. Warum also nicht Mitarbeiter zu einem Round-Table-Gespräch mit dem Vorstandsvorsitzenden einladen und darüber offen in den internen Medien berichten? Interne Kommunikation bewegt sich oft auf dem schmalen Grad, auf der einen Seite möglichst transparent zu sein und gleichzeitig nicht zu viele Interna in die Öffentlichkeit zu tragen. Letztlich sind interne Medien nie wirklich intern. Jeder Beschäftigte hat seine spezifischen Lebenszusammenhänge und vielleicht einen Schwager beim Wettbewerber. Umso mehr kommt es auf die Glaubwürdigkeit der Kommunikation an, darauf, nah an den alltäglichen Sorgen und Bedürfnissen der Mitarbeiter zu sein und entsprechend zu kommunizieren – über alle Kommunikationswege, die die Mitarbeiter erreichen und die Feedback erlauben. Besonders bei mittelständischen Unternehmen herrscht hinsichtlich der internen Kommunikation nach meinem Eindruck noch Nachholbedarf. Vielerorts fehlt die Einsicht, dass man mit der Investition in die interne Kommunikation einen wesentlichen Baustein zur eigenen Zukunftsfähigkeit und -sicherheit finanziert.

DIE REDAKTIONSARBEIT – KEIN ALLTÄGLICHER WAHNSINN
Kurz vor Drucklegung oder Freischaltung wird es immer eng, da kann die Planung noch so gut sein. Wer sich damit abfindet, wird lange viel Freude an der Redaktionsarbeit haben. Denn Corporate-Publishing-Medien zu erstellen macht Spaß. Es macht Spaß, weil man sich in einem ständigen Transferprozess befindet und immer sowohl ein gutes Maß an Distanz zum (eigenen) Unternehmen als auch den Blick für das Wesentliche behält. Wäre das anders, wären Corporate-Publishing-Medien nicht so erfolgreich. Die Produktionsplanung sollte dabei so verbindlich wie möglich geregelt und schriftlich fixiert werden. In einer simplen Übersicht können Themen festgelegt, die verantwortlichen Personen benannt und der Status markiert werden. Diese Übersicht wird stetig aktualisiert und allen Beteiligten zur Verfügung gestellt.

Nichts ist unglücklicher, als wenn Ausgaben im Herbst oder im Frühjahr erscheinen. Leser erwarten Kontinuität und exakte Termine. Fixieren Sie also genaue Erscheinungstermine und richten Sie den Produktionsplan an diesem Datum aus. Diese Verbindlichkeit muss für alle gelten: Fachabteilung, Kommunikationsabteilung und Dienstleister. Kontinuität ist neben der Qualität das entscheidende Erfolgskriterium eines Corporate-Publishing-Mediums.

Beschäftigen Sie sich kontinuierlich mit Ihrer Zielgruppe/Ihren Zielgruppen und bleiben Sie nah dran. Führen Sie regelmäßig Leserbefragungen durch oder nutzen Sie die Möglichkeiten der Marktforschung. Seien Sie offen für Kritik, Optimierung und Veränderung. Bleiben Sie neugierig. Es gibt eine Fülle von Themen für ein Corporate-Publishing-Medium – Sie werden sie finden!

„Der Medienproduktioner etabliert sich als zentrale Schnittstelle im gesamten Gestehungsprozess von Medienproduktionen."

SCHNITTSTELLE ZWISCHEN CONTENT UND TECHNIK
ERFOLGREICHE KOMMUNIKATION DURCH MEDIENPRODUKTION

ERFOLGREICHE KOMMUNIKATION DURCH MEDIENPRODUKTION

Die Kommunikationsbranche befindet sich in einem stetigen Wandel. Mit Beginn des Internet-zeitalters hat sich ein Prozess in Gang gesetzt, innerhalb dessen die Möglichkeiten und Gesetz-mäßigkeiten der verschiedenen neuen Technologien zunächst ausgelotet und schließlich genutzt werden. Kommunikationsstrategien setzen sich mit den wesentlichen Neuerungen der soge-nannten „neuen Medien" auseinander: Individualität und Interaktivität – und seit einiger Zeit auch Mobilität. Daneben kämpfen die „klassischen" Medien darum, ihren Platz in der neuen Medien-welt zu finden. Jedes Medium hat dabei seine ganz eigenen Stärken und Schwächen, die es in konvergenten Kommunikationsstrategien zu berücksichtigen gilt.

> Es geht nicht darum zu kommunizieren, sondern erfolgreich zu kommunizieren.

Es geht nicht darum, zu kommunizieren, sondern erfolgreich zu kommunizieren. Der Angesproche-ne soll sich schließlich auf die Inhalte einlassen. Das gilt in besonderem Maße für eine vom Marketing vertretene Marke und die damit verbundenen Produkte.

Doch was macht Kommunikation erfolgreich? Noch vor einigen Jahren hätte man wohl antworten müssen, dass Größe und Taktfrequenz zusammen mit einer eingängigen Botschaft den Erfolg von Kommunikationsstrategien ausmachen. Diese Faktoren spielen heute natürlich immer noch eine Rolle, werden aber in ihrer Bedeutung durch einen spürbaren Wandel in der Haltung der Konsumenten deutlich geschwächt. Die Bedeutung der Massenmedien schrumpft und weicht zusehends dem Einfluss des Internet. 2010 waren die Werbeumsätze im Internet erstmals höher als die des Print. Selbst Fernsehsender freuen sich längst nicht mehr über ein Einnahmewachs-tum, sondern bereits darüber, wenn das Niveau gehalten werden kann.

Dementsprechend weichen Zeitung, Radio und Fernsehen derzeit verstärkt in den virtuellen Raum aus. Dort spannt sich die Marktsituation trotz eines Zuwachses langsam an, denn die klassischen Medien sind auf die besonderen Spielregeln des Internet meist nicht besonders gut vorbereitet. Der Vorstoß von Zeitungen und Magazinen in den audiovisuellen Bereich sowie der Einsatz von redaktionellen Texten durch Rundfunk und Fernsehen werden von der jeweils anderen Partei missgünstig beobachtet.

Derweil haben sich neue Spieler gut etabliert. Facebook, Youtube, Twitter & Co. haben verstanden, was der Kunde sucht: einen Ort, um seine Individualität auszudrücken und aktiv seine Interessen zu verfolgen. Statt sich permanent etwas von anderen vorsetzen zu lassen, greift der Kunde heute lieber gezielt auf jene Inhalte zurück, die er selbst für relevant erachtet – und die sind in ausreichender Form verfügbar.

BEWEGTBILDKOMMUNIKATION

Eines der wichtigsten Zusatzangebote im Netz und für mobile Endgeräte ist die Kommunikation über Videos. Dass audiovisuelle Inhalte bei Verbrauchern gut ankommen, ist aus der langjährigen Erfahrung mit Fernsehwerbung bekannt. Insbesondere die hohe Geschwindigkeit, in der die Kommunikation abläuft, sowie die intensive Emotionalisierung, die durch die Kombination von Bild und Ton erreicht werden kann, sprechen für das Medium. Die Digitalisierung der Kamera- und Schnitttechnologie hat dafür gesorgt, dass in den letzten Jahren die Videoproduktion mit vertretbaren Kosten auch von Privatpersonen und folglich in deutlich höherer Qualität auch von kleinen und mittelständischen Unternehmen realisiert werden kann. Das wirklich Teure aber ist und war ohnehin stets die Verbreitung der Inhalte.

Youtube, MyVideo & Co. sind der schlagende Beweis dafür, dass es einen großen Bedarf an kostenlosen Bewegtbildinhalten gibt. Gleichzeitig haben die Plattformen bewiesen, dass die Verbreitung durch die stetige Verbesserung der verfügbaren Bandbreite der Internet- und mobilen Verbindungen relativ leicht zu erreichen ist. Andererseits haben die Erfahrungen der letzten Jahre auch gezeigt, dass die Ansprüche an Internetvideos sich spürbar von jenen unterscheiden, die Werbespots erfolgreich machen. So muss konstatiert werden, dass sich für das TV produzierte Inhalte nicht 1 : 1 auf das Internet übertragen lassen.

Da der Nutzer im Internet überwiegend mit mehreren Dingen gleichzeitig beschäftigt ist, bleibt ihm kaum Zeit, sich mit einem einzigen Video allzu lange auseinanderzusetzen. Die jährlich erscheinende ARD/ZDF-Onlinestudie (www.ard-zdf-onlinestudie.de) schätzt, dass fünf bis acht Minuten die äußerste Zeitspanne ist, die für die Betrachtung einer spezifischen Videodatei aufgebracht wird. Natürlich verbessert sich die Situation deutlich, wenn die Inhalte die Interessen des jeweiligen Betrachters genau treffen. Videotutorials und How-to-Videos, die einen hohen Nutzwert für den Zuschauer haben, genießen eine hohe Akzeptanz und dürfen dementsprechend gerne auch mal etwas länger dauern. Natürlich ist es aber auch hier besser, kürzere Videos mit einer leicht erkennbaren und aufeinander aufbauenden Struktur anzubieten. So wird sowohl die Navigation als auch der Bedienkomfort deutlich verbessert.

Ein weiteres Einsatzgebiet der Videos im Netz sind sogenannte „Webisodes" – ein serienähnliches Format mit Unterhaltungswert für den Zuschauer. Diese werden nicht zur direkten Produktwerbung genutzt, auch wenn der dezente Einsatz von Schleichwerbung nicht unüblich ist. Stattdessen liegt der Fokus mehr auf der Stärkung der Marke durch die Zugkraft eines attraktiven Mehrwertangebots, das potenzielle Kunden auf die Website des Unternehmens oder des Produktes zieht. Einen entsprechenden Versuch hat unter anderem der Springer Verlag in Kooperation mit dem Versandhändler Otto und Warner Music gewagt: Unter dem Titel „Deer Lucy" wurde eine zwanzigteilige Serie veröffentlicht. Statt Werbung zu machen, wurden hier Cross-Selling-

Die Kommunikationswelt wird zunehmend digital – nicht zu vergessen ist jedoch die Leistungsfähigkeit von Print, die sich optimal im Umfeld der Medienkonvergenz platzieren lässt.

potenziale freigesetzt. So konnten Zuschauer die Kleidung der Serienfiguren direkt von der Internetseite aus kaufen oder die Songs des Soundtracks erwerben.

Auch Zeitungen setzen zunehmend auf Audio- und Videoinhalte im Web, um die Attraktivität der eigenen Printerzeugnisse durch das Zusatzangebot zu steigern. Elektronische Versionen von Geschäftsberichten werden um Informations- und Imagevideos ergänzt. Verlage werben mit Videolesungen der Autoren. Webshops bieten Videos zur Verkaufsförderung und zur Post-Sale-Kundenbetreuung an. Instore-TV erfährt am Point-of-Sale ebenso einen stetigen Zuwachs und in den großen Städten finden sich immer mehr großformatige Displays für die Außenwerbung. Bei all dem bieten Internetvideos nicht nur eine hohe Flexibilität hinsichtlich der Verbreitungswege, sondern eröffnen einen direkten Kanal für den Dialog mit dem Kunden. Denn im Netz ist dieser nicht nur passiver Konsument, er kann auch direktes Feedback zu den angebotenen Informationen geben und tut dies in der Regel auch – falls ihn die Inhalte genug ansprechen, um sein Interesse zu halten. Video ist daher auf dem besten Wege, ein unverzichtbares Vehikel im Kommunikationsmix für Unternehmen aller Art zu werden.

ERFOLGSFAKTOR KUNDENSEGMENTIERUNG

*Kommunikations-
erfolg bedingt
Zielgruppenkenntnis.*

Kommunikationserfolg hängt also heute stärker von ansprechender Form und individuell auf das Kundeninteresse abgestimmtem Inhalt der Botschaft ab als von der reinen Zahl der Kontakte. Diese Erkenntnisse lassen sich sehr gut auf die Printproduktion übertragen. Für den Erfolg des Dialogmarketing ist es extrem wichtig, Interessen und Bedürfnisse der jeweils angesprochenen Zielgruppe zu kennen und sowohl das Design als auch die Botschaft an die Interessen, Vorlieben und Bedürfnisse des jeweils angesprochenen Kundensegmentes anzupassen. In der Folge werden immer mehr kleinauflagige Produktionen gefahren. Die Digitaldrucktechnik hat sowohl hinsichtlich der Qualität als auch in Bezug auf die Wirtschaftlichkeit große Fortschritte gemacht, sodass hochindividualisierte Printprodukte technisch gesehen kein Problem mehr darstellen.

Der Digitaldruck ermöglicht aber nicht nur die Individualisierung eines Printproduktes, sondern darüber hinaus den Aufdruck von individuellen URLs, Passwörtern oder gar fotografierbaren 2D-Codes, die mobile Endgeräte automatisch auf eine Website weiterleiten oder den Download von Bild-, Ton- oder Videodateien initiieren. Somit platziert sich Print als Push-Medium und Medienbrücke in Richtung online und mobile. Dementsprechend ist der Hybriddruck – der Druck der statischen Information im hochqualitativen Offset mit weitreichenden Veredelungsoptionen und der anschließende digitale Druck der individualisierten Daten – mittlerweile sehr beliebt. Zahlreiche Dienstleistungsunternehmen nutzen beispielsweise die Möglichkeiten der Individualisierung von Druckprodukten, um in Anschreiben Name und Foto des jeweiligen persönlichen Beraters ebenso wie dessen Unterschrift einzubinden. Anstatt eines Massenanschreibens erhält der Kunde so einen Brief mit persönlicher Anmutung. Das Vertrauen, das der Kunde – hoffentlich – gegenüber seinem Berater mitbringt, wird hierdurch auf die Botschaft des Mailings übertragen.

Grundsätzlich haben solcherart individualisierte Anschreiben, anders als die uniforme Ansprache durch Funk- und Fernsehwerbung, in den ersten Sekunden des Kontakts einen entscheidenden Vorteil: Neben werblichen Inhalten kommen auch wichtige Rechnungen und persönliche Nachrichten auf diesem Wege ins Haus.

MEHRWERTVERSPRECHEN DURCH PRINT

Kein anderes Medium als Print eignet sich ähnlich gut, um den Dialog mit dem Sendungsempfänger aufzunehmen. Zwar könnte E-Mail-Marketing Ähnliches leisten, jedoch ist gerade im B2C-

Bereich aufgrund gesetzlicher Restriktionen der Einsatz von elektronischen Briefen für den Erst-
kontakt untersagt. Ohne die vorab eingeholte ausdrückliche Genehmigung des privaten Empfängers wird das Versenden von Werbemails als Spamming angesehen und ist unter Strafe verboten.

Für physische Mailings spricht außerdem ein im wahrsten Sinne des Wortes spürbarer Vorteil hinsichtlich der Differenzierungschancen zu konkurrierenden Botschaften. Denn neben dem optischen
bieten Postsendungen auch ein haptisches Erlebnis. Papier und Umschlag bieten durch Struktur,
Grammatur und geschickt genutzte Veredelungsoptionen ein sinnliches Erlebnis, das den Empfänger zur Beschäftigung mit den Inhalten regelrecht verführt. Das ist ein sehr großer Vorteil gegenüber anderen Medien, denn Kunden und Konsumenten werden unentwegt mit Werbebotschaften
überschwemmt und haben deshalb mittlerweile gelernt, die Relevanz einer Werbebotschaft innerhalb weniger Sekunden zu bewerten. Diese wichtigen ersten Sekunden gilt es zu nutzen.

Das Anschreiben sollte bereits ein Mehrwertversprechen transportieren, denn nach dem haptischen Erleben ist der visuelle Eindruck das Erste, was vom menschlichen Gehirn verarbeitet wird.
Dieses erste Versprechen muss die Botschaft dann letztlich natürlich auch erfüllen, damit ein Kommunikationserfolg realisiert wird. Der Mehrwert kann hierbei auf der emotionalen Ebene liegen,
wenn die Botschaft beispielsweise zum Lachen anregt oder den Leser tief berührt. Andererseits
kann sie auch für den Empfänger relevant sein, weil sie seine Interessen und Bedürfnisse trifft.

PRINT ALS MEDIENBRÜCKE

Auf das Mehrwertversprechen aufbauend, bieten Printmedien dann die Möglichkeit, auch die Brücke
zu anderen Medien wie zum Internet oder zu mobilen Endgeräten zu schlagen. Zum einen können
natürlich Webadressen angegeben werden, über die weiterführende Informationen bereitgestellt
werden. Hierbei sollten die Inhalte nicht nur nutzwertig, sondern natürlich auch für das jeweilige
Ausgabegerät optimiert sein. Alternativ dazu können die Inhalte natürlich auch per Datenträger –
also als CD, DVD oder USB-Stick – direkt dem Anschreiben beigefügt sein. Dabei lassen sich auch
Links einbinden, sodass ein schneller Übergang zum Internetangebot erreicht wird. Innovative
Verpackungslösungen sorgen dafür, dass die Datenträger ihr Ziel sicher und unbeschädigt erreichen.

Medienkonvergenz schafft Mehrwert für Rezipienten.

Kundenindividuelle URLs gestatten es, den Erfolg des jeweiligen Mailings genau zu messen, die
Aktivitäten des Nutzers auf der Seite nachzuvollziehen und so wichtige Erkenntnisse über die
Interessen des Users zu gewinnen. Diese Erkenntnisse sind gleich auf zweierlei Art nützlich. Zum
einen lassen sich zukünftig Kosten sparen, da nicht interessierte Rezipienten nicht mehr wegen
desselben Produkts mehrmals angeschrieben werden. Zum anderen können Interessenten gezielt
über jene Produkte informiert werden, für die sie sich interessieren. In der Folge verbessert sich
so die Responserate bei sinkenden Kosten, denn schwerer als die Druckkosten wiegen immer
noch die Versandkosten eines Anschreibens – selbst bei Portooptimierung.

Einen noch unkomplizierteren Zugang zu bereitgestellten Inhalten bieten 2D-Codes, wie beispielsweise die mittlerweile recht beliebten QR- und UP-Codes. Der Komfort, mit dem sich per
im Endgerät vorhandener Kamera die Inhalte aufrufen lassen, ist derzeit kaum zu überbieten –
vorausgesetzt, das entsprechende Gerät ist mit der richtigen Software für den jeweiligen Code
ausgestattet. Hier wird derzeit noch um einen Standard gerungen.

Während in Fernost und den USA bereits umfangreich von 2D-Codes Gebrauch gemacht wird,
zeigen sich Verbraucher in Deutschland derzeit noch sehr zurückhaltend. Verschiedene Unter-

suchungen identifizieren vor allem die Angst vor versteckten Kosten und die allgemein sehr unübersichtliche Gebührenlage im deutschen Kommunikationsmarkt als Hindernisse einer breiteren Akzeptanz. Diese Faktoren lassen viele potenzielle Anwender noch vor der Nutzung der Codes zurückschrecken. Allerdings zeigt die wachsende Zahl der Zugriffszahlen, dass sich die Situation langsam wandelt.

MULTIFUNKTIONALES PUBLISHING

Der Kommunikationsbranche haben Internet und mobile Endgeräte vor allem neue Möglichkeiten eröffnet. Zugleich haben sie den Druck auf die Mitarbeiter des Publishing erhöht. Denn das Internet ist schnell, und die Lebenszyklen von Informationen verkürzen sich zusehends.

Um dieser Herausforderung zu begegnen, ist eine medien- und ebenso disziplinenübergreifende Koordinierung des Medienerstellungsprozesses notwendig. Das erscheint immer dann besonders schwierig, wenn aufgrund sich überschneidender Kompetenzen oder schlicht wegen mangelnder übergeordneter Führung die einzelnen Aspekte des Cross-Media-Kommunikationsmanagement nicht aufeinander abgestimmt werden. Schlimmstenfalls arbeiten die verwendeten Medien in ihrer Wirkung sogar gegeneinander statt zu konvergieren. Eine solch widersinnige Situation kommt häufiger vor als man vermuten würde. Das Tragische daran ist, dass die Mittel für eine gezieltere und optimierte Kundenansprache bereits dezentral zur Verfügung stehen. Nur werden sie eben nicht genutzt. Das betrifft sowohl die verschiedenen Medien als auch die fachlichen Kompetenzen und technologischen Grundlagen.

Medienkompetenz ist die Basis zum Handling multifunktionaler Publishingsysteme.

In technologischer Hinsicht empfiehlt sich der Einsatz multifunktionaler Publishingsysteme. Das Ziel hierbei ist die Automatisierung bei der Erstellung von Marketingunterlagen sowie die intelligente Bedienung aller Medienkanäle aus einer Quelle. Konkret bedeutet dies, dass Marketingmaterialien, Kataloge, Webshops, Kundenmagazine und Unternehmenswebsite auf eine gemeinsame Datenbank zurückgreifen. In dieser sind wichtige Textbausteine, Bilder und Zusatzinformationen wie Produktspezifika und Preise für die verschiedenen Märkte, auf denen ein Unternehmen aktiv ist, hinterlegt. Die Daten werden zentral gepflegt und stehen so immer in aktuellster Form zur Verfügung.

Durch die Nutzung von vordefinierten Templates lassen sich anschließend die verschiedenen Daten automatisch in der gewünschten Form ausgeben. So erhält man auf Knopfdruck wahlweise eine Website, einen Katalog, ein Magazin, oder man aktualisiert den Webshop oder die Internetpräsenz des Unternehmens. Zwar ist immer noch etwas Feinarbeit für den finalen Schliff des so entstandenen Dokuments vonnöten, aber der Gesamtaufwand lässt sich auf diese Weise dramatisch reduzieren.

Ein weiterer Vorteil ist, dass der Gesamtauftritt des Unternehmens vereinheitlicht wird und sich die Außenwirkung verbessert. Außerdem werden doppelte Arbeitsschritte vermieden. Und da viele Daten bereits zentral vorhanden sind, verkürzt sich auch die Zeit, die ansonsten für das Heraussuchen oder die Neuerstellung von bereits vorhandenen Inhalten angefallen wäre. Kurz gesagt: Die Time-to-Market wird gesenkt.

PROZESSOPTIMIERUNG UND NACHHALTIGKEIT

Auch in fachlicher Hinsicht bedarf es einer zentralen Schnittstelle für die Medienerstellung. Medienproduktioner sind Spezialisten für Prozesssteuerung und -optimierung sowie natürlich bei

ABBILDUNG 1

MEDIENPRODUKTIONER ALS
PROJEKT- UND PROZESSKOORDINATOR

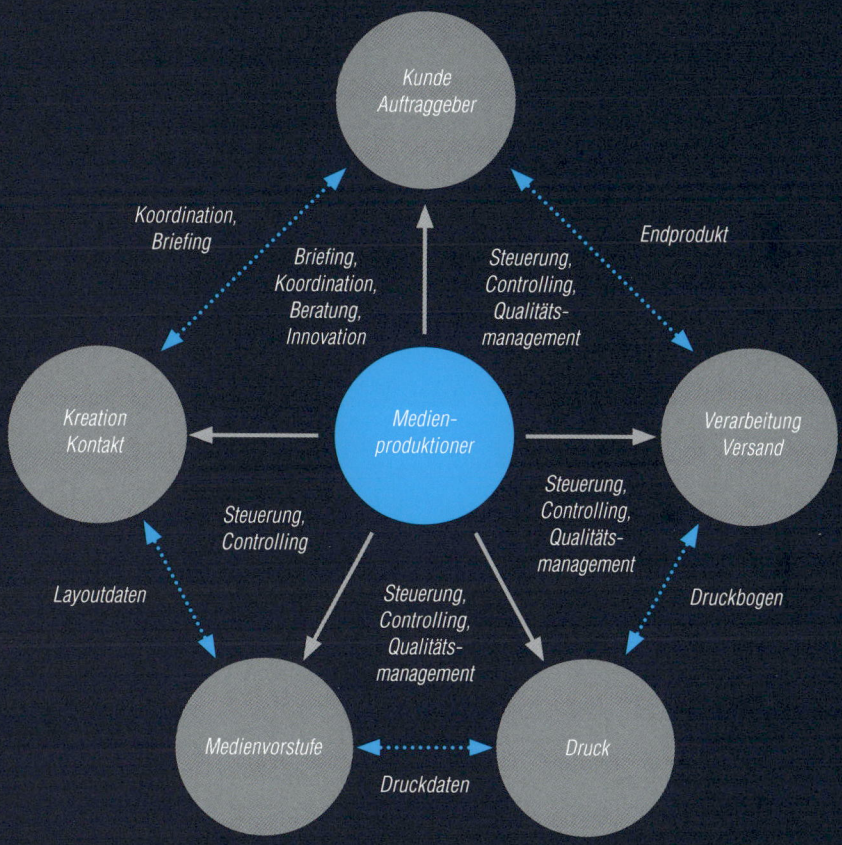

Der Medienproduktioner etabliert sich als zentrale Schnittstelle im gesamten Gestehungsprozess
von Medienproduktionen.

der Produktion selbst für das Management von Kommunikationsprozessen. Sie sind nicht nur in Fragen der klassischen Medien sowie der Herstellung und Veredelung von Druckprodukten bewandert, sondern bringen ein umfangreiches Wissen hinsichtlich aktueller Trends und neuer technischer Möglichkeiten mit. Als Prozessmanager bewegen sich Medienproduktioner zwischen den verschiedenen am Kommunikationsprozess beteiligten Dienstleistern und Disziplinen. Sie begleiten Kommunikationsprozesse entlang der gesamten Prozesskette.

Eine standardisierte, prozessoptimierte und vielleicht sogar nachhaltige Medienproduktion verfügt gleichzeitig über weitreichende ökonomische Potenziale, die durch einen koordinierten Produktionsprozess geborgen werden können.

Für die Medienproduktion wird beispielsweise eine beträchtliche Menge Energie benötigt. Und die sorgt für eine nicht weniger erhebliche Menge an klimaschädlichen Emissionen. Gleichwohl sind Verbraucher hinsichtlich der Themen Umweltschutz und Klimawandel deutlich sensibler geworden. Große Branchenveranstaltungen wie die CeBIT haben das Thema Green IT verstärkt in den Fokus gerückt. Energiesparender sollen die Rechner werden. Gleichzeitig setzt man darauf, dass große Rechencenter und Serverfarmen verstärkt Strom aus sauberen, regenerativen Quellen beziehen. Viel zu oft werden die Server auch zu stark gekühlt, wodurch die Stromabnahme unnötig in die Höhe getrieben wird. Neben den negativen Folgen für die Umwelt ist dies mit vermeidbaren Kosten verbunden, welche die Rentabilität eines Unternehmens senken.

Das Elegante am freiwilligen Umweltschutz ist, dass er langfristig die Wettbewerbsfähigkeit steigert, das Image verbessert und tatsächlich zur Verbesserung des Klimas beiträgt. Hierzu müssen die dahinterliegenden Konzepte allerding schlüssig sein und konsequent befolgt werden. Greenwashing in jeder Form wird von den Umweltverbänden schnell durchschaut und medienwirksam angeprangert. Andererseits unterstützen Verbände wie Greenpeace und der WWF aber auch die ernsthaften Bemühungen von Unternehmen, eine bessere Ökobilanz zu erreichen.

Für die Medienproduktion engagiert sich der WWF Deutschland zusammen mit Umweltexperten aus Wissenschaft und Politik sowie Vertretern der Druckindustrie innerhalb der vom Fachverband Medienproduktioner e. V. (f:mp.) ins Leben gerufenen Media-Mundo-Initiative und unterstützt den Media-Mundo-Beirat bei der Erarbeitung von konkreten Handlungsempfehlungen für die Praxis. Auf diese Weise entstehen tragfähige und durchdachte Konzepte für eine nachhaltige Produktion von Printmedien, die nicht nur über eine hohe Glaubwürdigkeit verfügen, sondern darüber hinaus auch mit Blick auf die Wirtschaftlichkeit der Unternehmen nachhaltig sind.

Prozessoptimierung und Ökonomie gehören untrennbar zusammen.

Ein Weg, die Ziele einer umweltverträglichen Produktion mit denen einer wirtschaftlichen zu verbinden, ist die Prozessoptimierung. Die Optimierung und Standardisierung aller Prozesse sorgt für kürzere Produktionszeiten, die mögliche Verkürzung von Produktionswegen und eine Reduzierung der Makulatur. Ressourcenschonende Produktion bedeutet gleichzeitig immer auch einen Rückgang der Produktionskosten. Dieser wiederum kann zu einer Steigerung des Gewinns bei gleichbleibenden Umsätzen oder zu einer Reduzierung der Preise in einem hart umkämpften Markt genutzt werden, ohne dass dies auf Kosten des Gewinns geschieht.

Insbesondere der Printmarkt hat hier noch mit dem Problem zu kämpfen, dass fast alle Standards bereits vorhanden sind, es aber vielerorts noch an Konzepten fehlt, diese schlüssig miteinander zu verknüpfen. Dass es auch anders geht, zeigt beispielsweise das Living-PSO!- Konzept, das die

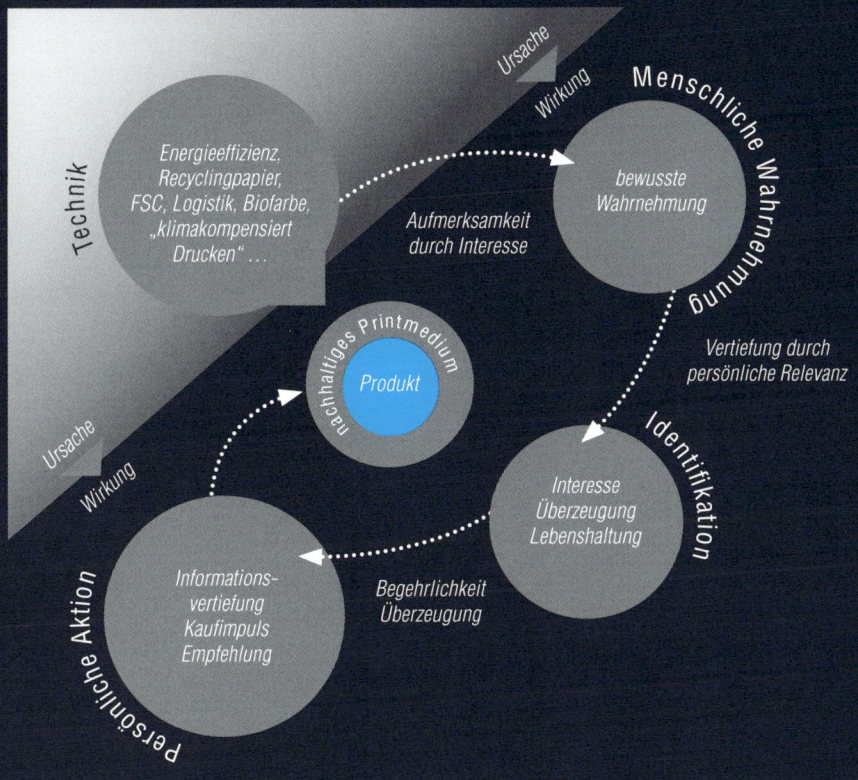

Technik

Energieeffizienz,
Recyclingpapier,
FSC, Logistik, Biofarbe,
„klimakompensiert
Drucken" …

Ursache

Wirkung

Menschliche Wahrnehmung

bewusste
Wahrnehmung

Aufmerksamkeit
durch Interesse

Vertiefung durch
persönliche Relevanz

Nachhaltiges Printmedium

Produkt

Identifikation

Interesse
Überzeugung
Lebenshaltung

Ursache

Wirkung

Informations-
vertiefung
Kaufimpuls
Empfehlung

Begehrlichkeit
Überzeugung

Persönliche Aktion

Die Nachhaltigkeit in der Medienproduktion darf sich nicht nur auf die ökologischen Aspekte der technischen Prozesse fokussieren. Vielmehr steht eine glaubwürdige und ehrliche Kommunikation des Absenders und natürlich auch des zu verkaufenden Produktes selbst im Vordergrund.

Standardisierung in der Offsetproduktion mit denen der Messtechnik und einer gezielten Schulung der Mitarbeiter verbindet. Über eine innovative Softwarelösung werden die Standards, die für eine PSO-Zertifizierung angelegt werden, nicht nur einmal pro Jahr geprüft, sondern an jedem Produktionstag des Jahres. Dadurch werden Unregelmäßigkeiten in der Produktion schnell bemerkt, Ausschuss wird verringert. Die Kundenzufriedenheit steigt, und Maschinenlaufzeiten werden reduziert. Auf diese Weise kommt man dem wichtigen Ziel einer industriellen Fertigung in der Druckindustrie auf höchstem Niveau deutlich näher, gewinnt gegenüber den Wettbewerbern ein wichtiges Differenzierungsmerkmal und muss nicht in einen direkten Preiswettkampf abrutschen.

All diese Bereiche zu vereinen ist keine leichte Aufgabe, denn hierfür muss massiv in bestehende Abläufe eingegriffen werden. Da jedes Unternehmen einzigartig ist, ist es Aufgabe des Medienproduktioners, die größten Optimierungspotenziale innerhalb der Prozesskette zu identifizieren und behutsames Change Management zu betreiben, das dabei hilft, irrationale Ängste vor der Veränderung abzubauen, Positives aufzuzeigen und die Mitarbeiter eng in den Veränderungsprozess einzubinden.

MEDIENPRODUKTIONER ALS ZENTRALE SCHNITTSTELLE

Die vielen Fäden der effizienten Medienproduktion, die insbesondere für crossmediale Kampagnen nicht nur sinnvoll, sondern notwendig sind, laufen letztlich in den Händen der Medienproduktioner zusammen. Damit die Kommunikation aber erfolgreich ist, sollten die Kommunikationsexperten schon möglichst frühzeitig – also am besten schon während der Kreativ- und Planungsphase – in die Prozesse eingebunden werden. Medienproduktioner fungieren hier beratend, können innerhalb einzelner Projekte neue Möglichkeiten aufzeigen oder vor vorhersehbaren Problemen warnen. Bisweilen übernehmen sie auch beide Funktionen zugleich. Zum Beispiel hinsichtlich der Veredelung von Printprodukten. Der Medienproduktioner vor Ort kann am besten beurteilen, ob eine bestimmte Veredelung überhaupt zum jeweiligen Printprodukt und der gewünschten Zielgruppe passt und ob sich der zusätzliche Aufwand voraussichtlich lohnen wird. Er weiß aus Erfahrung, ob die jeweils angewandte Technik die Sinne so anspricht, dass beim Rezipienten auch positive Emotionen erzeugt werden, die zum beworbenen Produkt passen. Es ergibt beispielsweise wenig Sinn, ein günstiges Produkt mit allzu hochwertiger Veredelung zu bewerben, da so schnell der unbewusste Eindruck erzeugt wird, das Produkt sei teuer. Auch bei hochwertigen Produkten kann man es mit der Veredelung übertreiben. Letztlich müssen beim Empfänger Begehrlichkeiten entstehen, die wiederum zu einer persönlichen Aktion – wie beispielsweise der Einholung weitergehender Informationen – und zum Kaufabschluss führen. Letzteres gilt insbesondere, wenn das Bedruckte selbst das Produkt ist oder dieses verpackt.

Medienproduktioner sind die „Dirigenten" aller Disziplinen.

Medienproduktioner sind die „Dirigenten" aller Disziplinen. Wie bei einem Orchester ist das Ergebnis ein wirkliches Kunstwerk, wenn der Dirigent – und im Fall der Medienproduktion der Medienproduktioner – weiß, was die tatsächlichen Stärken und ebenso die Schwächen der Instrumente und ihrer Spieler sind. Der Medienproduktioner verfügt im Idealfall über Wissen um den Wirkungskreis der einzelnen Medien, ihres Zusammenspiels im Medienmix und natürlich um die Herausforderungen der Produktionsabläufe. Das breit angelegte Fachwissen des Medienproduktioners erleichtert deshalb die Planung, Organisation und Umsetzung multimedialer Kampagnen. Eine effiziente und strukturierte Produktion wiederum ist die beste Basis für die gezielte und individualisierte Kundenansprache. Und das ist letztlich das Geheimnis der erfolgreichen Kommunikation: Entsprechend ihrer Wünsche und Bedürfnisse können die Rezipienten der Kommunikation aktiv eine individuelle Struktur verleihen. Die Botschaft und ihr Medium passen sich nahtlos diesen Wünschen an. Das ist Herausforderung und Chance für die Medienproduktion der Zukunft.

„Die individualisierte Unternehmenspublikation ist nicht zwingend eine drucktechnische, sondern in erster Linie eine konzeptionelle Herausforderung."

„IF…, THEN…!" LAUTET DIE FORMEL DER INDIVIDUALITÄT!
WENN AUS EINEM MASSENPRODUKT EIN EINZELSTÜCK WIRD

Rein aus Produktionssicht betrachtet ist eine Kundenzeitschrift nichts anderes als ein Katalog oder andere Verkaufsliteratur. Wenn es um die Möglichkeiten der Individualisierung von Unternehmenspublikationen geht, lohnt es sich, über den Tellerrand zu blicken und sich mit jenen Produktionstechnologien zu beschäftigen, die bei der Katalogproduktion oder im Dialogmarketing fast zum Standard gehören und häufig unter den Begriffen Databased Publishing oder Variabler Datendruck zusammengefasst werden.

Gemeint ist nicht mehr oder weniger als die Individualisierung von Druckprodukten, das Streben nach der „Auflage 1". Perspektivisch betrachtet bewegt sich die Marketing- und Kommunikationsbranche mit ihrem Anspruch, jedem Adressaten gezielt nur jene Information zu bieten, die diesen – wohlgemerkt: aus Sicht des Senders – interessiert, in eine Zeit zurück, in der jedes Buch noch ein Original war; in eine Zeit, in der Mönche die Literatur liebevoll handschriftlich vervielfältigten und individuell ausschmückten.

Nur mit dem Unterschied, dass zwischen damals und jetzt mehr als 500 Jahre liegen – Jahre, in denen die automatisierte Vervielfältigung von Informationen in Form von Druckprodukten Wissen für alle kostengünstig verfügbar machte und so die Entwicklung der Menschheit wesentlich vorantrieb.

Der Paradigmenwechsel vom Massenprodukt hin zum individuell zusammengestellten Einzelprodukt wurde erst durch die Einführung der Digitaldrucktechnologie überhaupt möglich und bezahlbar. Mit Blick auf die Individualisierung besteht der wesentliche Vorteil des Digitaldrucks gegenüber konventionellen Drucktechnologien darin, dass die physikalischen bzw. mechanisch bearbeiteten Zwischenträger wie Druckplatten oder Druckzylinder komplett wegfallen. Die Druckdaten werden als elektronische Impulse direkt auf Druckzylinder oder Druckköpfe übertragen und können somit jederzeit verändert werden. Das führt dazu, dass innerhalb einer laufenden Druckproduktion so gut wie alles verändert, also individualisiert, werden kann.

Welche technischen Verfahren und Softwaresysteme in der praktischen Umsetzung eingesetzt werden können, hängt allerdings nicht allein von der Drucktechnik und den Fähigkeiten der eingesetzten Content-Management-Systeme ab, sondern basiert in erster Linie auf der tatsächlichen Datenqualität der unternehmenseigenen Customer-Relation-Management-Systeme.

Bevor individualisiert wird, muss deshalb aus Marketingsicht vordefiniert werden, welche Wenn-dann-Formeln überhaupt mit Leben gefüllt werden können. Das heißt:

Wenn zum Beispiel in der Bank-Kundenzeitschrift einer bestimmten Zielgruppe eine besondere Anlageform durch einen redaktionellen Beitrag nähergebracht werden soll, dann muss diese Teilzielgruppe über ein im Customer-Relation-Management vorhandenes Merkmal eindeutig herausgefiltert und zugeordnet werden können.

CRM und CMS sind die IT-Software-Lösungen, die bei der Individualisierung eine wichtige Rolle spielen. CRM liefert die Adressaten, CMS definiert die zugehörenden Inhalte.

Dieser simple Formelbezug ist die Basis für alle Individualisierungskonzepte, die dann in einem zweiten Schritt mit zunehmender technischer Komplexität umgesetzt werden können. Die wichtigsten Möglichkeiten und einige praktische Anwendungen seien nachfolgend beschrieben.

TEXTINDIVIDUALISIERUNG

Die bekannteste und nur vermeintlich einfachste Form der Individualisierung ist der Adresseindruck. Aus technischer Sicht ist der Eindruck einer Kundenadresse nicht selten die größte Herausforderung bei Textindividualisierungen, da Namen unterschiedliche Längen haben und deshalb auf dem Druckprodukt variablen Platz benötigen. Wird das bei der Reinzeichnung nicht berücksichtigt, ergeben sich daraus die in *Abbildungen 2* und *3* gezeigten Fehlerquellen. Bei dieser Individualisierungsform bleiben die Textelemente bis zum Druckprozess als Textelemente erhalten, werden also bei der Produktion nicht vorab in eine Bilddatei (zum Beispiel EPS oder JPEG) umgewandelt.

BILDINDIVIDUALISIERUNG UND -PERSONALISIERUNG

Bei der Bildpersonalisierung wird der Bildinhalt über eine Softwareanwendung manipuliert, sprich: verändert. Das bedeutet, dass das Bildmotiv inhaltlich dem jeweiligen Adressaten angepasst wird. Die Bilder werden während des Druckprozesses dynamisch generiert und an der dafür vorgesehenen Stelle in die jeweilige Seite integriert. Bei diesem Verfahren entstehen kurzfristig immense Datenmengen, da zum Beispiel bei einer Auflage von 100.000 Exemplaren die gleiche Anzahl an Bildern generiert werden muss. Das bedeutet zugleich, dass eine Gesamtarchivierung der Druckvorlagen im Normalfall viel zu aufwändig wäre. Bei einer Wiederholung der Aktion müsste daher das gesamte Druckprodukt neu berechnet werden.

Im Gegensatz dazu werden beim Bild-Composing mehrere bestehende Realbilder zu einem neuen Gesamtbild zusammengefügt. Diese Technologie wird meist dann genutzt, wenn Produkte in ein anderes Umfeld integriert werden sollen.

Beispiele aus der Praxis:

....

- *Autoprospekte, bei denen das Nummernschild die Initialen oder das Geburtsdatum des Adressaten enthält*
- *Bilder von Geburtstagstorten, bei denen der Name des Adressaten mit Buchstaben aus Zuckerguss auf der Torte zu stehen scheint.*

....

ABBILDUNG 1

korrekter Adresseindruck

ABBILDUNG 4

beispielhafte Template-Site

Textfeld

Bildfeld

ABBILDUNG 2

läuft in Headline

ABBILDUNG 5

Text wurde plz-abhängig generiert; Feldfarbe wurde geschlechtsspezifisch generiert

ABBILDUNG 3

Adressteile werden verdrängt

ABBILDUNG 6

Mögliches Ausschuss-schema bei einer 32-seitigen Zeitschrift

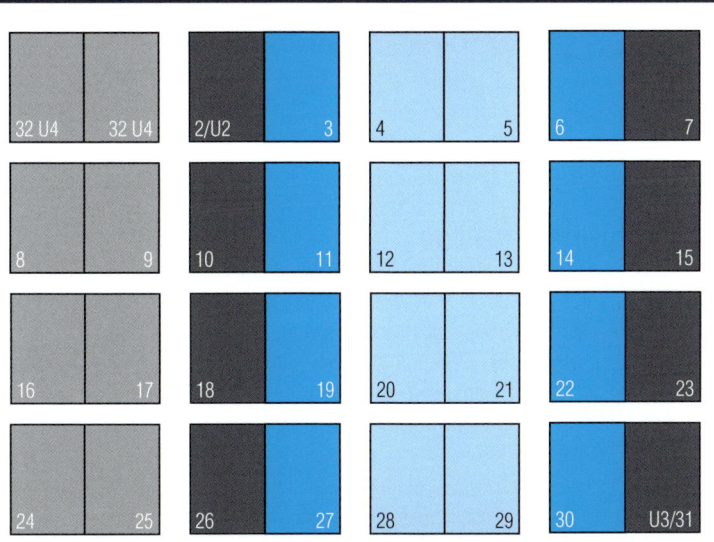

BOGEN 1
■ Vorderseite
■ Rückseite

BOGEN 2
■ Vorderseite
■ Rückseite

TEILINDIVIDUALISIERUNG ÜBER SITE-TEMPLATES

Sollen Teile einer Seite individualisiert werden, nutzt man dazu meistens sogenannte Site-Templates. Das heißt: Bei der Reinzeichnung werden in die zu individualisierende Seite neben den statischen (also den nicht veränderbaren) Seitenelementen auch Bild- oder Textrahmen für dynamische Inhalte integriert. Innerhalb dieser dynamischen Rahmen können die Inhalte dann adress- bzw. merkmalsbezogen variiert werden. Um dieses Ergebnis zu erreichen, bedarf es der Verknüpfung der eigenen CRM-Datenbank mit einem Content-Management-System.

Diese Individualisierung ist, rein technisch betrachtet, vergleichsweise einfach umsetzbar, da die Individualisierungen innerhalb der festgelegten Rahmen auf der jeweiligen Seite durchgeführt werden *(Abbildungen 4 und 5, S. 155)*.

Etwas problematischer wird die Umsetzung der Individualisierung, wenn sie nicht auf dem Bogen stattfinden soll, auf den später auch die Adresse aufgedruckt werden soll. Im Normalfall behilft sich der Druckdienstleister dann mit Strichcodes, die entweder beim Finishing des Gesamtdruckproduktes (Schneiden) entfernt werden, oder an einer unauffälligen Stelle ins Druckprodukt integriert werden.

Problematischer als die Bilder sind bei dieser Individualisierungsform auch hier wieder die Textelemente, die zum Beispiel bei Mehrsprachenpublikationen unterschiedliche Längen haben. Je nach Aufgabenstellung und Individualisierungsgrad werden manchmal die normalerweise dynamischen (also die veränderbaren) Textelemente in statische Elemente umgewandelt, um so zum Beispiel ungewünschte Umbrüche etc. zu verhindern.

Beispiele aus der Praxis:

....

- *Regionalausgaben von Handelspublikationen, die im Editorial das Bild des jeweiligen Filialleiters zeigen oder adressatenspezifische Angebote enthalten*
- *Mehrsprachige Broschüren, in denen die Texte der einzelnen Länder in Text-Templates in der jeweiligen Sprache integriert werden*
- *Fotobücher und Kalender, bei denen der Besteller die Möglichkeit hat, auf Basis vorgegebener Layouts eigene Bilder zu Büchern und Kalendern zusammenzustellen und mit Texten zu ergänzen*

....

BOGENINDIVIDUALISIERUNG

Durch die Einführung hybrider Drucktechnologien wird denkbar, was bisher unmöglich war: Die gedruckte Zeitschrift, bei der jeder Leser entscheidet, welcher Themenmix ihn interessiert.

Sollen bei einer Unternehmenspublikation mehrseitige Beiträge für den Adressaten individualisiert werden, kommt man nicht umhin, sich im Rahmen der redaktionellen Planung auch mit dem Ausschussschema des Druckprozesses zu beschäftigen. *Abbildung 6, S. 155* zeigt ein klassisches Ausschussschema für eine 32-seitige Zeitschrift, die auf zwei 16er-Bögen (jeweils acht Vorderseiten, acht Rückseiten) gedruckt werden soll. Soll die Zeitschrift aus Kostengründen nicht komplett, sondern nur teilindividualisiert werden, sollte man sich bei der Redaktionsplanung darauf beschränken, nur die Vor- oder Rückseite eines Bogens adressatenabhängig variabel zu gestalten. Das würde in dem hier gezeigten Beispiel bedeuten, dass maximal zwei aufeinanderfolgende Seiten variabel angelegt werden können.

Wirtschaftlich interessant werden dürfte diese Form der Teilindividualisierung durch die Einführung hybrider Druckproduktionssysteme. Dabei wird in eine Bogenoffset-Druckstrasse, die bisher im wesentlichen über vier konventionelle Druckwerke verfügte, um ein zusätzliches digitales Druckwerk ergänzt.

Mögliche Anwendungen in der Praxis:

....

- *Buchrezensionen als redaktioneller Bestandteil eines Magazins auf Basis der Buchtitel,die vom Kunden eines Buchhändlers früher gekauft wurden*
- *Testberichte über Produkte, die von dem Unternehmen ergänzend zu einem bereits gekauften Produkt angeboten werden*
- *Erfahrungsberichte von anderen Kunden über Geldanlage- oder Finanzierungsangebote, die zum Haushaltseinkommen des Adressaten passen*

....

KRITISCHE FAKTOREN
Alle Euphorie über das technisch Machbare sollte allerdings nicht darüber hinwegtäuschen, dass bei der Individualisierung auch immer wieder Probleme auftauchen. Insbesondere dann, wenn verschiedene Teile eines Druckprodukts in verschiedenen Verfahren produziert werden.

UNTERSCHIEDLICHE FARBWIRKUNGEN UND PAPIERSORTEN
Cyan ist nicht gleich Cyan, Magenta nicht gleich Magenta. Die Druckfarben im Offset unterscheiden sich erheblich von denen des Digitaldrucks. Das führt dazu, dass sich die Farben voneinander unterscheiden, auch wenn sie bei der Mischung identisch angelegt wurden. So ist es bisher nicht empfehlenswert, bei Doppelseiten bundübergreifend zu bedrucken, wenn die linke Seite digital und die rechte im Offset gedruckt wurde.

Auch sind einige Papiere, die im klassischen Bogen- und Rollenoffset eingesetzt werden, für den Digitaldruck nicht zugelassen und umgekehrt. Das führt dazu, dass sich nicht nur die Haptik der Papiere, sondern auch das Volumen, der Weißheitsgrad und die Opazität unterscheiden.

NULLFEHLERTOLERANZ BEI DER WEITERVERARBEITUNG
Ebenfalls nicht zu unterschätzen sind speziell bei Zeitschriften die Herausforderungen für die Weiterverarbeiter. Bisher war es unproblematisch, wenn zum Beispiel ein bedruckter Bogen im Rahmen der Weiterverarbeitung unbrauchbar wurde. Genau das wird aber bei individualisierten Publikationen zu einem gravierenden technischen Problem, da genau dieser eine Bogen für das fertige Druckprodukt benötigt wird.

ARCHIVIERUNG UND NACHVOLLZIEHBARKEIT
Wenn jedes Druckprodukt ein Unikat ist, kann das Callcenter des Absenders nicht mehr wissen, was tatsächlich auf der Seite des Adressaten steht, der gerade anruft, um sich weitergehend zu informieren. Die Information „Ich habe das Angebot der aktuellen Ausgabe auf Seite 25 gelesen und würde es gerne bestellen" reicht dem Mitarbeiter des Unternehmens nicht mehr aus, da dieses Angebot nur für diesen speziellen Kunden existiert. Insofern gehört zum Pflichtprogramm jeder Individualisierungsmaßnahme auch die Archivierungsfunktion bzw. eine Nachvollziehbarkeitsstrategie.

Aus Offline wird Inline. Im Bereich der Weiterverarbeitung bei individualisierten Druckprodukten ist nicht mehr die Geschwindigkeit allein ausschlaggebend, sondern die technische Anbindung an den Druckprozess (Inlineverfahren). Buchbinderische Leistungen werden zum Databased Verarbeitungsprozess.

„Die Stärke von Print: Emotionale Welten, haptisches Fühlen; an jedem Ort der Welt zu nutzen – ganz ohne Akku und Netzzugang."

VOM MASSENPRODUKT ZUM LUXUSOBJEKT
IMAGEWIRKUNG DURCH DRUCKVERFAHREN

Der Medienwandel sollte nicht darüber hinwegtäuschen, dass Print eine einträgliche Zukunft hat. Manche Geschäftsmodelle mögen in den Hintergrund treten, doch die digital vernetzte Gesellschaft bietet auch enorme Chancen für Druckereien – und für das Printprodukt.

Print ist ein wichtiger Impulsgeber für die Onlinevermarktung. Zwar ist die einstige Monopolstellung des bedruckten Papiers in vielen wichtigen Bereichen infrage gestellt. Doch werden durch diesen Wettbewerb der Medien auch die Stärken von Print erst richtig deutlich: emotionale Welten, haptisches Fühlen und die Möglichkeit, sie an jeden Ort der Welt zu transportieren, ganz ohne Akku und Netzzugang. Print hat seinen festen Platz in der Medienwelt. Nicht weil uns eine Kampagne davon überzeugt, sondern weil es bei nüchterner Betrachtung einfach die erste Wahl zum Erreichen bestimmter Ziele ist. Weltweit wird mehr gedruckt als je zuvor, vor allem in den industrialisierten Ländern. Der Ausstoß von Printprodukten, so lauten Expertenanalysen, wird weiterhin ansteigen. Print ist nicht einfach „Opfer" der digitalisierten Medienwelt, sondern auch Gewinner.

> Print ist nicht einfach „Opfer" der digitalisierten Medienwelt, sondern auch Gewinner.

KONVENTIONELLE DRUCKVERFAHREN
Die heutigen Druckverfahren basieren auf Erfindungen und Erkenntnissen der Ingenieurwissenschaften, Informatik, Physik und Chemie. Alle Druckverfahren bringen Druckfarbe oder Tinte auf einen Bedruckstoff (meist Papier), sodass ein dauerhaft haltbares Druckbild entsteht. Man unterscheidet heute zwischen konventionellen und digitalen Druckverfahren. Bei den konventionellen Druckverfahren wird zunächst mithilfe der Druckvorlage eine feste Druckform hergestellt, von der mehrere Abzüge (Druckauflage) auf einen Bedruckstoff projiziert werden.

Zu den konventionellen Druckverfahren zählen: Offsetdruck, Tiefdruck, Siebdruck (Durchdruck) und Hochdruck (inklusive Flexodruck). Sie sollen im Folgenden kurz erläutert werden.

Der *Offsetdruck* ist das am weitesten verbreitete konventionelle Druckverfahren. Es basiert darauf, dass sich Öl (Druckfarbe) und Wasser gegenseitig abstoßen. Die belichteten Bildele-

Foto: © stuartbur/iStockphoto.com

Konventionell oder digital – für jedes Printprodukt gibt es das ideale Druckverfahren.

mente auf der flachen Druckform sind ölaffin und nehmen dadurch die Farbe an. Das Offsetdruckverfahren umfasst einen komplizierten chemischen und physikalischen Prozess, der heute mithilfe des *ProzessStandard Offsetdruck* (PSO) kontrolliert wird. Um stabile, gleichbleibende und gute Druckergebnisse erzielen zu können, muss der Drucker die Öl-Wasser-Balance ständig regeln und dabei innerhalb bestimmter Toleranzgrenzen bleiben. Der PSO hilft dabei. Es gibt auch den wasserlosen Offsetdruck. Er bedarf allerdings besonderer Druckplatten und -farben.

Der Offsetdruck wird in Bogendruck- und in Rollendruckmaschinen angewendet. Im Bogendruck werden einzelne Papierbogen bedruckt. Die Auflagenhöhen reichen hier jeweils von klein bis mittel. Ab Auflage 30.000 kann man mit einem Rollensystem, bei dem das Papier von der Rolle in die Druckmaschine läuft, kostengünstiger und effektiver produzieren. In der Regel ist die Qualität im Bogenoffsetdruck sehr hoch. Verschiedene Veredelungsverfahren, etwa das Aufbringen von Sonderfarben oder Lacken sowie das Stanzen oder Prägen kann in ein Bogenoffsetsystem integriert werden.

Beim gängigen Offsetdruck benötigt man eine Druckplatte, die auf externen Computer-to-Plate-Anlagen gefertigt wird. Es gibt jedoch eine Variante, bei der die Druckplatte mithilfe einer digitalen Bebilderungsanlage innerhalb der Druckmaschine erstellt wird – auch bekannt als DI-Verfahren (DI steht für *Direct Imaging*). Die Druckform wird innerhalb der Druckmaschine auf einer Polyesterdruckplatte erzeugt. Anschließend wird im konventionellen Offsetdruckverfahren gedruckt. Das bringt einen Zeitvorteil, der inzwischen allerdings auch durch intelligente Workflow-Lösungen, moderne Plattenherstellung und extrem schnelle Plattenwechsel an den Bogenoffsetmaschinen realisiert werden kann.

Der *Tiefdruck* war einst das Hauptdruckverfahren für sehr hohe Auflagen (von 250.000 Exemplaren bis in Millionenhöhe). Doch die Herstellung der Druckzylinder ist im Vergleich zur Herstellung einer Offsetdruckplatte teuer und zeitaufwändig. Zudem sinken die Auflagen. Hauptkataloge oder Massenzeitschriften verlieren an Relevanz. Stattdessen gibt es viele Teilauflagen in kleineren Mengen, Sprachversionen und Spezialkataloge, die in Auflagenhöhen produziert werden, in denen der Offsetdruck das rentablere Verfahren ist. Doch auch heute hat der Tiefdruck seinen Markt. Vor allem die gestochen scharfe Kante bei Texten ist gegenüber der gerasterten Kante des Offsetdrucks für viele Kunden von Vorteil. Der Tiefdruck findet

hauptsächlich bei Magazinen in hohen Auflagen, Versandhauskatalogen oder Werbedrucksachen seinen Einsatz. Aber auch im Dekorbereich, etwa für den Druck von Furnieren oder Tapeten.

Der *Siebdruck* ist ein Durchdruckverfahren, das heißt die Druckfarbe wird durch ein Sieb auf den Bedruckstoff aufgebracht. Dies ermöglicht auch das Bedrucken von runden und erhabenen Gegenständen. Im Siebdruck werden heute Glas, Textilien, Metalle, Holz, Folien, Kunststoffe, Pappen, Papiere und Kartonagen bedruckt.

Hochdruck und Flexodruck nutzen erhabene Druckformen, um die Farbe auf das Papier zu bringen. Der Hochdruck, das älteste Druckverfahren überhaupt, wird heute noch für den Druck von hochwertigen Visitenkarten, Menükarten, Familiendrucksachen eingesetzt, fürs Stanzen, Prägen und Perforieren. Der Flexodruck wurde weitgehend industrialisiert und wird heute für den Druck von Formularen, Verpackungsmitteln, Kunststofffolien und Etiketten eingesetzt. Die Auflagen können hier mehrere Hunderttausend erreichen.

DIGITALE DRUCKVERFAHREN

Heute hat nahezu jede Digitaldrucktechnologie ihren optimalen Einsatzbereich gefunden.

Bei den digitalen Druckverfahren wird auf die Herstellung einer starren Druckform verzichtet. Stattdessen wird die Druckfarbe oder Tinte direkt auf den Bedruckstoff aufgebracht. Hier gibt es verschiedene physikalische Verfahren, um flüssige oder feste Tinte mithilfe von digitalen Signalen auf den Bedruckstoff zu bringen.

Zu den digitalen Druckverfahren zählen: Elektrofotografie, Ink-Jet-Druck in den beiden Varianten Drop-on-Demand und Continious, Elcografie und Magnetografie. Sie werden weiter unten kurz vorgestellt.

Heute hat nahezu jede Digitaldrucktechnologie ihren optimalen Einsatzbereich gefunden. Am weitesten verbreitet sind Drucksysteme, die mit Elektrofotografie und im Ink-Jet-Verfahren arbeiten. Ein wichtiges Unterscheidungsmerkmal sind die Qualität des Druckbildes sowie die Geschwindigkeit des Druckverfahrens.

Digitaldrucksysteme (Non-Impact-Systeme) arbeiten mit Druckwerken und Drucktechnologien, die keine feste Druckform (Druckplatten) benötigen.

....

DIE WICHTIGSTEN UNTERSCHEIDUNGSMERKMALE ZUM KONVENTIONELLEN DRUCK:

1. Die meisten Systeme sind wie Kopierer, die in jede Büroumgebung passen
2. Alle Systeme sind in der Lage zu personalisieren und variabel zu drucken
3. Für die Bedienung sind weniger Fachkenntnisse erforderlich als im konventionellen Plattenprozess

....

Nur einige Systeme erreichen heute die Druckgeschwindigkeiten, die im konventionellen Druck üblich sind, und die relativ hohen Kosten pro gedruckter Seite limitieren den Auftragsbereich dieser Systeme auf kleine Auflagen bis zu 5.000 Exemplare. Die Hauptmärkte dieser

Systeme sind die kleinen bis mittleren Auflagen, der Druck auf Abruf (On-Demand-Printing), das Personalisieren und der Druck von variablen Informationen. Durch die flexible und voll digitale Produktionsstruktur verändern die Digitaldrucksysteme das alte Konzept des Druckens. Anstatt zu drucken und dann zu verschicken, wie es im konventionellen Druck noch üblich ist, dreht sich der Prozess um, sodass zuerst die Daten versendet und dann vor Ort gedruckt wird.

Die *Elektrofotografie* wird auch als Xerografie bezeichnet und ist das am meisten genutzte Verfahren bei den plattenlosen Drucktechnologien. Die Xerografie wurde in den 50er-Jahren von Xerox entwickelt und fand zunächst ihren Einsatz bei den Kopierern. Als digitale Drucksysteme wurden Kopierer erstmals im Jahre 1978 genutzt, damals waren das die ersten Laserdrucker. Der eigentliche Auflagendigitaldruck in Farbe startete etwa 1987 mit der ersten Computeransteuerung von Laserkopierern. Die Verknüpfung des Computers mit dem Laserkopierer war der Grundstein für die weitere Entwicklung der elektrofotografischen Drucksysteme.

Bei der Elektrofotografie basiert die Bebilderung auf der Aufladung einer fotoleitenden Oberfläche, eines sogenannten Fotokonduktors (Bildzylinder). Die homogene Aufladung des Bildzylinders übernimmt ein Coronadraht. Die anschließende Belichtung ändert die Ladungsverhältnisse an der Fototrommel gemäß dem Druckbild. Die gesteuerte Lichtquelle kann entweder ein Laserlicht sein oder Licht aus einem sogenannten LED-Array (LED = *Light Emitting Diodes*). Dort wo das Licht auftrifft, verschwindet die Ladung, und an den übrigen, noch geladenen Stellen haftet anschließend der gegensätzlich aufgeladene Toner. Dadurch entsteht ein Druckbild, das auf das Papier übertragen und durch Hitze fixiert wird.

Produktionssysteme von Xeikon, Xerox, Canon, Konica Minolta, Ricoh, Kodak und HP Indigo nutzen die Elektrofotografie.

ANWENDER VON DIGITALDRUCKSYSTEMEN, DIE MIT ELEKTROFOTOGRAFIE ARBEITEN, SOLLTEN SICH EINIGER GRENZEN DIESER TECHNOLOGIE BEWUSST SEIN:

1. *Während des Bebilderungsprozesses (Laden des Fotokonduktors, Bebilderung und Toneranhaftung) kann es zum Ladungsverlust kommen, was für Probleme im Druckergebnis sorgt*
2. *Die eingesetzten Toner sind meistens sehr teuer und in der Verarbeitung sehr empfindlich*
3. *Die eingesetzten Verbrauchsmaterialien wie Toner, Öl und andere Chemikalien unterliegen bestimmten umwelttechnischen Gesetzmäßigkeiten*

Die Hersteller kennen diese Problematik und entwickeln und forschen fortlaufend, um hier neue Lösungen anbieten zu können.

Beim *Ink-Jet-Druck* werden flüssige Farbtinten mittels eines Druckkopfs direkt auf den Bedruckstoff übertragen, und zwar in Form von feinen Tröpfchen. Dieses direkte Druckverfahren erhält für jeden Druck aufs Neue elektrische Bildsignale und ist daher in der Lage, mit jeder Umdrehung variabel und personalisiert zu drucken.

DAS INK-JET-VERFAHREN HAT EINIGE BEGEHRTE EIGENSCHAFTEN:

1. Der Ink-Jet-Druck ist weniger komplex als alle anderen digitalen Drucktechnologien
2. Die eingesetzten Druckkomponenten sind wesentlich einfacher aufgebaut als in anderen Verfahren
3. Das Ink-Jet-Verfahren arbeitet nicht mit Lichtempfindlichkeit und setzt weder Laser noch LEDs ein, um eine Druckform zu bebildern
4. Der Ink-Jet-Druck produziert qualitativ hochwertige Farbdrucke, die Kosten für die Verbrauchsmaterialien sind verhältnismäßig gering, und die Produktion verläuft leise

MAN UNTERSCHEIDET IM INK-JET-DRUCK ZWEI HAUPTVERFAHREN:

1. Drop-on-demand Ink-Jet, der ein Tröpfchen erst dann entstehen lässt, wenn das elektrische Signal dies auslöst

2. Continious Ink-Jet, bei dem die Tröpfchen kontinuierlich erzeugt werden und ein elektrisches Signal diese vom Papier ablenkt oder eben nicht

---

Beim *Drop-on-demand-Verfahren* unterscheidet man weiter zwischen piezoelektronischen und Thermal-Verfahren (auch Bubble-Jet genannt). Nach dem eingesetzten Verfahren werden auch die Drucker bezeichnet. So gibt es Piezo-Drucker und Bubble-Jet-Drucker.

Beim *Piezo-Verfahren* dehnt sich je nach elektrischer Ladung ein Piezokristall innerhalb eines Druckröhrchens im Druckkopf aus oder zieht sich zusammen, sodass ein Tröpfchen entsteht und auf das Papier geschleudert wird.

Beim *Thermal-Verfahren* ist insbesondere die Festtinten-Phasen-Technik von Interesse. Durch das Schmelzen fester Farbtinten entstehen kleine Tröpfchen, die durch einen Piezoelektronischen Impuls auf das Papier geschleudert werden. Beim Kontakt mit dem Papier gehen die geschmolzenen Tröpfchen wieder in die feste Phase über. Es heißt, dass man mit diesem Verfahren kostengünstig produzieren und eine hervorragende Druckqualität erreichen kann.

Das *Continious-Ink-Jet-Verfahren* gibt es in den zwei Varianten Binary-Deflecting und Multi-Deflecting. Beim Binary-Deflecting-Verfahren erhalten die Tropfen durch eine Ladungselektrode einheitlich einen der beiden möglichen Ladungszustände (negativ oder positiv) und werden durch den Deflektor entladen, sodass sie ungeladen auf das Papier gelangen. Beim Multi-Deflecting-Verfahren erhalten die Tröpfchen unterschiedliche Ladungen und werden anschließend beim Durchfliegen eines elektrischen Feldes in unterschiedliche Richtungen auf den Bedruckstoff übertragen.

Produktionssysteme, die mit Ink-Jet-Verfahren arbeiten, werden schon lange für den Druck von variablen Daten im Verpackungsbereich eingesetzt. So gibt es etwa eine Lösung für den einfarbigen Druck von variablen Informationen beim Zeitungsdruck, die mit einer Geschwindigkeit von über 300 Meter pro Minute druckt. Auch im Vierfarbbereich wurde eine Lösung entwickelt, die eine Ausgabegeschwindigkeit von über 60 Meter pro Minute aufweist. Diese Lösungen sind Drucksysteme mit Continious-Ink-Jet-Technologie, die mit einem oder mehreren Düsendruckköpfen arbeiten.

Großformatdrucker mit Ink-Jet-Technologie sind digitale Drucksysteme, die große Druckformate ausgeben und hauptsächlich für den Proofdruck bei der CTP-Produktion eingesetzt werden, um die Farbwiedergabe, Registergenauigkeit und Ausschießschemata zu kontrollieren. Diese Drucksysteme kommen auch für den Produktionsdruck von Postern, Displays und Werbeplakaten für den Innen- und Außenbereich zum Einsatz.

Eine besondere Problematik im Ink-Jet-Druck ist, dass die Drucktinte nur wenig lichtecht und wasserbeständig ist. Im Laufe der Jahre wurden aber neue Drucktinten entwickelt, die über hohe Lichtechtheit verfügen und sehr wasserfest sind. Für die besonders farbgenaue Wiedergabe setzen einige Hersteller neben den vier Skalenfarben zusätzlich helle Druckfarben ein, etwa ein helles Magenta oder ein helles Cyan. So erreichen die Drucke auch in den Lichterzeichnungen einen großen Farbraum und eine sehr gute Qualität bei den Drucken. Mittlerweile gibt es Großformatsysteme in verschiedenen Breiten (bis zu fünf Meter), die verschiedene Substrate bedrucken, etwa Tapeten, Teppichbodenbeläge, Pappen, Folien und Textilien. Die Grenze der möglichen Auflösung liegt heute bei 600 dpi. Auch die Geschwindigkeit im Druck ist bei diesen Systemen limitiert. Diese Faktoren unterliegen jedoch einer kontinuierlichen Weiterentwicklung, und die Geräte werden ständig verbessert.

Foto: © Baris Simsek/iStockphoto.com

Für die besonders farbgenaue Wiedergabe setzen einige Hersteller neben den vier Skalenfarben zusätzlich helle Druckfarben ein.

Die *Elcografie* hat ihre Ursprünge in der Fotografie und wurde von kanadischen Entwicklern für den Druck entdeckt. Die Technologie basiert auf einem elektrochemischen Effekt, der die eingesetzte Tinte auf dem Bebilderungszylinder durch Zuführung elektrischer Energie gerinnen lässt. Dazu wird eine spezielle wasserlösliche Druckfarbe eingesetzt. Sie besteht aus speziellen Polymeren und Standard-Farbpigmenten, die in mit elektrolytischem Salz versetztem Wasser gelöst sind. Die Druckfarbe bedeckt den Bebilderungszylinder komplett. Ein Schreibkopf produziert überall dort, wo ein Rasterpunkt entstehen soll, eine negative Ladung. Die negativ geladenen Ionen gehen in die Tinte über, und an diesen Stellen entstehen mehrere Polymerstränge, die fest miteinander verbunden sind und dreidimensionale Dots bilden. Anders als bei den elektrofotografisch arbeitenden Systemen findet bei der Übertragung auf das Papier kein Ladungsausgleich statt. Die Bildübertragung vom Druckzylinder auf den Bedruckstoff findet mit physikalischem Druck statt. Die geronnenen Farbpunkte werden also per Druck auf den vorbeilaufenden Bedruckstoff gepresst. Dieses Verfahren bedruckt alle gängigen Papiersorten und erlaubt den Einsatz sowohl von gestrichenem als auch ungestrichenem Papier. Gerade wegen dieser Materialflexibilität ist das System insbesondere für den Zeitungsdruck geeignet.

Trotz der heute möglichen Auflösung von 400 dpi, ist – dank der dreidimensionalen Dots – die Wiedergabe aller 256 Graustufen möglich. Die gedruckten Bilder sehen dadurch – ähnlich wie Bilder aus dem Thermosublimationsdruck – wie Halbtonfotos aus.

Nach dem Druck ist die Tinte kratzfest und trocken. Die wasserlösliche Tinte trocknet in dem Moment, in dem sie auf den Bedruckstoff übertragen wird. Das Druckbild muss nicht weiter durch Hitze fixiert werden – ein Vorteil, der sich in der Weiterverarbeitung bemerkbar macht. Das

Papier wird weniger beansprucht, und die üblichen Weiterverarbeitungsprobleme durch zu hohe oder zu niedrige Papierfeuchte fallen weg.

Die *Magnetografie* ist der Ionografie im Prinzip sehr ähnlich. Der wichtigste Unterschied liegt in der Nutzung einer magnetischen Bildtrommel, die über magnetische Schreibköpfe bebildert wird. Dieses magnetische latente Bild ist auf der Drucktrommel gespeichert, das heißt der Ladungsvorgang muss nicht zwingend für jede Umdrehung und für jeden Druck erneuert werden. Für den Druck wird magnetischer Toner eingesetzt. Bei diesem Verfahren können auch Schmuckfarben eingesetzt werden, allerdings keine Prozessfarben für den Vierfarbdruck, weil die Toner nicht lasierend sind. Die Variationsmöglichkeiten bei den Schmuckfarben sind gering, da der Toner durch die notwendigen magnetischen Partikel immer etwas verschwärzt und dunkel ist.

Die Magnetografie ist ein sehr schnelles und kostengünstiges Druckverfahren und wird deshalb für die Produktion von Barcodes, Etiketten, Lotteriescheinen, Nummerierungen und Kennzeichnungsschildchen eingesetzt. Die Auflösung beträgt bis zu 480 dpi, Geschwindigkeiten von bis zu 105 Meter pro Minute sind möglich. Ein Vorteil dieses Druckverfahrens ist die Kaltfixierung. Im Gegensatz zu elektrofotografisch arbeitenden Systemen, die das Papier sehr stark aufheizen, liegen hier die Temperaturen unter 45 Grad Celsius – eine Tatsache, die etwa die Verarbeitung von Thermopapier erlaubt und die Weiterverarbeitung erleichtert.

BINDEARTEN

Die *Klammerheftung* ist die häufigste Art der Bindung. Sie wird für das Binden von Broschüren, Booklets, Katalogen und Magazinen eingesetzt. Eine andere Form der Bindung ist die Klebebindung, die später noch genauer beschrieben wird. Im Allgemeinen finden bei der Klammerheftung fünf Arbeitsschritte statt: Sammeln der Druckbogen, Nuten, Falzen, Faden- oder Sammelheften und am Schluss kommt das Schneiden der Kanten. Nicht jedes Druckerzeugnis benötigt für die Herstellung all diese Produktionsschritte. Zum Beispiel wird eine einfache Broschüre gesammelt, gefalzt, klammergeheftet und beschnitten. Für die Herstellung eines einfachen Vier-Seiten-Folders werden die fertigen DIN-A3-Bogen zuerst gefalzt und anschließend geschnitten. Der erste Arbeitsschritt für die Fertigung von mehrseitigen Druckerzeugnissen ist das Falzen der Bogen. Dies

Foto: © Adrian Assalve/iStockphoto.com

geschieht in vorher festgelegten Signaturen, nach denen die einzelnen Seiten auf dem Druckbogen ausgeschossen wurden. Um das Falzen der Bogen zu erleichtern ist es sinnvoll, die Falzstege vorher zu nuten bzw. zu rillen, ganz besonders bei starkem und unflexiblem Papier mit hoher Grammatur.

Die meisten Heft- und Bindesysteme verfügen über eine ausgeklügelte Elektronik, die die zusammengetragenen Signaturbogen genauestens kontrolliert und auf Vollständigkeit überprüft.

Eine *Nut* ist eine durch Druck entstandene Einkerbung oder Rille am Falzrücken entlang. Um das Falzen von hohen Papiergrammaturen zu erleichtern, prägt man mit einem stumpfen Werkzeug eine Rille in den Bogen. Durch diese Rillen im Bogen erreicht man sehr gute Falzresultate. Die Falzrille oder Nut sollte in jedem Fall immer auf der Innenseite des zu falzenden Bogens angebracht werden, damit sich beim anschließenden Abknicken des Papiers eine möglichst niedrige Spannungszone bildet *(siehe Abbildung)*. Buchumschläge und Cover für Magazine müssen über eine ausreichend breite Rille verfügen, damit diese genügend Seiten aufnehmen kann, ohne den Rücken zu sehr zu strapazieren.

Foto: © caimacanul/iStockphoto.com

Foto: © hh5800/iStockphoto.com

Am weitesten verbreitet ist ein Rillenwerkzeug, das aus einer rotierenden Scheibe besteht, die das Papier unter Druck gegen einen Gegendruckzylinder presst. Die Breite der Rille variiert je nach der Dicke des Papiers. Ein dickeres Papier benötigt eine breitere Rille, um sauber gefalzt zu werden.

Falzen ist das scharfkantige Umbiegen einer Papierbahn oder eines Papierbogens an einer gerillten oder genuteten Biegestelle entlang, die auch als Falzbruch bezeichnet wird. Für das industrielle Falzen im Weiterverarbeitungsprozess nach dem Druck werden Falzmaschinen eingesetzt, die automatisch gesteuert werden. Es gibt zwei Arten von Falzprinzipien bei den Falzmaschinen: Taschenfalz- und Messerfalzprinzip. Die Falzmaschinen – entweder reine Taschenfalzsysteme oder aber eine Kombination aus Taschen- und Messerfalzsystem – sind in der Lage, mehr als Hundert verschiedene Falzarten durchzuführen. Falzmaschinen setzen sich aus verschiedenen technologischen Bausteinen zusammen, die für den sicheren Transport und die Verarbeitung der zu falzenden Papierbogen verantwortlich sind. Dazu zählen der Anleger, Fördereinrichtungen, Falzwerke und die Auslage. Die Papierbogen gelangen vom automatischen Anleger (Bogenstapel oder Bogenschuppen) auf ein Fließ- oder Förderband, das die Bogen in das erste auf die Länge des Bogens angepasste Falzwerk transportiert. Hier erhält der Bogen seinen ersten Falzbruch. Nach diesem Prinzip werden auch die anderen Falzungen gefertigt. Ein Signaturbogen kann bis zu 64 Seiten enthalten und muss entsprechend oft gefalzt werden.

Beim Falzen spricht man von Parallelfalz und Kreuzfalz. Beim Parallelfalz (Versionen gibt es auch als Wickelfalz oder Zickzackfalz) verlaufen die Falzbrüche parallel zueinander, wie etwa bei einem Geschäftsbrief für ein Mailing. Beim Kreuzbruchfalz wird stets die längere Bogenseite halbiert.

Je nach Anzahl der Falzungen spricht man hier von 1-, 2-, 3- oder 4-Bruchfalzung. Falzmaschinen können außerdem mit Vorrichtungen für das Schneiden, Perforieren, Rillen und Kleben ausgestattet werden.

Bei der Gestaltung eines Druckerzeugnisses und der Vorbereitung des Druckjobs sollten die Möglichkeiten der automatischen Weiterverarbeitung beachtet werden, denn sonst könnte es passieren, dass ein Produktionsprozess, der nicht in der Falzmaschine abzuwickeln ist, in teurer Handarbeit gefertigt werden muss.

Einzelne Druckbogen werden *gesammelt und* in Form gefalzter Bogen *zusammengetragen*. Um die Bogen ineinanderstecken zu können, müssen sie in der Mitte geöffnet werden. Die meisten Heft- und Bindesysteme verfügen über eine ausgeklügelte Elektronik, die die zusammengetragenen Signaturbogen genauestens kontrolliert und auf Vollständigkeit überprüft. Das Sammeln und Kollationieren der Bogen kann manuell oder auf einer Zusammentragmaschine gemacht werden.

Sobald alle Signaturen gesammelt sind, werden sie auf dem *Sammelhefter* zusammengefügt und zu einem fertigen Produkt gebunden. Für die Herstellung von einfachen Booklets werden die Bogen im Falzrücken meistens mit Klammern geheftet. Die Klammerheftung ist die einfachste Art der Bindung und auch sehr kostengünstig. Die meisten Magazine und kleineren Kataloge sind klammergebunden.

Schneiden: Automatische Schneidemaschinen gibt es für die Verarbeitung von verschiedenen Formaten. Sie besitzen meist eine Rüttelvorrichtung für das Aufrütteln und Stapeln der Bogen und ein Guillotine-Messer für das Schneiden von Etiketten und Papierstapeln. Technisch ausgereifte Systeme besitzen meist einen Automatismus für das Laden und Entladen der Papierstapel.

In der Weiterverarbeitung bezeichnet man das Schneiden von drei Seiten gleichzeitig als Trimming. Einige Variationen der *Trimmer* schneiden – etwa bei der Herstellung von Büchern – zunächst zwei gegenüberliegende Seiten des rohen Buchblocks und dann die dritte Seite (meist die Vorderseite). Diese Vorrichtungen sind oft als Baustein in eine Sammelheftanlage integriert, arbeiten aber auch offline als Halbautomaten, etwa für die Verarbeitung von kleinen Auflagen im Digitaldruck.

Bücher mit Fadenheftung sind sehr hochwertig, haltbar, und bieten angenehmen Lesekomfort.

Bezüglich der *Bindung* unterscheidet man drei verschiedene Arten der Veredelung. Es gibt Bücher mit harten Umschlägen (Hardcover), Bücher mit weichen Umschlägen (Softcover) und Bücher, die mechanisch gehalten werden, etwa durch eine Wire-O-Bindung (Notizblöcke).

Hardcover-Bücher: Bei der Herstellung von fest eingebundenen Büchern unterscheidet man zwischen der Fadenheftung und der Klebebindung. Bei der Fadenheftung (auch Fadensiegeln genannt) wird jeder einzelne Signaturbogen zunächst mit einer Fadenheftung gebunden und anschließend zu einem Buchblock verarbeitet. Erst danach wird der Bucheinband (Umschlag oder Hardcover) mit einem Kleber am Buchrücken fixiert. Diese Bücher sind sehr hochwertig und haltbar. Sie lassen sich leicht blättern und bieten einen angenehmen Lesekomfort.

Foto: © ssstep/iStockphoto.com

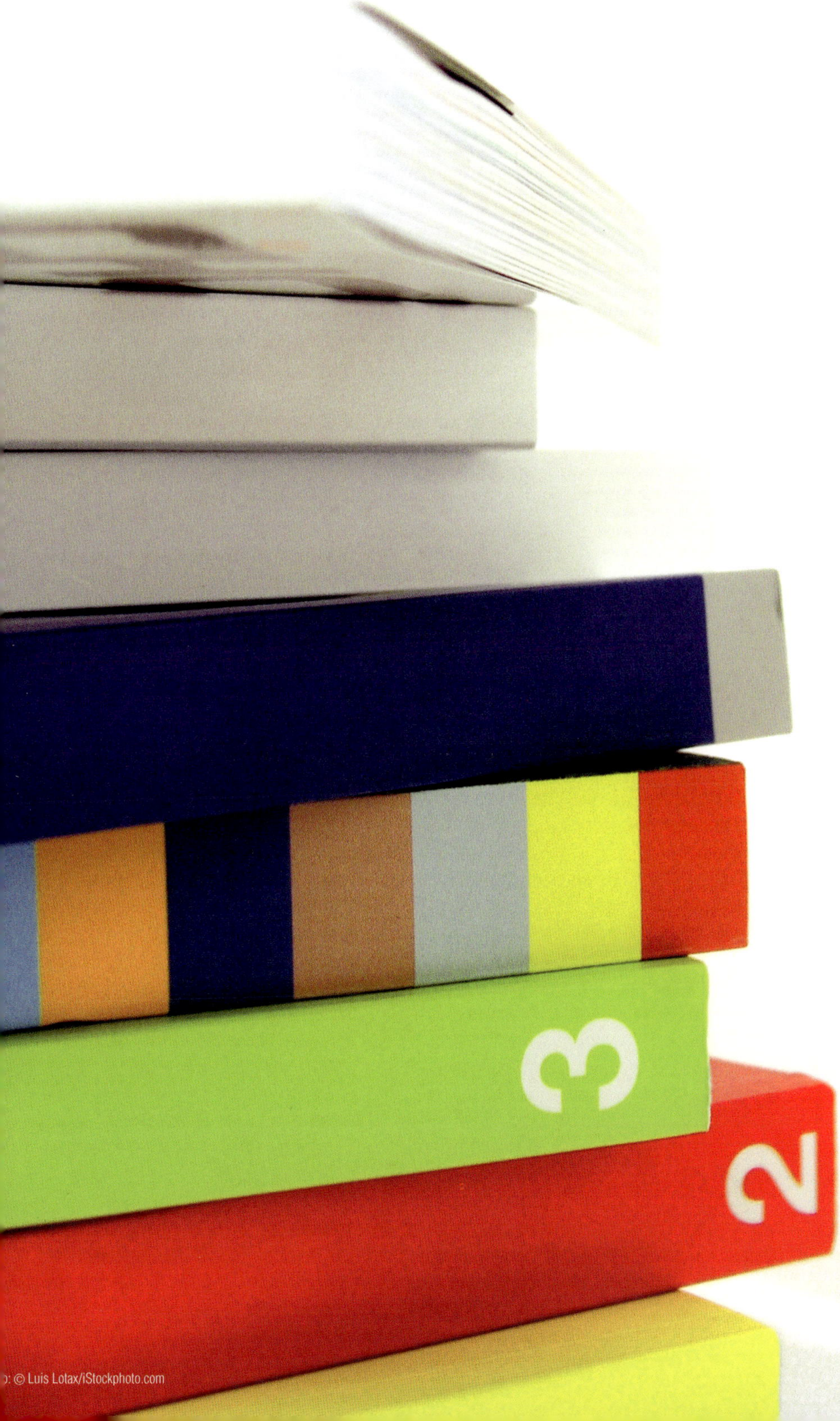
3
2

Bei der Klebebindung werden die zu einem Buchblock gesammelten Bogen zunächst am Buchrücken angefräst und mit einem Leim- oder Komponentenkleber verklebt. Je nach Buchumfang und Qualitätsanspruch werden für die Buchherstellung heute eine Reihe verschiedener Kleber und Leime verwendet. Sehr populär ist der Einsatz von Holtmelt-Schmelzklebern, Polyurethan-Klebstoffen (PUR) und Dispersionskaltleimen. Grundsätzlich muss beim Binden von Papier darauf geachtet werden, dass die Laufrichtung der Papierfasern parallel zum Heftrücken verläuft. Beim Einsatz von Klebern für die Herstellung von klebegebundenen Erzeugnissen gilt dies ganz besonders.

Nach dem Kleben wird der fertige Buchblock trimmergeschnitten und das Cover zugefügt. Moderne Weiterverarbeitungslinien können innerhalb kürzester Zeit umgerüstet werden und neue Erzeugnisse produzieren. Im Zuge des allgemeinen Trends in der Druckindustrie ist auch hier die Produktion auf Abruf (Binding-on-Demand) ein wichtiges und aktuelles Thema.

Bei der Herstellung von *Softcover-Büchern* werden die einzelnen Bogen von einem flexiblen Klebstoff zusammengehalten. Nachdem die Bogen zusammengetragen worden sind, wird auch hier der Rücken gefräst und mit einer Leimschicht überzogen. Das Fräsen macht man, damit die Papierenden ausfransen und der Leim besser haften bleibt. Die weichen Buchumschläge werden meist inline dem Buchrücken zugefügt. Dieses Buch ist ein Beispiel für eine solche Buchverarbeitung mit weichem Hotmelt-Leim. Wie bei der Herstellung der Hardcover-Bücher, kommen auch hier die oben genannten Leime zum Einsatz.

Die *mechanische Bindung* wird häufig für einfache Bindungen von Papierbogen genutzt, etwa für Notizblöcke, Diplomarbeiten, Werbefolder usw. Diese einfache Drahtheftung wird oftmals auch als Wire-O-Bindung oder Spiralbindung bezeichnet. Die Bogen werden dabei am Rücken gelocht und mit einer vorgefertigten Drahtheftung miteinander verbunden. Diese Heftungen gibt es aus Plastik oder als Spiralheftung aus Metall.

Finishing ist die allgemeine Bezeichnung für alle veredelnden Arbeitsschritte nach dem Druck. Dazu zählen Arbeitsschritte wie etwa das Aufziehen von Postern auf Displays, Laminieren und Kaschieren von Folien, Prägen, Stempeln, Stanzen, das Aufbringen von matten oder glänzenden Lacken, Duftlacken, Perforieren, das Ankleben von Postkarten oder das Falzen und Kleben von Schachteln und Kartons für Verpackungen. All diese Prozesse sind hoch spezialisierte Verarbeitungsmethoden, die je nach Produkt unterschiedliche Verwendung finden.

Moderne Rollendruckmaschinen verfügen über sogenannte Inline-Finishing-Optionen, sodass die Produkte hinten fix und fertig aus der Maschine kommen. Dies ist etwa bei der Herstellung von Zeitungen, Magazinen und im Buchdruck der Fall, bei denen hinten aus der Druckmaschine fertig gefalzte Signaturen herauskommen. Auch im Verpackungsbereich gibt es einige Inline-Finishing-Optionen, sodass Druckerzeugnisse fertig geschnitten und gerillt aus der Maschine kommen. Der Einsatz von UV-Druckfarben ermöglicht auch das Lackieren, Schneiden und Falzen in Bogendruckmaschinen. Zu den häufigsten Arten der Veredelung zählen das Lackieren, Prägen und Stanzen.

Automatisierung bei der Bindung: Die Verfahrensweisen bei den Bindemaschinen sind weitgehend automatisiert. Die modernen Bindestraßen sind je nach Produkt mit verschiedenen Bausteinen ausgestattet, die komplett automatisiert arbeiten und hinten ein fertig konfektioniertes, meist schon verpacktes Produkt auswerfen. Sie bestehen etwa aus automatisierten Einheiten für das Zählen der Bogen und Signaturen, automatischen Magazin-Ladevorrichtungen, mikroprozessorgesteuerten Schneidesystemen mit automatischer Zu- und Abführung der Bogen, Inline-Bindesystemen für die Klebebindung und das Fadensiegeln und digital gesteuerten Adressierungsdruckwerken mit Ink-Jet-Druckköpfen. Für den Transport der Papierpaletten und Papierrollen von den Druckmaschinen zur Weiterverarbeitungsstation sorgen Robotermaschinen mit künstlicher Intelligenz.

On-demand-Binding: Der Digitaldruck hat die Abläufe im Druck drastisch verkürzt, was zu einem enormen Zeitvorteil gegenüber dem konventionellen Druck führt. Dieser Vorteil würde ohne den Einsatz einer schnellen Weiterverarbeitung (On-demand-Binding) zunichte gemacht. Es gibt einige Weiterverarbeitungsoptionen, die etwa das Anbringen von Softcovern im Inline-Betrieb erlauben. Eine bessere Verarbeitung erzielt man jedoch mit Offlinesystemen, die für die Bindung eine kalte Emulsion einsetzen und so eine bessere Blätterfreundlichkeit der Bücher gewährleisten.

Viele Weiterverarbeitungssysteme für mechanische Bindungen im Digitaldruck sind gewöhnliche Systeme, wie sie auch im konventionellen Druck vorkommen. Sogar die Verarbeitung zu einem Buch mit Hardcover ist mit diesen Systemen möglich, sodass auch im Digitaldruck eine Fülle von Produkten hergestellt werden kann und zwar *on demand* und mit dem Zeitvorteil der digitalen Fertigung.

Der Versand von Mailings und die *Distribution* von fertigen Druckerzeugnissen gehört ebenso zum Bereich Postpress wie alle mechanischen Verarbeitungsschritte. Die traditionellen Wege bei der Distribution können heute teilweise die Kosten für den Druck erheblich in die Höhe treiben und sind deshalb nicht mehr sehr effektiv. Der Postversand für das Versenden von Mailings sollte daher so effektiv wie möglich gestaltet werden. Für die Verarbeitung von Mailings ist es deshalb sinnvoll, dem Kunden eine Poststelle zur Verfügung zu stellen, für das Aufbringen von Adressen mit einem digitalen Ink-Jet-Drucksystem zu arbeiten sowie ein System zur Sortierung der Briefe nach Postleitzahlen und das weitere Handling der Mailings einzurichten.

> Nichts ist unmöglich: irisierende Farben, Metallicfarben, Leuchtfarben, Dispersionslacke, UV-Lacke, Soft-Touch-Lack, Drip-off-Lack, Relieflack, Strukturlack …

VEREDELN DURCH DIE RICHTIGE FARBE

Egal ob der Einsatz von Metallic- oder Iriodinfarbe, Matt-, Glanz- und UV-Lack, Spotlackierung, Strukturlackierung oder Sicherheitsfarben gefordert wird – in der Druckindustrie gehört die hochwertige Herstellung von Printprodukten zum Tagesgeschäft. Je nach Kundenwunsch veredeln auch Blind-, Hoch- oder Reliefprägung sowie Heißfolien- oder Kaltfolienprägung die aktuellen Drucksachen von heute.

Foto: © Skip ODonnell/iStockphoto.com

Die am meisten genutzten Veredelungen lassen sich heute bereits in den Druckprozess integrieren, etwa durch ein oder mehrere Lackwerke oder Prägestationen, die den Druckwerken vor- oder nachgelagert werden. Insbesondere für den Verpackungsdruck finden sich Offsetdruckmaschinen, die mit mehreren Produktionswerken für Lacke und Sonderfarben ausgestattet sind. Produktionsstrecken von zehn oder zwölf Druckwerken sind da keine Seltenheit.

Eingesetzt werden beispielsweise: irisierende Farben, Metallicfarben, Leuchtfarben, Dispersionslacke, UV-Lacke, Soft-Touch-Lack, Drip-off-Lack, Relieflack, Strukturlack und Beflockung.

VEREDELN DURCH KASCHIEREN

Das Verkleben eines Bedruckstoffes mit einer Folie nennt man Kaschieren. Auch hier gibt es unterschiedliche Verfahren und Effekte.

Das *Folienkaschieren* ist auch unter der Bezeichnung zellophanieren bekannt. Dabei handelt es sich um einen externen Arbeitsschritt, der am bedruckten Bogen erfolgt. In speziellen Vorrichtungen werden entweder Glanzfolien oder Mattfolien auf den bedruckten Bogen aufgebracht.

Mattfolien verringern die Lichtreflexion auf der Oberfläche durch ihre etwas aufgeraute Struktur. Es entsteht der typische edle, matte Oberflächeneindruck.

Glanzfolie intensiviert die Wirkung der Druckfarben durch ihre glanzvolle Oberfläche. Das geschieht dadurch, dass das Auftragen des Klebstoffs und der Kaschierfolie zusätzliche Ebenen auf der Bedruckstoffoberfläche erzeugt, die so neue Reflexionseigenschaften der Oberfläche schaffen. Optisch tritt dieser Effekt bei helleren Druckfarben stärker auf als bei dunkleren. Es gibt zudem Sonderfolien, die einen irisierenden Effekt haben.

Beim *Laminieren* spricht man auch vom „Einsiegeln". Dabei wird der gesamte Druckbogen beidseitig mit Folie umschlossen. Eingesiegelte Objekte sind optimal vor Verschmutzung und Feuchtigkeit geschützt. Die Oberfläche der Laminierung kann unterschiedlich gestaltet sein; möglich sind brillanter Glanz, eine mattierte Oberfläche oder reflexionsfreie Strukturen.

Die *Heiß- und Kaltfolienprägung* erfolgt entweder in einem kalten oder heißen Übertragungsverfahren. Das Heißfolienprägen ist ein Vorgang, bei dem unter der Wirkung von Druck, Temperatur und Kontaktzeit Schichten einer Prägefolie mithilfe eines Prägestempels auf das zu veredelnde Material übertragen werden. Der Kaltfolientransfer funktioniert durch die Übertragung einer metallisierten Lackschicht, die von einer Trägerfolie abgelöst wird. Dieses Verfahren kommt häufig beim Etikettendruck zum Einsatz. Es gibt eine weitere Folienkaschierung, unter Einsatz einer Hologrammfolie. Diese wird oft auch bei Verpackungen als Tool für Fälschungssicherheit eingesetzt.

Neben den Veredelungsformen, die im Druck oder mittels externer Vorrichtungen auf den Bedruckstoff aufgetragen werden, sind das Prägen, Stanzen und Lasergravieren weitere Veredelungsmöglichkeiten von Printprodukten.

PRÄGEN UND STANZEN

Die *Prägung* ist eine der anspruchsvollsten und zugleich wirkungsvollsten Veredelungsarten. Durch Deformieren des Bedruckstoffs mittels eines Klischees erreicht man eine Reliefbildung. Eine leichte Prägewirkung erreicht man ohne Hitzeeinwirkung unter Nutzung eines Zylinders oder einer Flachpresse. Die Herstellung einer deutlichen Prägung ist weitaus komplizierter. Hier befindet sich das Prägeklischee auf leicht gekrümmten, erwärmten Platten. Die Prägung kann registergenau nach dem Druck stattfinden oder aber auf dem leeren Bogen (um eine Grundprägung aufzubringen). Dies nennt man auch Blindprägung. Für das Erreichen eines metallischen Effekts gibt es die sogenannte Heißfolienprägung, mit der sich spiegelglatte Flächen aus Aluminium, Gold, Silber oder Kupfer aufbringen lassen. Auch Hologramme lassen sich so nachträglich auf das Papier aufbringen.

Beim Prägen unterscheidet man verschiedene Arten. Von Planprägung spricht man, wenn sich das Material unter Druck lediglich verdichtet. Wird ein Material so geprägt, dass bestimmte Bereiche hervorstehen oder in eine Ebene versinken, spricht man von Reliefprägung. In Kombination mit einer Folienübertragung erreicht man mit der Prägung ganz besondere Effekte. Hier spricht man von Heißfolienprägung.

Stanzen ist eine Form der Weiterverarbeitung, bei der – anders als beim Schneiden – abweichend von geraden Trennlinien Teile vom Bedruckstoff getrennt werden. Dabei handelt es sich meistens um die Herstellung von Aus- und Zuschnitten mit in sich geschlossenen Begrenzungslinien. Hier gibt es einmal die Möglichkeit, eine Form zu stanzen, deren Innenbereich herausgelöst wird, oder aber eine Form zu stanzen, bei der der äußere Bereich abfällt. Beispiele für die erstgenannte Stanzart sind etwa Lochperforationen für Kalender oder Sichtfenster von Briefumschlägen. Die andere Form produziert etwa Bierdeckel, Spielkarten oder Zuschnitte für Faltschachteln.

Technisch gibt es verschiedene Arten, um eine Stanzung zu realisieren. So unterscheidet man etwa zwei Stanzprinzipien, den Scherenschnitt und den Messerschnitt. Das Messerschnittprinzip kommt hauptsächlich beim Stanzen von Papier, Karton und Pappe zum Einsatz. Die Herstellung von Messerschnittwerkzeugen ist wesentlich einfacher als die von Scherenschnittwerkzeugen. Bei Letzteren müssen die Stanzformen und Gegenwerkzeuge sehr genau aufeinander abgestimmt werden, und der eigentliche Ablauf beim Stanzvorgang erfordert eine aufwändige Führung.

Für das Stanzen gibt es verschiedene Stanzautomaten, etwa Säulen- und Brückenstanzen, Durchstanzautomaten, Vertikalstanzautomaten und Stanztiegel sowie Rotationsstanzen, die in Rollenrotationen eingebaut werden können.

Beim Stanzen werden bestimmte Bereiche eines Druckbogens herausgetrennt, sodass bestimmte Formen entstehen. Das Laserschneiden von Papier wird dort eingesetzt, wo dem herkömmlichen Stanzen Grenzen gesetzt sind. Es ist möglich, feinste filigrane Motive wie Federstriche und dünne Verästelungen auszulasern. Neben der Bezeichnung Laserschneiden wird das Verfahren auch noch *Laser Cut*, Filigran-Laser oder Laserbrennen genannt. Eine feine Besonderheit der Papier-bearbeitung ist die *Lasergravur*. Dabei wird die Oberfläche des Papiers mit Hilfe eines Laser-strahls an vorher definierten Stellen abgetragen. Die Eindringtiefe des Lasers in das Papier wird festgelegt, die Rückseite bleibt dabei unbeeinflusst.

DIE VERKNÜPFUNG VON PRINT MIT DEN DIGITALEN MEDIEN

QR-Codes sind eine Weiterentwicklung klassischer Strichcodes. Die kleinen Quadrate verschlüsseln Informationen visuell. Das kann eine Telefonnummer oder eine virtuelle Visitenkarte sein, aber auch ein Link, etwa zu einem Video oder einer Website.

Um den Code zu entschlüsseln, braucht man ein Smartphone und eine Lese-App. Mit der Kamera wird das Muster gescannt, das Programm übersetzt es und zeigt die verschlüsselten Informationen an. Das mühsame Abtippen entfällt. So bieten QR-Codes eine Abkürzung von der analogen Welt ins Netz.

Nicht schön, aber für viele Anwendungen, etwa beim Check-In am Airport, praktisch: der 2D-Barcode.

QR-Codes können überall zum Einsatz kommen, wo sich das schwarz-weiße Muster drucken lässt.

Augmented Reality könnte ein Meilenstein für Print, Marketing, Bildung und die Medien-welt allgemein bedeuten. *Augmented Reality* ist ein Begriff aus der Computerwelt, der die Verknüpfung der physischen Welt mit einer interaktiven virtuellen 3D-Welt beschreibt. Es handelt sich zwar um einen neuen Begriff, doch *Augmented Reality* macht Print zum Non-plusultra im Bereich interaktive Medien. Kunden für den Druck zu begeistern ist häufig schwierig, doch *Augmented Reality* scheint überall die Umsätze zu steigern: Menschen werden wieder dazu gebracht, Magazine zu lesen, und bei Lehrbüchern werden bessere Lernerfolge erzielt.

Die Augmented-Reality-Software ermöglicht es, beispielsweise virtuelle 3D-Animationen als Live-Video auf eine Produktverpackung zu projizieren. Dadurch können Käufer sowohl die Verpackung als auch das „virtuell" aufgebaute Produkt in Händen halten. Besonders Spiel-baukästen sind für diese Art von Technologie prädestiniert.

Organic Electronic Printing: Wer davon ausgeht, dass mit dem Digitaldruck, dem Internet und mobilen Geräten wie Smartphones oder dem iPhone die Grenzen des digitalen Einflusses auf die Druckindustrie erreicht sind, täuscht sich. Die digitale Revolution in Print hat gerade erst begonnen, und die technischen Entwicklungen beispielsweise in der Nanotechnologie, bei der Entwicklung von E-Ink, RFID, OLED *(Organic Light Emitting Diode)* oder NFC *(Near Field Communication)* werden in Zukunft auch die Druckbranche beeinflussen.

Dies gilt insbesondere für den Verpackungsmarkt, denn in keinem anderen Bereich der Druck-branche gibt es so viele realistische Einsatzbereiche für diese neuen Technologien. Beispiels-weise können Sensoren auf Verpackungen erkennen, welche Informationen der Verbraucher benötigt, und durch die Integration von NFC-Chips bekommt der Verbraucher Informationen über

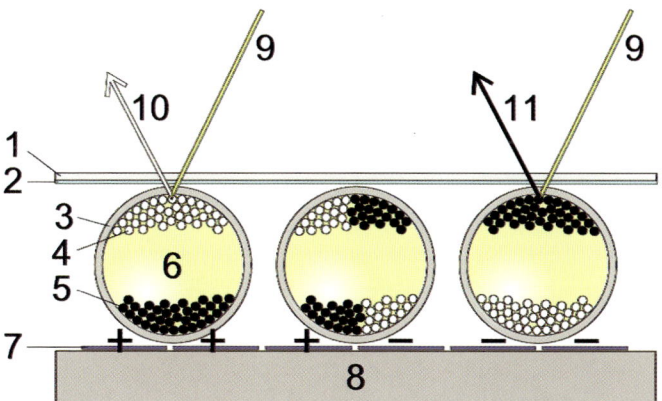

Schema einer
elektrophoretischen
Darstellung eines
E-Papers in Schwarz-
weiß und Farbe.

die Echtheit des gekauften Produktes. Unter Einsatz von Nanotechnologie können beispielsweise sogar hauchdünne Displays auf Tickets, Grußkarten, Verpackungen oder auch in Magazinen und Katalogen gedruckt werden.

Gedruckte Elektronik: Ein absoluter Zukunftsmarkt ist die gedruckte Elektronik. Dabei werden einzelne Schaltkreise oder auch komplexere Baugruppen mittels klassischer Druckverfahren auf Papier oder andere Bedruckstoffe aufgetragen. Fast alle industriellen Druckverfahren – angefangen beim Offsetdruck über den Tiefdruck bis hin zu Flexo- und Siebdruck und Ink-Jet – sind dazu prinzipiell geeignet, allerdings müssen die Druckmaschinen an diese Aufgabe angepasst werden. Analog zum konventionellen Bilderdruck, bei dem mehrere Farbschichten übereinander aufgetragen werden, werden in der gedruckten Elektronik dann elektronische Dünnschicht-Bauelemente durch das Übereinanderdrucken mehrerer Funktionsschichten hergestellt.

Die industrielle Nutzung der gedruckten Elektronik steckt noch in den Kinderschuhen, und die Branche ist gerade erst dabei, sich international um den Fachverband Organics Electronics Association (www.oe-a.org) zu formieren, doch sind die Perspektiven vielversprechend, und auch die ersten Nutzanwendungen gibt es bereits: RFID-Chips, die berührungslos ausgelesen werden können, Solarzellen und Displays. Besonders weit fortgeschritten ist das Produktions-Know-how bei OLEDs, organischen Leuchtdioden.

Nur wenige Druckereien beherrschen bislang diese Technologien, wie zum Beispiel die deutschen Firmen Bundesdruckerei (www.bundesdruckerei.de) in Berlin und Faubel in Melsungen (www.faubel.de/produkt-neuheiten/etikett-label/article/revolution-gedruckte-elektronik.html) oder die dänische Firma Mekoprint (www.mekoprint.dk). Noch auf Jahre hinaus wird einiger Pioniergeist und einiger Wille zum Experimentieren notwendig sein, um gedruckte Elektronik zu produzieren. Als Belohnung winkt aber die Fähigkeit, eines Tages ganz besondere integrierte Produkte herstellen zu können: Verpackungen etwa, bei denen ein RFID-Etikett gleich mitaufgedruckt wird, oder Werbematerialien mit aufgedruckten Batterien und OLEDs – der Phantasie sind keine Grenzen gesetzt.

„Hochwertige Zielgruppenmagazine – auch in Nischensegmenten –
gewinnen bei der Anzeigenvermarktung durch die Qualität der Leserschaft
und eine transparente Distribution."

CORPORATE PUBLISHING WIRKT
ANFORDERUNGEN UND IMPLIKATIONEN FÜR EINE ERFOLGREICHE
VERMARKTUNG VON ANZEIGEN

„Erstellen Sie ein schlüssiges Konzept zur Anzeigenvermarktung mit möglichst hoher Refinanzierung" – so oder ähnlich lautet in fast jedem Kundenbriefing über ein Corporate-Publishing-
Medium eine der arbeitsintensivsten Aufgabenstellungen für jeden Corporate-Publishing-Dienstleister. Was sind die Voraussetzungen für eine erfolgreiche und verlässliche Refinanzierung? Wo
liegen die Chancen, aber auch die Grenzen einer Vermarktung?

AUSGANGSSITUATION
Eine Berücksichtigung von Kundenzeitschriften bei der klassischen Mediaplanung findet trotz
Corporate-Publishing-Boom aus unterschiedlichen Gründen nur unzureichend statt. Ein Kundenmagazin als erfolgreichen Werbeträger zu platzieren, erfordert nicht nur Kreativität bei der Erstellung und Positionierung, es müssen auch die einfachen Hausaufgaben der Mediaplanung
gründlich und vollständig gemacht werden. Will man Werbetreibenden eine verlässliche Leistung
verkaufen, muss man nachvollziehbare und überprüfbare Rahmendaten wie Erscheinungsweise,
Auflagen, Reichweiten etc. liefern, damit man überhaupt auf der Liste der Publikums- und Fachzeitschriften erscheint und nicht von vornherein aussortiert wird. Neben diesen Bedingungen,
die viele Corporate-Publishing-Publikationen leider nur rudimentär erfüllen, sind natürlich auch
Kriterien wie Etablierung des Mediums im Markt, Markenimage des Herausgebers sowie die
Belegbarkeit einzigartiger Zielgruppen wichtige Einflussfaktoren für eine substanzielle Vermarktung.
Auch das Fehlen der klassisch messbaren Vertriebswege Einzelverkauf bzw. Abonnement erschwert eine Vermarktung über den herkömmlichen Weg der Mediaplanung.

> Viele Kundenmagazine
> können Rahmendaten
> wie Erscheinungsweise,
> Auflagen, Reichweiten
> etc. nur rudimäntär
> ausweisen und kommen
> deswegen für die
> Mediaplanung nicht
> in Betracht.

DER ANZEIGENMARKT FÜR KUNDENMAGAZINE
Die Burda Creative Group hat gemeinsam mit der Beratung Booz & Company in einer umfang-
reichen Studie den deutschen Corporate-Publishing-Markt nach Erfolg und Angang in der Anzeigenvermarktung analysiert. Rund 100 Corporate-Publishing-Magazine wurden nach Umfang
und Belegung ausgewertet, ergänzt wurde die quantitative Datenerhebung um zahlreiche Experteninterviews mit Vermarktern, Mediaplanern und Werbungtreibenden. Eine signifikante Ver-

marktung hat lediglich knapp ein Drittel aller Publikationen, der Großteil davon (ca. 40 Prozent) im vierstelligen Bereich, nur 17 Prozent verfügen über Werbeeinnahmen von 50.000 Euro oder mehr. Die am erfolgreichsten vermarkteten Titel sind vorwiegend etablierte, langjährige Magazine im Bereich Travel & Transport (Beispiel: Lufthansa), Health (Beispiel: Barmer), Handel (Beispiel: Edeka) und Automotive (Beispiel: BMW), die jeweils über Anzeigenumfänge von 15 bis 20 Prozent verfügen. Corporate-Publishing-Titel aus den Gattungen Finance, Fashion, Telco und Energy verfügen meist nur über Anzeigenumfänge von etwa zehn Prozent.

DIE HÜRDEN FÜR ERFOLGREICHE VERMARKTUNG

Die Leistungsparameter Auflage und Reichweite sind ausschlaggebend für Erfolg in der Vermarktung: Hochauflagige Mitglieder- und Endkundenmagazine punkten natürlich bei allen response-orientierten Werbetreibenden, hochwertige Zielgruppenmagazine – auch in Nischensegmenten – gewinnen durch die Qualität der Leserschaft und eine transparente Distribution.

Eine regelmäßige Erscheinungsweise mit verlässlichen Erscheinungsterminen ist ebenfalls eine zwingende Voraussetzung für Werbeerlöse. Der Vertriebsweg (Postversand, Auslage am Point-of-Sale oder Bordauflage etc.) kann unter Umständen als für die Vermarktung positiv gelten, wenn er zur Zielgruppe und Mediennutzung des Titels passt. Gratisausgaben beeinflussen die Bewertung der Qualität der Leserschaft oftmals negativ – hier müssen Gattungsmarketing und Studiennachweise eingesetzt werden, um vom Gegenteil zu überzeugen.

Spannend nun, welche Werbungtreibenden in welchen Titeln inserieren: Hier möchte natürlich der Automobilhersteller die schöne Uhren- oder Kosmetikanzeige in seinem Endkundenmagazin haben, die Krankenkasse das passende Kosmetik- oder Lifestylemotiv. Leider finden sich in fast allen Corporate-Publishing-Magazinen sehr selten Anzeigen, die außerhalb der eigenen Industrie attraktiv für Werber sind. Einzige Ausnahme: Die typischen FMCG-Anbieter werben vor allem in Handelsmagazinen. Grund hierfür ist aber nicht ausschließlich die Qualität des redaktionellen Umfelds bzw. die präzise Erreichung der Zielgruppe am Point-of-Sale – meist ist hier eine stringente Begleitung der Vermarktung ausschlaggebend, oder der Verkauf findet direkt durch den Einkauf des jeweiligen Handelsunternehmens statt. Der Industriekunde finanziert die Anzeigenbelegung aus dem WKZ-Etat und nicht aus dem klassischen Mediaetat. Erschwert wird eine erfolgreiche Vermarktung zusätzlich durch sehr unterschiedliche, teilweise sehr restriktive Ausschlusskriterien für Werbekunden. Auf der Hand liegt der Ausschluss von direkten Wettbewerbern. Teilweise sind die Herausgeber der Medien aber noch sehr selektiv bezüglich Motivgestaltung, eventueller Rücksichtnahme auf Kooperationspartner etc.

DIE CHANCE: PRIVATE-LABEL-MEDIA

Der Trend zu Private-Label-Media, das heißt zur Publikation von eigenständigen Medien als Unternehmens- oder Produktmarke, wird in den nächsten Jahren in jedem Fall Budgets von klassischen Publikumszeitschriften verschieben. Hersteller von Softdrinks verlegen Lifestyletitel, Modehäuser hochwertig gemachte Fashionmagazine – diese neue Art der *Brand Communication* bietet langfristig ein spannendes Themen- und Markenumfeld für jeden Werbungstreibenden. Allerdings wird es noch einige Zeit dauern, bis diese Form von Kundenmagazinen es in die Hall of Fame der Publikumstitel geschafft hat – der Markt in Großbritannien zeigt, wohin die Reise geht: Das größte Food-Magazin dort wird von einem Supermarkt verlegt, das größte Anlegermagazin von einem Versicherungsanbieter. Mittlerweile wird das auch von der Werbeindustrie honoriert.

KUNDEN MEDIEN MÜSSEN ÜBER INHALTLICHE UND KREATIVE LEISTUNGEN ÜBERZEUGEN!

DER VERMARKTUNGSANGANG

Fast ein Viertel des Anzeigengeschäfts im Corporate-Publishing-Markt wird von großen Verlagshäusern (Burda, Gruner) gemacht. Klar, sie verfügen über einen Startvorteil in der Vertriebsinfrastruktur, über Kundendatenbanken, die langjährige Erfahrung in der Medienvermarktung. Allerdings bestreiten die Big Player auch im Corporate-Publishing-Geschäft die Anzeigenakquise durch eine dezidierte Vermarktungseinheit. Selbstverständlich muss ein Corporate-Publishing-Dienstleister die klassischen Aufgaben des Anzeigenmarketing erfüllen: die Erstellung von Potenzialanalysen, Entwicklung eines Vermarktungskonzepts mit eindeutiger Verkaufsbotschaft, das Monitoring der wesentlichen Schlüsseldaten. Darüber hinaus muss der Verkauf aber titelindividuell und mit einem anderen Angang als in der Vermarktung von Publikumstiteln erfolgen. Werbungtreibende, und nicht die Agenturen, müssen hier direkt gewonnen werden. Auch ist die redaktionelle Begleitung eines Verkaufsgesprächs über eventuelle inhaltliche Themenkooperationen oftmals ausschlaggebend. Der Erfolg für eine nachhaltige Refinanzierungsquote hängt maßgeblich davon ab, ob und in welchem Umfang der Herausgeber der Publikation die Anzeigenvermarktung unterstützt. Hier ist auch inhaltliche Kreativität gefragt: Welche Kooperation besteht zwischen Absender und Werbungtreibenden, welche Marketingaktionen stehen auf dem Plan, um gegebenenfalls noch Budgets abseits des klassischen, über die Mediaagentur eingebuchten Werbebudgets zu erreichen? Nur durch einen intensiven Dialog über Art und Umfang der Kundenakquise kann eine realistische und nachhaltige Refinanzierung erreicht werden.

AUSBLICK: CROSSMEDIALE VERMARKTUNG UND ZUKUNFTSPERSPEKTIVEN

Auch wenn fast alle Corporate-Publishing-Projekte inzwischen nicht nur digital verlängert, sondern im Kern crossmedial konzipiert und umgesetzt werden, ist die simultane Vermarktung aller Kanäle noch stark ausbaufähig. Selbstverständlich verfügen vor allem crossmediale Retail-Plattformen wie MeinPaket.de über attraktive Package-Angebote für Print und Digitalkanäle, doch bisher haben noch zu wenige Werbekunden diese kontaktstarken Buchungsmöglichkeiten genutzt. Durch die stärkere Nutzung von QR-Codes ist hier sicherlich noch mehr Potenzial für innovative Werbemöglichkeiten vorhanden.

Die Corporate-Publishing-Branche muss noch Überzeugungsarbeit bei Werbern und Anzeigenkunden leisten: Bei nachweislich erfolgreicher Mediennutzung haben Corporate-Publishing-Produkte mit Sicherheit das Potenzial, auch kontinuierlich und in respektabler Höhe Anzeigenerlöse zu generieren. Kundenmedien müssen über ihre inhaltliche und kreative Leistung überzeugen, klare Markenbotschaften und -welten generieren und ihre individuellen Zielgruppen beschreiben, ehe sie dann auch als sinnvolle Alternative zu der Champions League der anzeigenstarken Publikumszeitschriften wahrgenommen werden.

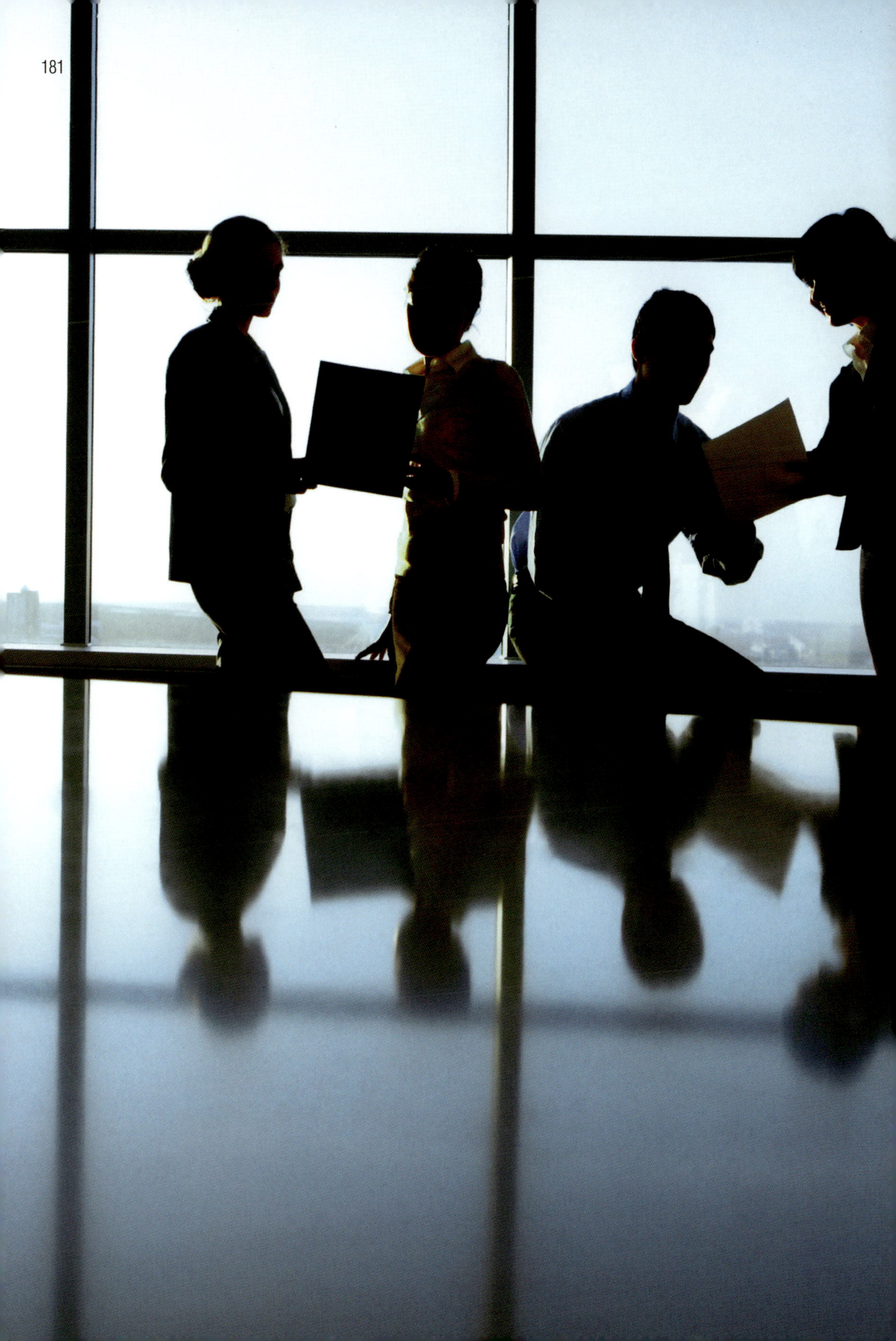

„Häufig sind unterschiedlichste Abteilungen im Unternehmen für die Kommunikation zuständig, und leider ergänzen sie sich nicht immer."

VERTRIEB, VERBREITUNG UND DATENGEWINNUNG
WIE PRINT, MOBILE, ONLINE UND TV DEN ERFOLG SICHERN

Kundenzeitschriften sind in der Regel periodisch erscheinende und oft, aber keinesfalls immer gratis verteilte Druckwerke mit informativem und/oder unterhaltendem redaktionellen Inhalt. Sie gelten als äußerst erfolgreiches Instrument der Kommunikations- und Marketingpolitik eines Unternehmens und werden entweder direkt oder durch Einzelhändler an die Kunden des Unternehmens verteilt. So lautete noch vor einigen Jahren die Definition von Kundenmedien. Aber durch die Entwicklung des Internet, neue mobile Verbreitungskanäle, das starke Wachstum von Communitys wie Facebook & Co. und die Möglichkeit, Kunden per Smartphone zu schnellen Kaufentscheidungen zu animieren, hat sich das Feld der Kundenkommunikation deutlich erweitert. Durch das Forum Corporate Publishing (FCP) wurde der Begriff der Kundenzeitschrift deshalb auch bereits vor einigen Jahren neu definiert als *Corporate-Publishing-Produkt.* Dieses beinhaltet alle Arten von contentgetriebenen Angeboten wie Print-, Online-, Event-, Mobile- und TV-Unternehmensmedien, die das Ziel haben, Kunden, Mitarbeiter und potenzielle Neukunden zu gewinnen, zu binden oder zu halten.

Viele Unternehmen haben erkannt, dass neue Medienkanäle die Chancen auf eine intensivere Bindung von Kunden und die Gewinnung von Neukunden erhöhen. Nur leider rückt häufig das bisher scheinbar sehr erfolgreiche Printmedium in den Hintergrund, weil Budgets kurzfristig für die Onlinekommunikation erhöht und damit oft die des Printmediums gesenkt werden. Als Folge wird dann die Auflage oder die Erscheinungsweise des Magazins gekürzt. Darüber hinaus sind unterschiedlichste Abteilungen im Unternehmen für die Kommunikation zuständig. Leider ergänzen sie sich häufig nicht. Schon die Produktion eines Magazins läuft in unterschiedlichen Abteilungen, oft werden inhaltliche Themen in der Presseabteilung oder im Marketing realisiert, der Vertrieb dann im Controlling oder im Einkauf. Eine beauftragte Corporate-Publishing-Agentur hat oft wenig, häufig keine Möglichkeit, auf die Verbreitung und den Vertrieb aktiv Einfluss zu nehmen. Eine das Magazin ergänzende Online- und Communitystrategie gibt es oftmals nicht. Das erklärt wohl auch, warum es so selten gelingt, eine medienübergreifende Corporate-Publishing-Strategie zu realisieren.

Gerade für die Gewinnung von potenziellen Neukundendaten oder die Qualifizierung von Kundendaten ist es erforderlich, Print mit allen für die Zielgruppe relevanten Medienkanälen zu vernetzen.
Wie kann es also gelingen, ohne Streuverlust bzw. mit kalkuliertem Streuverlust den Kunden zu
erreichen? Ist es möglich, Magazin, Community, Mobil & Co. so zu verzahnen, dass die Kundenbindung deutlich steigt und damit auch Neukunden zu gewinnen sind? Die E-Mail-Adresse von
Kunden und Neukunden gewinnt zunehmend mehr an Bedeutung für das Coprorate Publishing.
Um den Kunden per Mail, Telefon oder Newsletter ansprechen zu dürfen ist es aber notwendig,
seine Einwilligung zu erhalten. Mit welchen Instrumenten und Angebotsformen gelingt das? Anhand
einiger erfolgreicher Cross-Corporate-Publishing-Beispiele lassen sich Wege zum Ziel aufzeigen.

STRATEGIE: DAS NEUE VERTRIEBSKONZEPT IM CORPORATE PUBLISHING

*Gerade für die
Gewinnung von
Neukundendaten oder
die Qualifizierung
von Kundendaten
ist es erforderlich,
Print mit allen für die
Zielgruppe relevanten
Medienkanälen
zu vernetzen.*

In der Vergangenheit war es nicht immer leicht, aber durchaus möglich, die potenzielle Zielgruppe
der Unternehmenskommunikation klar einzugrenzen. Entweder konnte das Unternehmen auf die
eigenen Kundendaten zugreifen oder relativ qualifizierte Adressen von Adressanbietern zu
kaufen. Durch die Erweiterung der Corporate-Publishing-Vertriebsstrategie auf das Internet ist
es aber nötig, den Kunden zunächst für eine Marke oder ein Angebot zu begeistern, ihn zum Fan
zu machen und darüber seine Kontaktdaten zu erhalten. Hier bekommt die E-Mail-Adresse eine
neue, bedeutende Schlüsselrolle. Häufig sind die On- und Offlinekommunikation aber komplett
getrennt *(Abbildung 1)*:

Corporate Publishing wird in unterschiedlichen Abteilungen und zum Teil von unterschiedlichen
Dienstleistern betrieben. Synergien zwischen Offline (also dem Magazin und Events) und Online
(Website, Community oder Mobile) gibt es nicht. Oft stehen diese sogar im Wettbewerb.

Die Chancen, Kunden zu binden und neue Kunden zu gewinnen, sind mit Aktivitäten im Internet
deutlich größer geworden *(Abbildung 2, S. 187)*. Mit einem Magazin allein ist es gerade im B2C-
Markt unmöglich, die relevante Zielgruppe zu erreichen. Die Auflage müsste so stark erhöht
werden, dass die Kosten es unmöglich machen würden, erlösorientiertes Corporate Publishing
zu betreiben. Zudem erschwert die in der Regel vierteljährliche Erscheinungsweise eines Magazins die Kundenbindung. Die Lösung liegt also in der Gewinnung von E-Mail-Adressen für den
Newsletter oder Infoversand. Neuer Satz: Mit dem sogenannte Opt-in lassen sich Unternehmen
seitens der Interessenten explizit die Nutzung der E-Mail-Adressen für weitere Werbekontakte
bestätigen. Damit sind sie datenschutzrechtlich auf der sicheren Seite.

Abbildung 3, S. 189 zeigt beispielhaft, wie man ein Kundenmagazin als Basisinformationstool im
laufenden Kommunikationsprozess einbindet. Magazin, Website, Newsletter, Event, Messe und
weitere Corporate-Publishing-Angebote wie TV finden immer wieder statt und steigern die
Kundenbindung deutlich. Jeder Kontakt hat das Ziel, die E-Mail-Adresse, später die Postadresse
zu erhalten oder sogar die Bestellung per Webshop zu generieren. Hierdurch werden sowohl neue
Adressen generiert als auch zusätzliche Daten von Kunden gesammelt. Diese Strategie lässt sich
im B2C- und angepasst auch im B2B-Markt umsetzen.

*Weight Watchers zeigt, wie ein erfolgreiches Cross-Corporate-Publishing-Konzept aussehen
kann.*

Als besonders herausragendes Beispiel für die erfolgreiche Realisation des Cross Corporate
Publishing gilt sicher das Unternehmen Weight Watchers. Seit über 40 Jahren weltweit in 30

ABBILDUNG 1

DER KLASSISCHE VERTRIEBSANSATZ: OFF- UND ONLINE VON EINANDER GETRENNT
UND OFTMALS IM WETTBEWERB GESEHEN

Der klassische Corporate Publisher mit seinen Angeboten

Print/Offline-Angebot   Online-Angebot

Ländern aktiv, hat es schon vor einigen Jahren erkannt, dass die heute rund 16.000 Gruppen-leiterinnen, die Teilnehmer für kostenpflichtige Gruppentreffen zur Ernährungsumstellung ge-winnen und betreuen, durch zusätzliche Angebote unterstützt bzw. Kunden auch online gewonnen werden können. Die Produktion von eigenen Nahrungsmitteln und damit auch der Einzug in den Lebensmitteleinzelhandel sind dabei nur logische Schritte in der Kommunikations- und Wert-schöpfungskette.

VERTRIEBS-ERFOLGSMODELLS WEIGHT-WATCHERS-MAGAZIN IN ABO UND HANDEL

Das Kundenmagazin, das allerdings gern als neutrale Publikumszeitschrift präsentiert wird, hat es geschafft, beeindruckende Verkäufe im Abonnement und am Kiosk zu erreichen. Im dritten Quartal 2011 kam es laut IVW-Meldung auf eine Druckauflage von 144.910 Exemplaren, von denen 7.252 an Abonnenten geliefert und 40.512 im Pressehandel verkauft wurden. 36.800 Exemplare sind als sonstige Verkäufe gemeldet. Das Magazin wird auch im deutschsprachigen Ausland erfolgreich verkauft. In der Zeitschrift gibt es immer Responsemöglichkeiten wie Abo-Bestellungen, Bestellmöglichkeiten für Produkte und Anmeldungen. Die aktuelle Anzeigen-kampagne findet dort ebenfalls statt.

Das Magazin wird ebenfalls auf der Website des Unternehmens beworben, die über 1,2 Millionen Unique User hat. Auf der Facebook-Fanpage mit rund 38.000 Fans findet es ebenfalls Beach-tung. Allerdings ist im Angebotsreiter das Abonnement nicht aufgeführt. Aber sowohl für ein neues Onlineangebot als auch für Treffen kann man sich über die Fanpage anmelden.

Ein neues Mobile-Angebot bietet mit einem App-Abo für Tablet und Smartphone ebenfalls die Möglichkeit, den Kontakt zu Weight Watchers zu intensivieren. Hier kann zunächst unverbind-lich, ohne Eingabe von Daten, getestet werden. Der volle Umfang des Angebots kann aber der Interessent/die Interessentin aber nur dann nutzen, wenn er/sie ein Abonnement abschließt. Das setzt natürlich voraus, dass der Empfänger seine Daten angibt. Die Website bietet viel Nutzen mit Shop, Video, Newsletter und einer eigenen Community, für die es natürlich ebenfalls nötig ist, sich zu registrieren.

Weight Watchers versteht es, durch eine klare und transparente Cross-Mediastrategie auf allen Kanälen nicht nur präsent zu sein, sondern immer auch Daten zu sammeln von Interessenten, die sich auch gerne die Produkte und Medienangebote des Unternehmens zustellen lassen. Die E-Mail-Adresse steht hier klar im Mittelpunkt der Adressrecherche. In weiteren Schritten werden dann vertiefende Merkmale und Adressdaten gesammelt.

VERKAUFTE KUNDENMEDIEN AM POINT-OF-SALE

Kundenzeitschriften sind zu einem festen Bestandteil der Einzelhandelswerbung und Verkaufsförderung geworden.

„Kundenzeitschriften sind zu einem festen Bestandteil der Einzelhandelswerbung und Verkaufs-förderung geworden. Sie ergänzen im Bedienungsverkauf das Verkaufsgespräch und füllen bei Selbstbedienung bestehende Informationslücken. Die eigentliche Attraktivität der Kunden-zeitschriften bildet die Präsenz des Mediums am Point-of-Sale. Hier gelangen sie in die Hände derjenigen, die in dem Geschäft meist regelmäßig kaufen, wodurch sie als eines der besten Instrumente zur Pflege der Stammkunden prädestiniert sind." *(Ferdinand Bäuerle)*

Nach wie vor gehören die vom Handel am Point-of-Sale verbreiteten Magazine zu den auflagen-stärksten Deutschlands. Man könnte vermuten, dass diese breit gestreut und vor allem kostenlos

ABBILDUNG 2

DAS NEUE CROSSMEDIALE VERTRIEBSKONZEPT IM CORPORATE PUBLISHING

Produkte: Magazin, Website, Newsletter, Event, Mobileangebote, Messebesucher, Community-Fans, TV-Zuschauer
Zielgruppe: Gesamt-Potenzial deutlich höher, Schnittmenge vermutlich gering

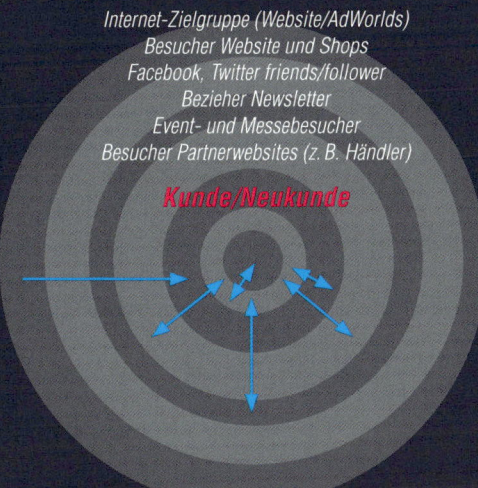

THEMENRELEVANTE ADRESSBESTÄNDE:

- *E-Mail-Adressen*
- *Postadressen*
- *Festbezieher Magazin*
- *Online Magazin Abonnenten*
- *potenzielle Anzeigenkunden/Zulieferer*
- *Eventbesucher*
- *Messebesucher*
- *PI's Websites*
- *Newsletter-Empfänger*
- *Facebook-Friends*
- *Twitter-Follower*
- *IPTV oder Radionutzer*

Internet-Zielgruppe (Website/AdWorlds)
Besucher Website und Shops
Facebook, Twitter friends/follower
Bezieher Newsletter
Event- und Messebesucher
Besucher Partnerwebsites (z. B. Händler)

Kunde/Neukunde

Mit monatlich fast
10 Millionen verkaufter
Auflage erreicht die
Apotheken Umschau
über 21 Millionen
Leserinnen und Leser.

verteilt werden. Aber in der Realität gibt es gerade hier ausgefeilte Geschäftsmodelle. In der Regel werden die Magazine nämlich an den stationären Handel verkauft. Zu den erfolgreichsten Objekten gehört die *Apotheken Umschau* aus dem Wort & Bild Verlag. Zwar handelt es sich hier nicht um ein klassisches Corporate-Publishing-Produkt, das von einem Unternehmen für seine Zielgruppe herausgegeben wird, sondern um eine Gesundheitszeitschrift, die erst über den Apotheker an den Endkunden gelangt. Die Apotheke hat hier also keinen Einfluss auf die redaktionelle Gestaltung. Mit monatlich fast 10 Millionen verkaufter Auflage erreicht die *Apotheken Umschau* über 21 Millionen Leser und Leserinnen. Das Magazin wird an Apotheken zum Einzelpreis von 0,50 Euro verkauft. Dafür erhält jeder Apotheker einen eigenen Eindruck auf der Rückseite der Zeitschrift und kann „seine" Kundenzeitschrift an Besucher der Apotheke kostenlos weitergeben. Die Markenpräsenz wurde hier verlängert über die Website www.apotheken-umschau.de, die mit ca. 2,8 Millionen Visits nachhaltig das Printmagazin fördert und immer wieder auf die Apotheke in der Nähe verweist.

INDIREKTE KUNDENGEWINNUNG FÜR DEN STATIONÄREN HANDEL

Mit der Verbreitung über den Point-of-Sale erreicht man ausschließlich Kunden des Unternehmens oder der Marke. Aber auch die Neukundengewinnung ist möglich über sogenannte Geo-Marketing-Tools. Sie bieten die Möglichkeit, objektive und über die verschiedenen regionalen Ebenen vergleichbare Beurteilungsgrundlagen zu erarbeiten, um beispielsweise folgende Fragen zu beantworten:

- *Wie ist das Marktpotenzial verteilt, wo sind die größten Absatzchancen für unsere Produkte?*
- *In welchen Regionen wohnen die passenden Zielgruppen, erreichen sie die geplanten Standorte gut?*
- *Wie viele Standorte sind erfolgreich und nachhaltig in einer bestimmten Region zu betreiben?*
- *Welches sind die erfolgreichsten und aussichtsreichsten Standorte?*
- *Wie groß ist die potenzielle Zielgruppe im direkten Umfeld des Standorts?*

Im Anschluss an eine Analyse können von Adressdienstleistern Adressen für die Verteilung oder den Versand an die potenziellen Neukunden gemietet werden. Hierzu bieten Adressverlage wie Schober, Merkur, Hoppenstedt oder die Deutsche Post AG verschiedene Tools wie Postwurf Spezial und mikrogeografisch aufbereitete Daten an. Diese können in der Regel auch noch mit Merkmalen wie Kaufverhalten, Interessen, Kaufkraft, Bonität usw. ergänzt werden. Das Magazin wird hier aber fast ausschließlich an die selektierten Haushalte geliefert und nicht personalisiert.

Bei den meisten Point-of-Sale-Medien spielt die Adresse des Empfängers eine untergeordnete oder keine Rolle. Der Empfänger bleibt dem Herausgeber in der Regel unbekannt und wird erst bekannt, wenn er die ins Magazin eingebundenen Responseelemente nutzt.

VERBREITUNG ÜBER ANDERE THEMENAFFINE TRÄGERMEDIEN

Viele Fach- und Publikumsverlage haben heute eigene Corporate-Publishing-Units. Im Unterschied zu reinen Corporate-Publishing- oder Werbeagenturen haben Verlage eine ausgewiesene Expertise in der Distribution von Kundenmedien. Nicht selten werden Magazine dann als Beilage

ABBILDUNG 3

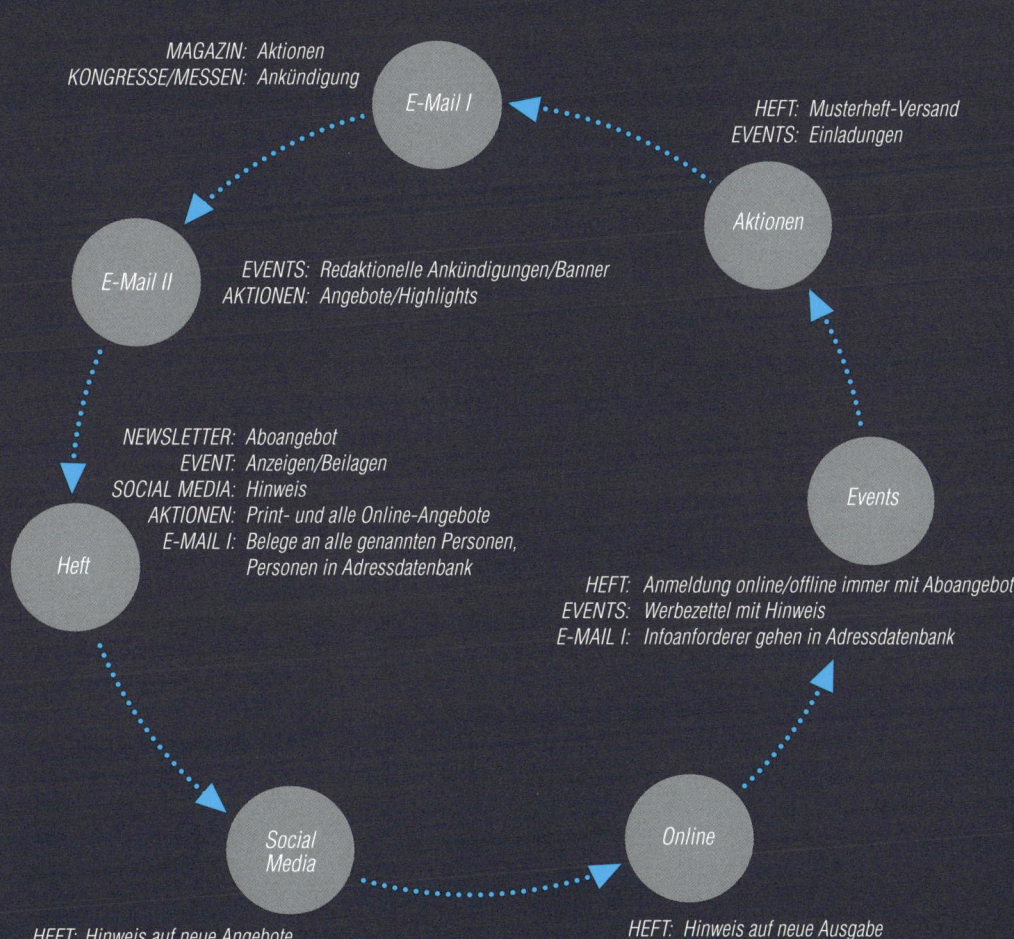

CROSS-CORPORATE PUBLISHING/VERTRIEB
ÜBER ALLE MEDIENKANÄLE

MAGAZIN: Aktionen
KONGRESSE/MESSEN: Ankündigung

E-Mail I

HEFT: Musterheft-Versand
EVENTS: Einladungen

Aktionen

E-Mail II

EVENTS: Redaktionelle Ankündigungen/Banner
AKTIONEN: Angebote/Highlights

NEWSLETTER: Aboangebot
EVENT: Anzeigen/Beilagen
SOCIAL MEDIA: Hinweis
AKTIONEN: Print- und alle Online-Angebote
E-MAIL I: Belege an alle genannten Personen,
Personen in Adressdatenbank

Heft

Events

HEFT: Anmeldung online/offline immer mit Aboangebot
EVENTS: Werbezettel mit Hinweis
E-MAIL I: Infoanforderer gehen in Adressdatenbank

Social
Media

Online

HEFT: Hinweis auf neue Angebote
EVENTS: Hinweis auf neue Events
AKTIONEN: Hinweis einmal pro Woche

HEFT: Hinweis auf neue Ausgabe
EVENTS: Hinweis auf neue Events
AKTIONEN: aktuelle Angebote
E-MAIL II: Werbung für Newsletter

TABELLE 1		
Vertriebs- und Verbreitungs- möglichkeiten im Überblick	*PRINT*	*Direktversand, Beilage, Presseeinzelhandel, Auslage im stationären Handel, Beipack in Lieferung, Auslage auf Veranstaltungen/Messen. Voraussetzung: Filialen/Geodaten oder Adressen*
	ONLINE	*Gewinnung von Kunden/Interessenten durch AdWords, Marketing, Fanpages, eigene Communitys, Kampagnen, Newsletter, E-Magazin, Corporate Video, Corporate Blogs.*
	VORAUSSETZUNGEN	*E-Mail-Adressen mit Einwilligung/Zusatzdaten durch Registrierung*

in Trägermedien wie Tages- oder Wochenzeitungen ausgeliefert. So bietet die *Handelsblatt*-Gruppe mit ihrer Tochter corps die Möglichkeit an, selbst produzierte Kundenmagazine in *Handelsblatt*, *Die Zeit* oder *WirtschaftsWoche* beizulegen. Auch der Deutsche Fachverlag, der sich mit seiner dfv corporate media ausschließlich im Kundenmediensegment seiner Fachmedienmärkte tummelt, bietet die Beilage, aber auch den Direktversand an Abonnenten bzw. Adressen aus eigenen Datenbanken an. So kann ein Kundenmagazin für Hotels, ausgeliefert über das Trägermedium *Allgemeine Hotel und Gastronomie Zeitung (ahgz)*, nahezu ohne Streuverlust potenzielle Kunden erreichen.

Auch bei dieser Vertriebsform spielt die Adresse des Empfängers eine untergeordnete Rolle, das Unternehmen erhält die Adressen der Empfänger in der Regel nicht, sondern muss sich ebenfalls auf den Response verlassen.

DIREKTVERSAND VON B2B-MEDIEN AN KUNDEN UND INTERESSENTEN

In der B2C-Kommunikation gelingt es selten, die komplette Zielgruppe über den personalisierten Versand zu erreichen. Das liegt unter anderem daran, dass das Budget für eine Vollabdeckung der Zielgruppe nicht ausreicht. In der B2B-Kommunikation lassen sich Zielgruppen leichter eingrenzen. In der Regel wird hier zunächst der Kundenbestand des Unternehmens analysiert nach Merkmalen wie zum Beispiel A-bis-C-Kunden-Klassifizierung, Ansprechpartner, Branche und Unternehmensgröße. Wenn die Merkmale in der eigenen Datenbank nicht ausreichen, können sie durch Daten von Adressdienstleistern angereichert werden. Im Zusammenspiel gelingt es dann, auch die Gesamtzielgruppe und damit das Gesamtpotenzial zu ermitteln. So kann das Kundenmagazin eines EDV-Hardware-Anbieters im hochpreisigen Segment die Daten potenzieller Neukunden recherchieren und mit Merkmalen wie Unternehmensgröße, Anzahl der Mitarbeiter, Abteilung, Ansprechpartner und Umsatz nur die Adressen auswählen, die sich auch tatsächlich das hochpreisige Produkt leisten können. So muss er nicht jedes Kleinunternehmen mit Informationen beliefern, das sich am Ende das Produkte ohnehin nicht leisten kann.

Auch hier ist es besonderes wichtig festzuhalten, dass die Adressen zwar in die Unternehmensdatenbank einfließen können und für Direktmarketingzwecke per Brief oder Magazinversand genutzt werden. Der telefonische Anruf bei einer solchen Adresse ist laut deutschem Datenschutz möglich, wenn ein konkludentes Einverständnis vorausgesetzt werden kann, also das

Unternehmen geschäftlich vom Angebot profitieren kann. Aber hier befindet sich der Corporate Publisher datenschutzrechtlich in einer Grauzone. Die direkte Ansprache per E-Mail setzt immer eine Einwilligung des Empfängers voraus.

KONTAKT ZUM B2B-KUNDEN PER E-MAIL-NEWSLETTER, COMMUNITY, IPTV UND VIDEO

Weil gerade in der Unternehmenskommunikation der Datenschutz oberste Priorität haben muss, bieten immer mehr Unternehmen die Möglichkeit der Bestellung eines Newsletter an. In der Regel wird dieser über die Website angeboten und sinnvollerweise auch im Printmedium aktiv beworben. Es reicht aber nicht mehr, einfach nur einen Info-Newsletter anzubieten. Der potenzielle Kunde möchte aktuelle Informationen und Hilfestellung bei der täglichen Arbeit und Tipps und Tricks, damit er seinen Job besser machen kann. Hilfreich sind zum Beispiel Schulungsangebote per IPTV oder erklärende Videos zu Produkten, Dienstleistungen oder Warenkunde. Äußerst erfolgreich ist hier die Automobilindustrie. Unternehmen wie ATU, Audi, Mercedes Benz oder Land Rover bietet Video-Chanel-Angebote, die es ermöglichen, die Zielgruppe aktiv mit dem Produkt oder der Dienstleistung zu beschäftigen. In angedockten Corporate Blogs oder Communitys diskutiert das Unternehmen dann mit Usern über Videos, Angebote und gibt Tipps und Empfehlungen. Wünschenswert wäre, dass gerade die aufkommende Verbreitung von Video-Chanels in den Marketing- und Vertriebsprozess eingebunden wird und dabei die Registrierung des Users verlangt wird. Bei Blogs und Communitys hingegen ist es schon fast selbstverständlich für den Nutzer, dass er sich vorab registriert, um in vollem Umfang mitdiskutieren zu dürfen.

> Eine Fanpage bei Facebook oder Google+ repräsentieret nicht nur die Marke, sondern bietet die einmalige Chance, Interessenten auf die Website oder in die eigene Community zu ziehen.

ERFOLGSFAKTOR ORCHESTRIERUNG

Corporate Publishing ist heute definitiv mehr als der Versand einer Kundenzeitschrift. Das Magazin bietet mit Online-, Newsletter-, Mobile- und Video-Satelliten die beste Möglichkeit, die Unternehmensphilosophie zu repräsentieren, Daten potenzieller Kunden zu gewinnen und bestehende zu binden. Dabei sollte die Marketing- und Vertriebsstrategie klar das Ziel haben, aus allen Medienkanälen Daten zu generieren. Eine Fanpage bei Facebook oder Google+ ist nicht nur dazu da, die Marke zu repräsentieren, sondern bietet die einmalige Chance, den Interessenten auf die Website oder in die eigene Community zu ziehen. Die Bestellung eines Newsletters bietet beste Chancen, den Kunden auch für das Abonnement der Zeitschrift zu begeistern, und das eigene Blog die Möglichkeit, aktiv zu redaktionellen Themen Stellung zu beziehen. Ob und inwieweit ein Unternehmen hier Kompromisse im Schnittstellenmanagement der verschiedenen Medienkanäle eingehen kann und will, muss im Einzelfall abgewogen werden.

CONTENT UND COMMERCE

Erleichternd für die konsequente Durchsetzung einer Vertriebs- und Marketingstrategie ist die Einbindung eines Full-Service-Dienstleisters, der sowohl den journalistischen als auch den Cross-medialen Ansatz und die Distributionsmöglichkeiten Print und Online des Corporate Publishing versteht und realisieren kann. Dabei steht zunehmend mehr die E-Mail-Adresse am Anfang und im Mittelpunkt der Vertriebsaktivitäten. Über eine zunächst unverbindliche Registrierung erhält das Unternehmen die Einwilligung für die weitere Kommunikation und damit in der Folge die Chance, gezielt Daten im Interesse der punktgenauen Belieferung von Angeboten und Dienstleistungen zu gewinnen. Der potenzielle Kunde bekommt genau die Informationen, die er benötigt, und das Unternehmen kann ohne Streuverlust Kundenbindung und Kundengewinnung betreiben. Eine Win-Win-Situation, die den Weg zum Beleg der Corporate-Publishing-Philosophie vom Content zum Commerce ermöglicht.

Measure

„Spitzenleistungen entstehen durch ganzheitliches Denken und Handeln
und sind eine wesentliche Voraussetzung für den Kommunikationserfolg."

AUSGEZEICHNET FÜR DEN GUTEN RUF
IM WETTBEWERB ENTSTEHEN DIE BESTEN PRODUKTE

Ob Wettbewerbe oder Pitches, Awards oder das Herz der Zielgruppe: Die Anforderungen an erfolgreiche Unternehmenskommunikation sind jeweils die gleichen. Um Auftraggeber, Kunden oder Jurymitglieder zu begeistern, müssen alle Register in Sachen Kreativität und Know-how gezogen werden – und am Ende werden Innovationen und der Mut zu neuem Denken belohnt.

Spitzenleistungen in der Kommunikation entstehen durch ganzheitliches Denken und Handeln und sind eine wesentliche Voraussetzung für den Unternehmenserfolg. Gleichzeitig setzen sich die am Markt erfolgreichen Publikationen in der Regel auch bei den entsprechend qualifizierten Awards durch. Dabei existieren weltweit Dutzende Wettbewerbe für Kommunikation und Marketing, in deren Rahmen auch Corporate-Publishing-Produkte ausgezeichnet werden. Für die Produzenten und Herausgeber von Corporate-Publishing-Medien gilt es nicht nur, die wichtigsten und relevanten Awards herauszufiltern, sondern grundsätzlich die Bedeutung von Medien-Awards für ihr Business korrekt einzuschätzen.

Mit konstant über 600 teilnehmenden Publikationen ist der Wettbewerb BCP Best of Corporate Publishing – organisiert vom deutschsprachigen CP-Branchenverband Forum Corporate Publishing FCP – Europas größter Award für Corporate Communication. Sowohl die Zahl der Einreichungen wie auch die Zahl der Besucher bei Preisverleihung und dem damit verbundenen Fachkongress haben sich seit seiner Gründung im Jahr 2003 mehr als verdoppelt. Die Gäste des BCP kommen dabei mittlerweile aus ganz Europa und sogar aus Übersee: Vorstände und Geschäftsführer von Konzernen und mittelständischen Unternehmen, Entscheider aus Marketing und Kommunikation sowie Manager aus der Verlags-, Medien- und Agenturbranche – vor allem aber auch zahlreiche internationale Pressevertreter von Kommunikations- und Wirtschaftsmedien: Die Verbreitung der Berichterstattung über den Award und seine Ergebnisse geht über das deutschsprachige Verbandsgebiet des FCP in Deutschland, Österreich und der Schweiz weit hinaus. Und so erfahren die beim Wettbewerb ausgezeichneten Publikationen zusätzlich noch einmal die Bewertung in der härtesten aller möglichen Währungen – der Aufmerksamkeit von Lesern, Nutzern, Zuschauern und Hörern.

RELEVANTER CONTENT ALS ERFOLGSFAKTOR NUMMER EINS

Das wichtigste Ziel von Corporate Publishing ist es, wertschaffende und stimmige Unternehmens-kommunikation zu schaffen, die sich am Mediennutzungsverhalten der jeweiligen Zielgruppen orientiert und den jeweils relevanten Content transportiert. Grundlage dafür sind journalistische Qualität sowie hervorragende grafische und technische Kenntnisse bei der Umsetzung.

Richtig gemacht, verschafft Corporate Publishing dem herausgebenden Unternehmen also nicht nur ein nachhaltig besseres Image und erhöht den Bekanntheitsgrad, fördert die Kundenbindung und die Neukundengewinnung, unterstützt den Abverkauf und den Vertrieb, sondern es bietet dem Leser auch noch entsprechenden Nutzwert. Auf diese Weise wird ein Medienwettbewerb zur Fortsetzung und Erweiterung des realen Wettbewerbs im Markt der Unternehmen, Marken und Produkte.

Die höchste Aufmerksamkeit erfahren jedoch in der Regel nicht jene Unternehmensmedien, die sich am Mainstream des Kiosk orientieren. Oder anders ausgedrückt: Mit dem Corporate Design und dem Standard-Wording eines Unternehmens gewinnt man keine Awards. Dabei gilt für alle Medien des Corporate Publishing: Der Leitgedanke einer Kommunikationsidee muss auf möglichst originelle und innovative Art und Weise der Zielgruppe präsentiert werden – klar verständlich und attraktiv. Das Qualitätsurteil der Zielgruppe der Wettbewerbsjuroren dürfte sich im besten Fall von dem der Zielgruppe einer anvisierten Leserschaft nicht signifikant unterscheiden.

Adäquat erreicht man diese Corporate-Publishing-Zielgruppen nur mit crossmedialen Konzepten, hochwertiger Gestaltung und vor allem redaktioneller Qualität. Angesichts schrumpfender Marke-tingbudgets, wählerischer Zielgruppen und wachsender Onlineaffinität werden künftig Qualitäts-inhalte mehr denn je die Spreu vom Weizen trennen. Digitale Medien sind davon stärker betroffen als es gedruckte Magazine jemals waren. Qualitätsfaktoren sind Sprache und Nutzwert ebenso wie Unterhaltung und Möglichkeiten zur Interaktion. Ob Print oder Online, im Newsletter oder Web-TV – nur mit guten Inhalten auf allen Kanälen lassen sich Kunden beziehungsweise Juroren überzeugen.

UNGEWÖHNLICHE MEDIEN SETZEN SICH DURCH

Darüber hinaus gilt: Für einen Erfolg in einem angesehenen Wettbewerb für Unternehmenskom-munikation muss man auch Mut zu ungewöhnlichen Lösungen beweisen: Im hochklassigen Wettbewerbsumfeld eines Medien-Awards setzen sich in den meisten Fällen Publikationen durch, die nach dem Grundsatz „break the rules" konzipiert und umgesetzt wurden.

Dazu beitragen kann im besten Fall auch die Produktion der jeweiligen Medien: Ungewöhnli-che Magazinformate, überraschende digitale Präsentationsformen, herausragende Veredel-lungstechniken oder unkonventionelle Onlineangebote inszenieren ein brillantes Konzert der Corporate Communication. Produkt, Marke und Unternehmen werden so optisch, akustisch und haptisch auf unverwechselbare Art und Weise erfahrbar gemacht und sorgen für die ent-sprechende Aufmerksamkeit, die wichtigste Voraussetzung für den Erfolg in Marketing und bei Awards.

Der Gewinn oder auch die Nominierung bei einem der renommierten Medien-Awards kann zusätzlich auch noch einen weiteren angenehmen Nebeneffekt haben: Im War for Talents, dem Kampf um die begabtesten Nachwuchskräfte, positionieren sich Unternehmen – ob Dienst-

Um Auftraggeber, Kunden oder
Jurymitglieder zu begeistern,
müssen alle Register in Sachen
Kreativität und Know-how
gezogen werden – und am Ende
werden Innovationen und der
Mut zu neuem Denken belohnt.

leister oder Herausgeber – mit im wahrsten Sinne ausgezeichneten Medien als modern, aufgeschlossen, leistungsstark und innovativ. Die sogenannten High Potentials sind im Informationszeitalter die wichtigste und knappste Ressource des Unternehmenserfolgs und gleichzeitig Voraussetzung dafür, dass der Anspruch an die Unternehmenskommunikation auch künftig eingelöst wird.

EINE AUSWAHL DER RENOMMIERTESTEN MEDIEN-AWARDS IN EUROPA UND DEN USA

BCP
Best of Corporate
Publishing

Der *BCP Best of Corporate Publishing* ist mit über 600 eingereichten Publikationen der größte Wettbewerb für Unternehmenskommunikation in Europa. Seit 2003 zeichnet der Branchenverband Forum Corporate Publishing (FCP) gemeinsam mit den Marketingmagazinen acquisa, Horizont, w&v und der Schweizer Werbewoche die besten Unternehmenspublikationen aus dem deutschsprachigen Raum mit dem BCP Best of Corporate Publishing Award aus. Die begehrten Trophäen werden in mehr als 30 verschiedenen Kategorien und viermal als Sonderpreis verliehen. Die Jury setzt sich aus rund 130 namhaften Experten aus den Bereichen Journalismus, Artdirektion, Marketing, Unternehmens- und Interne Kommunikation, Print sowie Direktmarketing zusammen.

KONTAKT //
Forum Corporate Publishing e. V.
Dachauer Str. 21a
80335 München
info@bcp-award.de
www.bcp-award.de

Best of
Corporate Publishing
2012

red dot design award

Der *red dot design award* ist ein international anerkannter Wettbewerb, dessen Auszeichnung, der red dot, als Qualitätssiegel für gutes Design in Fachkreisen hoch geschätzt wird. Mit mehr als 12.000 Anmeldungen aus über 60 Nationen zählt der red dot design award zu den größten Designwettbewerben weltweit. Dabei unterteilt sich der Wettbewerb, der seit 2005 jährlich ausgeschrieben wird, in drei Bereiche, die unabhängig voneinander ausgeschrieben und juriert werden: product design, communication design und design concept. Begehrte Trophäe ist der red dot, das internationale Siegel für Designqualität.

Für den Bereich der Unternehmenskommunikation gibt es unter anderem die Kategorien: Editorial & Corporate Publishing, Corporate Films, Online Communication, Annual Reports, Mobile & Apps sowie Social Media.

KONTAKT //
red dot GmbH & Co. KG
design promotion
Gelsenkirchener Straße 181
45309 Essen
reddot@red-dot.de
www.red-dot.de

reddot **design award**

Mit den *ECON Awards* Unternehmenskommunikation zeichnen das *Handelsblatt* und der Econ   ECON Awards
Verlag seit 2007 die beste Corporate Communication aus dem deutschsprachigen Raum aus.
Awards werden in den Kategorien Imagefilm, Imagepublikation, Geschäftsbericht, Magazin,
Nachhaltigkeits- und CSR-Bericht, Website/Interaktiv, Strategische Unternehmenskommunikation
und Social Media ausgezeichnet.

KONTAKT //
Econ Verlag/Jahrbuch-Redaktion
Ullstein Buchverlage GmbH
Friedrichstr. 126
10117 Berlin
support@econ-awards.de
www.econ-awards.de

Seit 1995 bewertet der *inkom. Grand Prix* die Mitarbeiterkommunikation von Unternehmen,   inkom. Grand Prix
Regierungsorganisationen und nicht-staatlichen Gesellschaften aus Deutschland. Inzwischen
kommen die Wettbewerbsteilnehmer auch aus Österreich und der Schweiz. Am inkom. Grand
Prix können alle regelmäßig erscheinenden Mitarbeiterzeitschriften und Mitarbeitermagazine
sowie die Onlinemedien wie Intranet und E-Magazine oder E-Newsletter teilnehmen.

KONTAKT //
Deutsche Public Relations Gesellschaft e. V.
Reinhardtstr. 19
10117 Berlin
info@inkom-grandprix.de
www.inkom-grandprix.de

Das *WorldMediaFestival* zeichnet herausragende Lösungen in Corporate Film, Television, Web,   WorldMediaFestival
und Web TV auf internationaler Ebene aus. Eine international besetzte Fachjury vergibt Preise
nach den Kriterien künstlerische und technische Qualität, Soundtrack, Verständlichkeit und
Glaubwürdigkeit. Die Hauptkategorien des Wettbewerbs sind unter anderem Advertising,
Animation, Corporate Communications, Corporate TV, Internal Communications, Public Relations, Sales Promotions sowie Web & Web TV.

KONTAKT //
Intermedia
Ottensener Str. 124
D-22525 Hamburg
communication@worldmediafestival.org
www.worldmediafestival.org

International Customer Publishing Awards

Bereits seit 1998 vergibt der Englische Verband APA (Association of Publishing Agencies) die *International Customer Publishing Awards*. Erst seit dem Jahr 2010 ist dabei auch eine Einreichung für Nicht-Mitglieder und für Unternehmen außerhalb Großbritanniens möglich. Mit zahlreichen Teilnehmern aus Ländern wie Kanada, Südafrika, Deutschland, Schweden und Australien wurde der internationale Anspruch der Awards unter Beweis gestellt. Die International Customer Publishing Awards zeichnen in insgesamt 26 Kategorien Unternehmenspublikationen mit redaktionellem Inhalt für Innovation und Kreativität aus.

KONTAKT //
Association of Publishing Agencies (APA)
Queens House
3rd Floor
55/56 Lincoln's Inn Fields
London WC2A 3LJ
info@apa.co.uk
www.apa.co.uk

Pearl Awards

Die *Pearl Awards* werden seit 2004 jährlich vom Custom Content Council (CCC) verliehen, dem größten und führenden Verband für Corporate Publishing in Nordamerika. Mit dem Pearl Award werden die besten Kundenpublikationen in 21 Kategorien ausgezeichnet – gekürt werden B2B- und B2C-Medien, die durch exzellentes Design, spannende Texte, innovative Strategien und Digitallösungen überzeugen. Der Wettbewerb lässt auch fremdsprachige Publikationen in zahlreichen Einzelkategorien in den Bereichen Design, Editorial und Strategy zu.

KONTAKT //
Custom Content Council
30 West 26th Street
Third Floor
New York, NY 10010
lori@customcontentcouncil.com
www.customcontentcouncil.com

Seit über 20 Jahren trägt die *MerComm Inc.* in New York insgesamt sechs verschiedene Wettbewerbe aus, um herausragende Kommunikationsleistungen zu prämieren. Schwerpunkte sind dabei unter anderem Geschäftsberichte, Design und Marketing.

Astrid Awards

Die *Astrid Awards* sind seit 1991 die internationale Auszeichnung für herausragendes Design in der Unternehmenskommunikation. Zu den Bewertungskriterien der Jury gehören unter anderem das Designkonzept, die Umsetzung des Produktcharakters sowie der kreative Einsatz von Illustrationen und Fotografie. Der Wettbewerb für das Design von Unternehmenspublikationen vergibt Gold,- Silber-, Bronze- sowie Ehren-Awards in 26 Kategorien.

Die *Mercury Awards* werden seit 1987 jährlich von der New Yorker International Academy of Communication Arts und Sciences (IACAS) in unterschiedlichen Kreativdisziplinen in PR und Unternehmenskommunikation verliehen und sind heute einer der wichtigsten Internationalen Awards für Corporate Publishing. Die Einreichungen werden dabei nach den Kriterien Gesamterscheinungsbild, redaktionelle Qualität, Design und Wirksamkeit als Kundenbindungs- und Marketinginstrument bewertet.

Mercury Awards

Die *Galaxy Awards* sind einer der bedeutendsten internationalen Marketingpreise. Ausgezeichnet werden dabei Marketingmaßnahmen von klassischer Werbung über Broschüren bis hin zu Corporate Publishing. Kriterien sind unter anderem der Beitrag zur Imagepflege, zur Differenzierung im Markt und zur Umsatzsteigerung.

Galaxy Awards

KONTAKT //
MerComm Inc.
500 Executive Blvd.
Ossining-on-Hudson, NY 10562
USA
info@mercommawards.com
www.mercommawards.com/astrid.htm
www.mercommawards.com/mercury.htm
www.mercommawards.com/galaxy.htm

Die League of American Communications Professionals wurde im Jahr 2001 gegründet und hat sich darauf spezialisiert, *Best Practices* im Bereich der professionellen Kommunikation zu unterstützen und auszuzeichnen. LACP Awards werden jährlich in den verschiedensten Kategorien und Wettbewerben verliehen. Dabei ist der *Spotlight Award* mit über 1.100 Einreichungen der weltgrößte Kommunikationswettbewerb. Ausgezeichnet werden Unternehmenspublikationen aus den Bereichen Print, Video und Web.

Spotlight Award

KONTAKT //
LACP
11622 El Camino Real, Suite 100
San Diego, CA 92130
USA
www.lacp.com/contactus.htm
www.lacp.com

„Gute Instrumente der Wirkungskontrolle müssen valide Daten ermitteln,
die anhand von internen Zielwerten und externen Benchmarks bewertet werden
und die Ableitung von konkreten Handlungsempfehlungen ermöglichen."

YOU CANNOT MANAGE, WHAT YOU CANNOT MEASURE
EFFIZIENZKONTROLLE DURCH MEDIENFORSCHUNG

PROJEKT KUNDENMAGAZIN

Das Corporate Publishing stellt für einen Medienforscher eine höchst spannende Herausforderung dar. Üblicherweise untersuchen wir in der angewandten Medienforschung Medien entweder in ihrer Funktion als *Werbeträger* (inklusive der in ihnen enthaltenen *Werbemittel*) oder in ihrer Rolle als *journalistisches* Objekt.

In der Werbeträgerforschung dreht sind alles darum, die (Print-)Medien erfolgreich im Anzeigenmarketing zu positionieren. Auf der Basis von Daten aus repräsentativen Reichweitenstudien oder Leserstrukturanalysen soll die besondere Leistungsfähigkeit der jeweiligen Zeitschrift oder des jeweiligen Magazins zur Erreichung von speziellen Zielgruppen belegt werden. Es geht darum, Parameter wie Reichweite, Nutzungsintensität oder Leser-Blatt-Bindung nachzuweisen und die besondere Affinität der Zielgruppe zu Marken oder Produktgruppen herauszuarbeiten. Diese Daten werden dann in Zählprogrammen, Mediadaten oder Prospekten aufbereitet und den Werbungtreibenden und Agenturen zur Verfügung gestellt. Die Werbeträgerforschung macht heutzutage einen Großteil der Arbeit und der Aufträge von Medienforschungsinstituten aus.

> Die Werbeträgerforschung macht heutzutage einen Großteil der Arbeit und der Aufträge von Medienforschungsinstituten aus.

Neben der Werbeträger- hat aber auch die Werbemittelforschung Konjunktur. Durch klassische Anzeigen-Copytests oder Tests mit der Augenkamera (apparative Blickaufzeichnung) wird die Funktionsweise und Leistungsfähigkeit einzelner Werbemittel wie Anzeigen, Beihefter oder sonstiger Sonderwerbeformen (*Ad Specials*) getestet. Die „Währungen" in der Werbemittelforschung sind *Recall und Recognition* (Aufmerksamkeitsleistung und Durchsetzungsstärke im Anzeigenumfeld) sowie das Profil der Anzeige im Vergleich zu anderen Anzeigen. Die Verlage setzen solche Daten häufig als zusätzliche Serviceleistung für ihre Anzeigenkunden ein.

Das dritte Standbein der Medienforscher ist die klassische redaktionelle Forschung. Mithilfe von redaktionellen Copytests oder qualitativen Verfahren kann exakt evaluiert werden, welche

Beiträge wie intensiv gelesen werden und wie die journalistische Leistung durch die Leser bewertet wird. Relevante Parameter der redaktionellen Forschung sind Information, Nutzwert und Unterhaltung.

SOWEIT ZUM HANDWERKSZEUG DER KLASSISCHEN PRINTMEDIENFORSCHUNG.

Die Anforderungen des Corporate Publishing an die Forscher umfassen alles Beschriebene, wirbeln das Gelernte aber ordentlich durcheinander und machen eine Erweiterung des Untersuchungsinventars notwendig. Warum? Kundenmagazine sind gleichzeitig Werbeträger *und* Werbemittel, Zeitschrift *und* Marketinginstrument, journalistisches Objekt *und* Kommunikationsplattform.

DIE POSITION VON CORPORATE MEDIA IM MARKETING

Das Corporate Publishing konkurriert mit anderen Instrumenten im Marketingmix.

Ist eine Publikums- oder Fachzeitschrift Werbeträger für oft konkurrierende Produkte, Dienstleistungen, Marken oder Unternehmen, so ist ein Kundenmagazin Teil der Unternehmenskommunikation. Während verlegergetriebene Medien im intra- und intermedialen Wettbewerb um Werbeplätze stehen, müssen Kundenmagazine um ihren Platz im Marketingmix der Unternehmenskommunikation streiten. Und um die notwendigen Budgets, die im Vergleich zu anderen Maßnahmen der Unternehmenskommunikation und dem klassischen Marketing relativ hoch sind, zu rechtfertigen, muss der Erfolg der Kundenmedien nachgewiesen werden.

Demnach sind die Verantwortlichen in den Unternehmen und die Agenturen und Corporate-Publishing-Verlage ständig auf der Suche nach Argumenten für die Bedeutung der Kundenmagazine. Der Arbeitskreis Active 13[1] hat es 2011 in der fünften von insgesamt 13 Thesen zur Zukunft der Unternehmenskommunikation formuliert wie folgt:

> *„Eine neue Effizienzwährung muss den medialen Wirkungsnachweis liefern. Eine neue Messbarkeit anhand von sogenannten* Key Performance Indicators *wird Einzug in die Kommunikationsabteilungen halten. […]*
>
> *Etablierte Marktforscher müssen dazu brauchbare Indizes für Messinstrumente im Bereich crossmedialer Kommunikationswirkung und gattungsübergreifender Markenreichweiten entwickeln. "*

Solche und ähnliche Statements und die Forderung nach medialen Wirkungsnachweisen sind nicht neu und natürlich völlig berechtigt und nachvollziehbar. Im Folgenden wird kurz beleuchtet, was unter Wirkung zu verstehen ist und wie man Wirkungsnachweise erbringen kann.

ERFOLG UND WIRKUNG VON UNTERNEHMENSMEDIEN

Im Standardwerk für Kommunikations- und Mediaforschung von Wolfgang J. Koschnik wird zwischen Werbeerfolg und Werbewirkung unterschieden. Unter Werbewirkungen werden demnach alle Veränderungen beim Umworbenen bezeichnet, die sich aus „der Teilnahme an der werblichen Kommunikation ergeben haben."[2]

WER WISSEN WILL WAS SEINE KUNDEN WOLLEN, DER FRAGE SIE DOCH EINFACH.

In Abgrenzung zu dieser kommunikativ-psychologisch verstandenen Werbewirkung werden unter Werbeerfolg vor allem die ökonomischen Wirkungen verstanden, die an Parametern wie Umsatz, Absatzmenge oder Marktanteil gemessen werden können.

Für die Kontrolle der Wirkung und des Erfolgs von Kommunikation gilt in beiden Fällen die Frage, ob die festgelegten Werbeziele mit den Werbemaßnahmen erreicht worden sind. Als Erfolgsparameter dient also der *Grad der Zielerreichung.*

Will man diesen Grad der Zielerreichung, und damit den Return-on-Invest von Kommunikation, messen, sollte man (1) eine klare Vorstellung über die Ziele haben, die verfolgt werden, und diese definieren und (2) bei der Wahl der Messmethoden darauf achten, dass beide Dimensionen erfasst werden – die kommunikative Wirkung und der ökonomische Erfolg.

Viele Unternehmen greifen auf die verschiedenen Methoden der Umfrageforschung zurück, die den Erfolg oder Misserfolg der Magazine objektiv messen können. Alle Ansätze der sogenannten empirischen Forschung, die sich mit der Erfolgs- und Wirkungskontrolle von Unternehmenskommunikation im Allgemeinen und Kundenmagazinen im Speziellen auseinandersetzen, müssen zweierlei gewährleisten:

- *Zum einen sollte ein Studiendesign gewählt werden, das die Zielerreichung messbar macht. Dafür bedarf es in der Regel sogenannter Key Performance Indicators (KPI), also standardisierter Kennzahlen.*

- *Zum anderen müssen diese KPI – wie vorher beschrieben – neben der Nutzung der Medien auch die Messung zweier Wirkungsdimensionen berücksichtigen, nämlich die kommunikative Wirkung und den Erfolg der Medien in Bezug auf ökonomische Parameter.*

Jede Leser- oder Zielgruppenbefragung, die den Anspruch hat, die tatsächliche Nutzung der Kundenmedien und ihren Nutzens für Leser und Herausgeber zu erfassen, sollte daher folgende *Key Performance Indicators* enthalten:

KPI 1 // *Reichweite und Nutzung*
Der Nachweis, dass die Medien ihre Zielgruppe auch tatsächlich erreichen und – idealerweise – intensiv und regelmäßig genutzt werden. Magazine, die nicht ankommen oder erst gar nicht in die Hand genommen werden, können auch nicht wirken.

KPI 2 // *Akzeptanz und Leser-Blatt-Bindung*
Eine langfristige Wirkung ist nur möglich, wenn die Medien positiv bewertet und akzeptiert werden und eine Leser-Blatt-Bindung aufgebaut wird. Dieser Aspekt hat viel mit Relevanz zu tun: Sind die kommunikativen Inhalte für die Zielgruppe nicht relevant, interessant oder unterhaltend, hat das Magazin in der medialen Konkurrenz keine Chance.

KPI 3 // *Kommunikative Wirkung*
Hier geht es um die Frage, ob kommunikative Botschaften so vermittelt und journalistisch „verpackt" werden (Stichwort: Storytelling), dass sie auch überzeugend beim Kunden ankommen. Es ist nicht vorrangiges Ziel des herausgebenden Unternehmens, die Leser zu unterhalten oder zu informieren, sondern dies ist Mittel zum Zweck, um Botschaften über Produkte, die Marke oder das Unternehmen zu transportieren.

EFFIZIENZKONTROLLE FÜR DAS CORPORATE PUBLISHING (CP)

Die Wirkungsstufen von Unternehmenskommunikation:

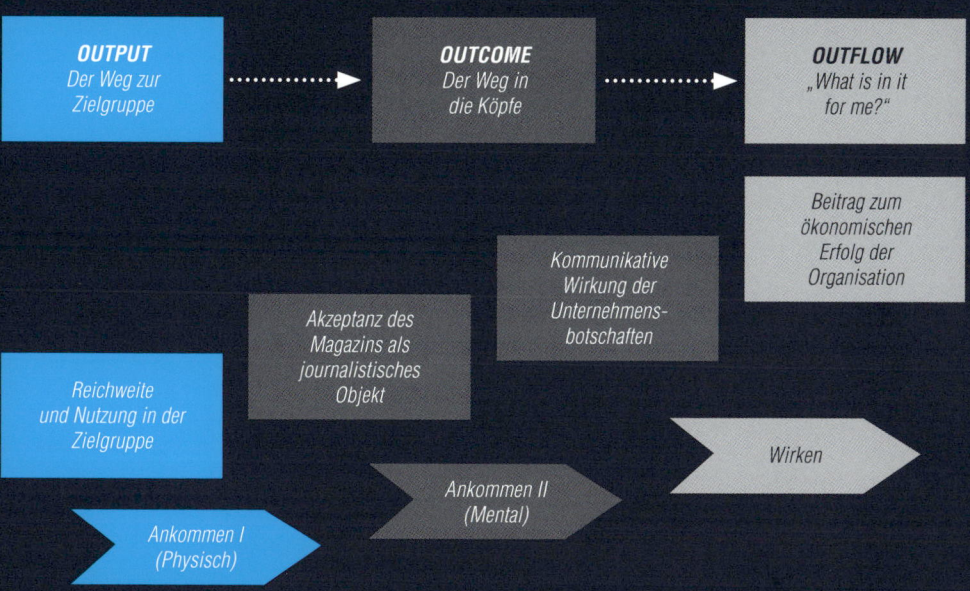

Quelle: TNS Emnid 2012. In Anlehnung an das DPRG Projekt: „Werttreiber und Kennzahlen der Kommunikation"

KPI 4 // *Ökonomische Wirkung*
Ob sich Unternehmensmedien auch ökonomisch rechnen und einen Return-on-Invest erzielen, lässt sich in der Regel nur indirekt ermitteln. Entsprechend der Zielsetzung von Kundenmagazinen wird überprüft, ob diese langfristig das Image verbessern oder die Kundenbindung erhöhen. Das ist erst einmal kein monetärer Wert. Es gibt aber zahlreiche Validierungsstudien, die belegen, dass der Faktor Kundenbindung eindeutige Auswirkungen auf ökonomische Faktoren wie Profitabilität, Cross- und Up-Selling, *Share of Wallet* oder Kündigungsraten hat und somit ein valider Indikator für den ökonomischen Erfolg eines Unternehmens ist.

Diese vier *Key Performance* Indicators liefern die komplette Abbildung eines Wirkungsprozesses:

> *Nur wenn Kundenmagazine auch ankommen und gelesen werden und für den Nutzer einen gewissen Unterhaltungs- und Nutzwert haben, gelingt es, eine Leser-Blatt-Bindung aufzubauen. Erst dann besteht die Chance, dass das Unternehmen seine kommunikativen Botschaften platzieren kann und damit langfristig das Image des Unternehmens und die Bindung seiner Kunden festigt oder verbessert.*

Es steht das ganze Repertoire an Methoden zur Verfügung: Qualitative wie quantitative Verfahren, von klassischen Leserbefragungen bis zu qualitativen Gruppendiskussionen, von telefonischen Interviews bis hin zu apparativen Verfahren wie der Blickaufzeichnung (*s. auch die Beiträge von Christian Holst, Seite 218 ff. und Bernhard Keller, Seite 246 ff.*). Im Folgenden legen wir den Fokus auf die klassische Leserbefragung.

DIE OPTIMALE LESERBEFRAGUNG
Jeder Verantwortliche, der sich mit dem Thema Leserbefragung beschäftigt, sollte die wichtigsten W-Fragen beantworten können:
- *Warum: Zielsetzung und Erkenntnisinteresse der Befragung*
- *Wer: Bestimmung von Grundgesamtheit und Zielperson*
- *Wie viele: Anzahl der Fälle, die benötigt werden, um die Fragestellungen beantworten zu können.*
- *Wie: Die Wahl der richtigen Datenerhebungsmethode*
- *Was: Die Inhalte der Befragung*

WARUM: ZIELSETZUNG UND ERKENNTNISINTERESSE DER BEFRAGUNG

Die Frage nach dem Ziel der Unter-suchung ist die erste und wichtigste und hat Konsequenzen für alle weiteren Aspekte.

Welches Ziel verfolge ich mit der Untersuchung, und wie und von wem sollen die Daten verwertet werden?

Diese Frage ist die erste und wichtigste und hat Konsequenzen für alle weiteren Aspekte. Ist es zum Beispiel Ziel der geplanten Untersuchung, belastbare Daten über die Nutzung und Nutzer des Kundenmagazins zu ermitteln, die unter Umständen auch den Anforderungen im Anzeigenmarketing standhalten müssen, kommen nur Befragungsmethoden infrage, die eine repräsentative Durchführung erlauben (Reichweitenstudien, Leserstrukturanalysen).

Sollen neben den Nutzungs- und Bewertungsdaten zum Magazin auch Indikatoren zu Erfolg und Wirkung der Medien erhoben werden, hat das Auswirkungen auf die Wahl des Studiendesigns, weil man für eine solche Analyse entweder eine Kontrollgruppe von Nicht-Lesern befragen muss oder eine Vorher/T0-Nachher/T1-Messung erforderlich ist.

Ist es Ziel der Forschung, tiefer gehende Erkenntnisse für die Optimierung des Magazins zu erhalten, sollte ein qualitatives Verfahren (Gruppendiskussion oder Tiefeninterviews) oder ein apparatives wie die Blickaufzeichnung mit Augenkamera in Erwägung gezogen werden *(TIPP 1)*.

WER: BESTIMMUNG VON GRUNDGESAMTHEIT UND ZIELPERSON

Hier geht es um die Frage des Universums der Studie, um die Grundgesamtheit und die Zielpersonen der Befragung. Man kann eine Grundgesamtheit medienunabhängig oder medienabhängig definieren.

Medienabhängig bedeutet meist: „Empfänger oder Leser oder Nutzer von …" Die Leserbefragungen für Unternehmen, die ihre Kundenmagazine an namentlich und mit Adresse bekannte Zielgruppen versenden – wie die meisten Automobilhersteller, Finanzdienstleister oder Krankenkassen – wollen in der Regel wissen, wie hoch der Anteil der Leser unter ihren Empfängern ist und wie das Magazin von den Lesern genutzt und bewertet wird.

Eine medienunabhängige Definition der Grundgesamtheit oder Zielgruppe findet in der Regel über geografische oder sozio-demografische Merkmale statt. Will z.B. ein regionaler Energieversorger wissen, wie hoch die Reichweite und Nutzung seines Kundenmagazins im Einzugsgebiet ist, kann dieser auf eine sogenannte Flächenstichprobe zurückgreifen. In den Fachabteilungen von Full-Service-Marktforschungsinstituten können repräsentative Stichproben für definierte Gebiete (von Stadtteilen bis zu Bundesländern) erstellt werden, auf deren Grundlage repräsentative Leserbefragungen durchgeführt werden können *(TIPP 2)*.

WIE VIELE – DIE NÖTIGE ANZAHL AN FÄLLEN

Für die Durchführung von Wirkungsanalysen durch Leserbefragungen wird generell empfohlen, sich an den Konventionen der Medien- und Werbeträgerforschung zu orientieren (insbesondere am ZAW-Rahmenschema für Werbeträgeranalysen), um die Wissenschaftlichkeit, und damit die Glaubwürdigkeit und Akzeptanz, einer Untersuchung zu gewährleisten. Auch wenn die Daten einer Leseranalyse nicht vorrangig für die externe Vermarktung gedacht sind, erhöht die Beachtung geltender Konventionen die Akzeptanz und Glaubwürdigkeit der Befragungsergebnisse. Die Erfahrung zeigt, dass methodische Ungenauigkeiten potenziellen Kritikern der Untersuchung die Möglichkeit liefern, die Richtigkeit und Gültigkeit der Erkenntnisse anzuzweifeln und damit das ganze Projekt zu diskreditieren.

Es existieren einige Anforderungen an die „Repräsentanz" von Befragungen, und damit auch an die Qualität der Daten. Neben der Ausschöpfung (also dem prozentualen Anteil erfolgreicher Nettointerviews innerhalb der Bruttokontakte) und der Methode der Datenerhebung ist die Größe der Stichprobe für die Repräsentativität der Befragungsergebnisse entscheidend. Auch sie ergibt sich aus dem ZAW-Rahmenschema. Es schreibt für bestimmte Studientypen folgende Mindestgrößen für Stichproben vor:

Für Befragungen zur Ermittlung des Nutzungsverhaltens und der Struktur der Nutzer eines Mediums oder Werbeträgers sieht das ZAW-Rahmenschema die Durchführung von mindestens 250 Fällen vor. Bei Reichweitenanalysen zur Ermittlung der Anzahl der Nutzer einzelner Werbeträger in einer medienunabhängigen Grundgesamtheit sind mindestens 500 Fälle erforderlich. Außerdem ist darauf zu achten, dass die Mindestgröße von Untergruppen oder Teilstichproben, die separat ausgewiesen werden sollen, 80 Fälle beträgt.

Je nach Erhebungsmethode kann man die Anzahl der Interviews vorab festlegen oder auch nicht. Bei Verfahren ohne Interviewer – also zum Beispiel bei Beilage eines Fragebogens – hängt die Anzahl auswertbarer Interviews von der Anzahl beigelegter Fragebögen und der prozentualen Responsequote ab. Bei telefonischen, persönlichen und auch Onlineinterviews wird die Anzahl der erfolgreichen Interviews gemäß dem Erkenntnisinteresse vorab festgelegt *(TIPP 3)*.

WIE: DIE WAHL DER RICHTIGEN DATENERHEBUNGSMETHODE
Üblicherweise werden die benötigten Informationen über die Zielgruppe durch Befragungen erhoben. Im Rahmen einer solchen Befragung werden durch standardisierte, geschlossene Fragen oder auch mithilfe von offenen oder halb-offenen Fragestellungen alle notwendigen Informationen direkt von den Zielpersonen erhoben. Die Wahl der Datenerhebungsmethode ist entscheidend für die Validität der Ergebnisse und damit auch für die Akzeptanz und Glaubwürdigkeit der Befragung. Bei einer Leserbefragung sind Interviews mit und ohne den Einsatz von Interviewern möglich.

Nicht-interviewergeführte Befragungen
Nicht-interviewergeführte Befragungen finden mithilfe eines Fragebogens zum Selbstausfüllen (Self-Completion) statt. Die gängigsten Methoden sind die Onlinebefragung und die Beilage eines Fragebogens in einer aktuellen Ausgabe des Magazins.

Bei einer Onlinebefragung erhalten die Zielpersonen üblicherweise eine Einladungs-E-Mail mit einem Link zum Fragebogen, der sich im Browser öffnen und beantworten lässt. Liegen keine E-Mail-Adressen vor, bietet sich eine sogenannte Onsitebefragung an. Bei diesem Verfahren kann man auf einer stark frequentierten Website mithilfe eines Layers einen Link zum Fragebogen platzieren, der zur Teilnahme an der Befragung einlädt. Für die Befragung von Lesern des gedruckten Kundenmagazins ist diese Variante nur sinnvoll, wenn man weiß, dass viele Leser der Printausgabe auch Nutzer des Onlineauftritts sind.

Die zweite Variante der Methode der Self-Completion ist die Beilage eines gedruckten Papierfragebogens in eine aktuelle Ausgabe des Kundenmagazins. Auch wenn diese Methode nicht zu repräsentativen Ergebnissen führt, gibt es für viele Herausgeber gute Gründe, auf dieses Verfahren zurückzugreifen (Budget, fehlende Adressen, geringe Auflage, schwer erreichbare Zielgruppe, Befragung dient der Kundenbindung oder Response-Generierung etc.). Wenn sich die Verantwortlichen eines Kundenmagazins für diese Methode entscheiden, dann sollte man auf ein Mindestmaß an Vergleichbarkeit zu anderen Studien dieser Art achten.

Ein Beispiel für diese Art der Leserbefragung ist der *Content Performance Indicator* (CPI) des Forum Corporate Publishing FCP. Er bietet die Möglichkeit einer standardisierten Leserbefragung mithilfe eines Fragebogens als Beilage im Kundenmagazin. Die Vorgehensweise ist vollkommen einheitlich, transparent und kostengünstig in der Durchführung.

Diese Form der „automatisierten Leserbefragung" wird durch die Plattform www.leserbewertung. de gesteuert. Jeder Interessent kann sich auf dieser Plattform informieren und einen Titel zur Teilnahme anmelden. Der *Content Performance Indicator* basiert auf einheitlichen Regeln, die für

TIPP 1 //

- Klären Sie im Vorfeld mit allen Beteiligten (interne Abteilungen wie PR oder Marketing, Agentur oder Corporate-Publishing-Dienstleister, Redaktion und Anzeigenvermarktung), was das vorrangige Erkenntnisinteresse der Untersuchung ist – dann kann hinterher keiner sagen, man sei nicht gefragt worden.

- Formulieren Sie diese Anforderung(en) in einem Briefing für das Institut, das Ihnen auf dieser Basis eine geeignete Methode vorschlägt.

- Prüfen Sie in der Phase der Auswertung und des Reporting, ob auf das Erkenntnisinteresse Bezug genommen wird und ob die forschungsleitenden Fragen beantworten werden können. Auch in dieser Phase sollten alle Beteiligten informiert werden oder im Rahmen eines Workshops oder einer Abschlusspräsentation involviert sein.

- Sorgen Sie für eine professionelle Abwicklung und solides Consulting von der Konzeption bis zur Ableitung von Handlungsempfehlungen und Interpretation anhand von Benchmarks und Erfahrungswerten. Diese Anforderung können in der Regel nur erfahrene Institute erfüllen.

TIPP 2 //

- Prüfen Sie, ob die Festlegung der Grundgesamtheit und der Zielpersonen auch mit der Zielsetzung der Studie übereinstimmt. Wird zum Beispiel ein Kundenmagazin nur oder vorrangig im Haltemarketing eingesetzt, reicht es, die Kunden zu befragen. Sollen die Medien aber auch eine Rolle im Gewinnungsmarketing spielen, muss die Nutzung unter den Nicht-Kunden ermittelt werden.

- Jede Definition schließt bestimmte Gruppen aus. Fragen Sie sich daher immer, welche für Sie vielleicht relevanten Teilgruppen nicht berücksichtigt werden.

Der Content Performance Indicator (CPI) ist vollkommen einheitlich, transparent und kostengünstig in der Durchführung.

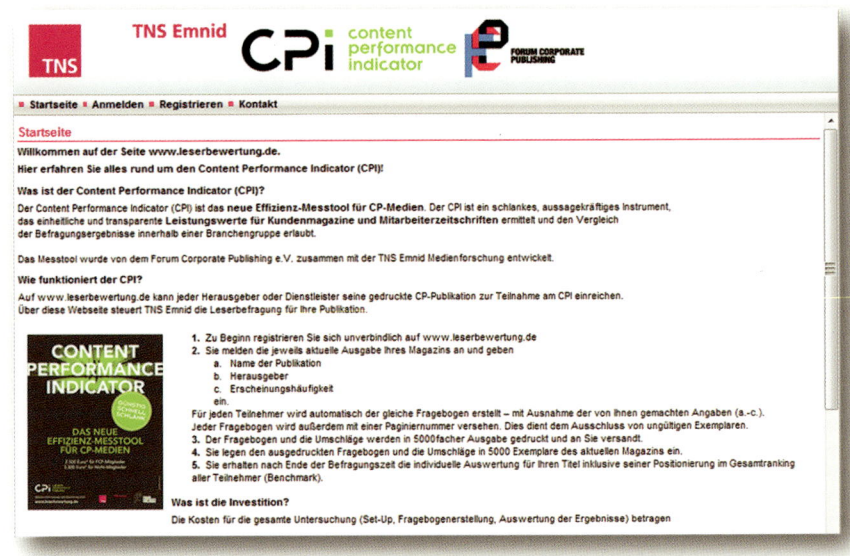

alle Teilnehmer verbindlich sind, da nur durch Standardisierung die Bestimmung und Ableitung von Benchmarks möglich ist.

Wie alle Befragungen, die auf der Methode der Self-Completion basieren, ermöglicht auch der *Content Performance Indicator* keine repräsentative Leserbefragung. Seine Ergebnisse werden nur innerhalb dieses Systems verwertet und erlauben keinerlei Rückschlüsse auf die gesamte Leserschaft. Die Erhebung entspricht nicht den gängigen Konventionen der Werbeträgerforschung. So sollten die Ergebnisse nicht im Anzeigenmarketing oder zur sonstigen Außendarstellung der Medialeistung genutzt werden *(TIPP 4)*.

Interviewergeführte Befragungen
Zur Erzielung einer maximalen Ausschöpfung und einer hohen Datenqualität ist der Einsatz von Interviewern immer noch der Königsweg. Die Befragung mithilfe von Interviewern findet entweder persönlich (Face-to-Face) oder telefonisch statt.

Persönliche Interviews werden entweder an öffentlichen Orten, in speziellen Studios, in den Privathaushalten oder auch am Arbeitsplatz durchgeführt. Diese Methode liefert eine sehr hohe Datenqualität, ist in der Regel aber auch mit den höchsten Kosten verbunden. Persönliche Interviews werden dann durchgeführt, wenn die Vorlage von Befragungsunterlagen oder sonstigem Material notwendig ist oder wenn spezielle Zielgruppen anders nicht zu erreichen sind.

Beispiel: Die Reichweiten- und Nutzungsstudie für die Kundenzeitung von Kaufland, *Tip der Woche*, wurde Face-to-Face durchgeführt. Ausschlaggebend für die Entscheidung war der generische und häufig vorkommende Titel der Zeitung. Um eine Verwechslung mit anderen kostenlosen Wochenzeitungen oder Magazinen zu vermeiden und weil ver-

TIPP 3 //

- Zur Erhebung von belastbaren Daten, auf deren Basis auch Entscheidungen getroffen und gerechtfertigt werden können, empfiehlt sich dringend die Durchführung einer Befragung gemäß den geltenden Konventionen.

- Die Anzahl der Fälle ist nur ein Indikator für die Qualität der Befragungsdaten. Legt man einem Magazin 100.000 Fragebögen bei und bekommt 1.000 Fragebögen vollständig ausgefüllt zurück, ist das zwar absolut gesehen eine hohe Zahl, relativ gesehen aber nur eine Ausschöpfung von einem Prozent.

TIPP 4 //

- Wenn Sie sich für diese Befragungsmethode entscheiden, dann sorgen Sie zumindest für einen maximalen Erkenntnisgewinn durch Vergleichbarkeit in Ablauf und Inhalt, und damit für ein gewisses Benchmarking der Resultate.

- Überschätzen Sie den Response nicht!

- Es gibt keine einheitlichen Erkenntnisse darüber, ob das Ausloben von Incentives – also eine Belohnung für die Teilnahme an der Umfrage – spürbare positive Auswirkungen auf die Teilnahmebereitschaft hat. Sollten Sie sich aber für den Einsatz eines Incentive entscheiden, sollten entweder alle Teilnehmer etwas erhalten, oder die Incentives sollten besonders attraktiv und exklusiv sein.

TIPP 5 //

- Irgendwelche Daten zu erheben, ist gerade heute mit den Möglichkeiten der digitalen und mobilen Anwendungen nicht schwer - aber die Ermittlung belastbarer Ergebnisse, die einer kritischen Prüfung standhalten und auf deren Basis auch weitreichende Entscheidungen getroffen werden können, ist ein Handwerk, das von Experten ausgeführt werden sollte.

- Liegen Adressen der Empfänger von Kundenmagazinen vor oder gibt es eine geografisch eingrenzbare Verbreitung, ist eine telefonische Befragung zu empfehlen. Fehlende Telefonnummern können von den Instituten recherchiert werden. Trotz sinkender Teilnahmebereitschaft in der Bevölkerung und einem steigenden Anteil von Haushalten ohne Festnetzanschluss hat diese Form der Datenerhebung immer noch das beste Preisleistungsverhältnis.

schiedene Formate getestet werden sollten, wurden die Interviews für die Studie persönlich in den Privathaushalten des Verteilgebietes von *Tip der Woche* durchgeführt.[3] Mit den Resultaten der Studie wurde übrigens nicht nur intern gearbeitet, sondern diese wurden auch für die externe Vermarktung in Form von Mediadaten aufbereitet und eingesetzt.

Bei den üblichen Leserbefragungen und -strukturanalysen ist ein persönlicher Besuch in der Regel nicht notwendig. Die Interviews können telefonisch mit Unterstützung von Computern (*Computer Assisted Telephone Interviewing*, CATI) durchgeführt werden, da nicht eine konkrete Ausgabe des Kundenmagazins getestet werden soll, sondern die generelle Nutzung gemessen wird.

Telefonische Befragungen haben meist das beste Preisleistungsverhältnis. Die Durchführung einer repräsentativen Leserbefragung mithilfe telefonischer CATI-Interviews ermöglicht eine Zufallsstichprobe, eine hohe Ausschöpfung, die komplette Kontrolle der Stichprobe und der Befragungssituation sowie die Durchführung von Befragungen mit komplexen Fragestellungen und Filterführungen *(TIPP 5)*.

WAS: DIE INHALTE DER BEFRAGUNG

Jede Befragung der Leser und Leserinnen von Kunden- oder auch Mitgliedermagazinen und -zeitschriften sollte entsprechend den Erfordernissen der Messbarkeit drei Bestandteile enthalten:

- Informationen zum Magazin: Nutzung und Bewertung des Magazins müssen natürlich erfragt werden. Sowohl kontaktqualifizierende Daten wie Lesefrequenz, Nutzungsintensität, Lesedauer und die Frage nach weiteren Lesern als auch kontaktqualifizierende Daten wie das Titelprofil („das Magazin ist informativ, glaubwürdig, aktuell, fachlich kompetent, unterhaltend etc.") und die Leser-Blatt-Bindung sollten erhoben werden.

- Fragen zur Einschätzung und Bewertung des herausgebenden Unternehmens: Die Abfrage des Images des Unternehmens, der Intensität der Bindung an das Unternehmen oder auch die Nutzungshäufigkeit oder Anschaffungsabsicht von Produkten und Dienstleistungen sollte Bestandteil des Fragebogens sein.

- Strukturdaten der Leser: Ermittlung der persönlichen Strukturdaten, also sozio-demografische Daten wie Alter, Geschlecht, Schulbildung oder Haushaltseinkommen zwecks detaillierter Beschreibung der Zielgruppe.

GENERALISIERBARE ERKENNTNISSE ZUR BEDEUTUNG VON KUNDEN-MAGAZINEN

Aus der Vermarktung anderer Printgattungen wie der Publikums- und der Fachpresse kann man lernen, dass der Eignungsnachweis von Medien immer auf mindestens zwei Ebenen geführt wird: (1) Auf Objektebene zum Nachweis der Wirkung oder des Erfolgs einzelner Titel mithilfe der beschriebenen Instrumente der Werbeträger- und Werbemittelforschung und (2) auf Gattungsebene durch Meta-Analysen oder spezielle Gattungsstudien (Beispiele: Kampagne „Print wirkt" des VDZ und die B2B-Entscheideranalyse der Deutsche Fachpresse).

Für das Corporate Publishing gilt exakt das Gleiche: Es bedarf sowohl valider Daten zu den einzelnen Titeln als auch Nachweise für die Positionierung der Gattung. Wie diese beiden Ebenen zusammenhängen können, zeigt der CP Standard von TNS Emnid/FCP. Auf der Basis einer einheitlichen Vorgehensweise werden durch einzelne – jeweils repräsentative – Leserbefragungen alle relevanten Parameter zu Nutzung, Bewertung, Akzeptanz und Wirkung erhoben und anonymisiert in einer Datenbank gespeichert. Der Auftraggeber bekommt „seine" Ergebnisse und die Benchmarks aus der Datenbank als Orientierungshilfe für die Einordnung seiner Ad-hoc-Befragungsdaten. Mit dem Instrument CP Standard sind in den vergangenen Jahren zahlreiche Leserbefragungen zu Kunden- und Mitgliedermagazinen durchgeführt worden. Unternehmen aus den unterschiedlichsten Branchen haben den CP Standard eingesetzt. Jeder Auftraggeber erhält im Reporting neben den Resultaten der eigenen Leserbefragung auch die Vergleichswerte aus der CP Standard-Datenbank. Dieses Benchmarking hilft, die ermittelten Daten einzuordnen und Stärken und Schwächen zu identifizieren.

Mit dem Instrument CP Standard sind in den vergangenen Jahren zahlreiche Leserbefragungen zu Kunden- und Mitgliedermagazinen durchgeführt worden.

ERKENNTNISSE DER CP STANDARD-DATENBANK

Diese Datenbank wird aber neben dem Benchmarking auch zu Analysen der generellen Funktion und Leistungsfähigkeit von Kundenmagazinen als Gattung genutzt. Folgende Erkenntnisse wurden im Laufe der Zeit aus der Datenbank „destilliert":

- Gute Medialeistung: Die getesteten Kundenmagazine erzielen eine hohe Werbemittelkontaktchance und durch Weitergabe zusätzliche Kontakte. Diese Daten sind intern und extern im Anzeigenmarketing hochrelevant.

- Vertrieb ist „Chefsache": Postalisch zugestellte Magazine werden häufiger und regelmäßiger gelesen als Magazine im freien Vertrieb (Auslage am POS, Supplements). Der direkte Vertrieb ist wichtig für den Erfolg – gleichzeitig aber auch ein wichtiger Kostenfaktor.

- Size matters: Je höher der verfügbare Seitenumfang ist, umso höher ist die Leser-Blatt-Bindung und die Zufriedenheit mit der thematischen Ausrichtung des Magazins.

- Periodisches Erscheinen: Ein Kundenmagazin ist ein Periodikum und keine Sonderpublikation. Je regelmäßiger und häufiger ein Magazin erscheint, desto höher ist die Leser-Blatt-Bindung. Untergrenze: Eine Ausgabe pro Quartal.

- Cross-mediale Vernetzung: Auch im Corporate Publishing ist Cross-Media erfolgreich, wenn die einzelnen Medien so eingesetzt werden, wie es deren Stärken entspricht. Leser gehen Online oder nutzen die App, solange sie den zusätzlichen Nutzwert erkennen.

- Das „Patentrezept"? Der Nutzwert und der Unterhaltungswert der Magazine sind die wichtigsten Treiber der Leser-Blatt-Bindung. Das gilt sowohl für B2C als auch für B2B Zielgruppen.

- Kommunikative Wirkung: Kundenmagazine erzielen eine kommunikative Wirkung, wenn die Botschaften redaktionell in Themenwelten verpackt werden.

- Ökonomischer Erfolg: Es gibt zahlreiche Belege, dass Kundenmagazine langfristig positiv auf die Bindung an das Unternehmen wirken. Da Kundenbindung nachweislich eine ökonomische Relevanz hat, kann dieser Effekt als ROI-Nachweis gelten."

Studien-Design mit Vorher-Nachher-Messung (T0 – T1) und einer Kontrollgruppe (Beispiel: Berliner Akzente).

HENNE ODER EI – DIE WIRKUNGSFRAGE, ODER: ALLES EINE FRAGE DES RICHTIGEN STUDIENDESIGNS

Henne oder Ei: Ob ein gemessener Zusammenhang nur eine Koinzidenz oder doch eine Kausalität ausdrückt, lässt sich durch ein besonders Studiendesign klären.

Wie beschrieben, stammen die meisten Erkenntnisse über die Eignung von Kundenmagazinen aus dem Vergleich unterschiedlicher Zielgruppen: Leser haben eine stärkere Kundenbindung als Nicht-Leser, Intensivleser des Magazins bescheinigen dem herausgebenden Unternehmen ein besseres Image als die Kunden, die das Magazin nur sporadisch nutzen, usw.

Ein solches Studiendesign gibt Hinweise, liefert Indikatoren und erlaubt Rückschlüsse – liefert aber keine Beweise und keine Kausalität. Es kann ja genauso gut andersherum sein: Der gebundene Kunde liest mehr als der weniger gebundene, *weil* er stärker gebunden ist und damit dem Unternehmen und seinen Medien offener gegenübersteht.

Einen echten Wirkungsbeweis, eine Kausalität lässt sich nur erbringen, wenn man dem Studiendesign eine weitere Dimension hinzufügt: die zeitliche. Wenn gemessen werden kann, dass ein Kunde nach der Nutzung von Kundenmedien eine höhere Bindung aufweist als vor dem Kontakt und dieser Effekt bei Vergleichsgruppen nicht auftritt, dann kann man von einer Kausalität sprechen.

BEWEISE STATT INDIZIEN, KAUSALITÄT STATT KORRELATION

Beispiel: Die Berliner Sparkasse[4] hat zunächst zufällig ausgewählte Kunden in der sogenannten T0-Messung zur Bekanntheit und Nutzung des Kundenmagazins, zu ihrem Interesse an ausgewählten Finanzthemen sowie zum Image und zur Bindung an die Berliner Sparkasse befragt. Danach wurde eine zufällig ausgewählte Teilgruppe der Befragten über ein Jahr hinweg mit den vier Ausgaben der *Berliner Akzente* beliefert. Diese Teilgruppe ist die sogenannte Haupt- oder Experimentalgruppe. In der anderen Teilgruppe – der Kontrollgruppe – blieb alles unverändert. Nach einem Jahr und vier Ausgaben des Kundenmagazins fand die Zweitbefragung (T1-Messung) mit nahezu identischem Fragebogen statt *(s. Abbildung oben)*.

Die entscheidende Frage war: Kann bei den Befragten der Hauptgruppe (also den Empfängern der vier Ausgaben) eine Veränderung in der Wahrnehmung und den Einstellungen gemessen werden, die auf den Erhalt und die Nutzung der *Berliner Akzente* zurückzuführen ist? Eine Antwort auf diese Frage erhält man durch den Vergleich der Ergebnisse der T0- und der T1-Messung.

Es konnten drei Dimensionen ermittelt werden, auf die das Kundenmagazin der Berliner Sparkasse einen positiven Einfluss hat: *Agenda Setting*, Imagetransfer und eine langfristige Stärkung der Kundenbindung. Bezüglich dieser drei Parameter konnten bei den Empfängern des Magazins positive Veränderungen zwischen den beiden Messzeitpunkten nachgewiesen werden. Da diese Veränderung in der Kontrollgruppe nicht beobachtet werden konnte, war der Effekt auf den Erhalt und die Nutzung des Kundenmagazins zurückzuführen. Sprich: Die Leser des Kundenmagazins *Berliner Akzente* hatten aufgrund der Lektüre nach einem Jahr ein höheres Interesse an Finanzthemen, eine positivere Einstellung gegenüber der Berliner Sparkasse (Image) und eine stärkere Bindung an das Finanzinstitut.

FAZIT
Erfolgs- und Wirkungskontrolle für das Corporate Publishing ist keine *Rocket Science*, aber auch keine Aufgabe, die man im Do-it-yourself-Verfahren erledigt. Nur durch die Wahl der richtigen Methode und der passenden Indikatoren erhält man belastbare Ergebnisse. Und nur wenn man die Resultate an vorhandenen Zielgrößen messen und mit Vergleichswerten benchmarken kann, liefern die Verfahren Erkenntnisse für den Status quo (Evaluation) sowie Handlungsoptionen für die Zukunft (Evolution) der Kundenmedien.

LITERATUR
FREESE, WALTER (2010A): Ein bunter Blätterwald, in: *Der Handel*, Ausgabe 11, 2010, S. 26 – 28
FREESE, WALTER (2010B), Zeitschriften auf dem Prüfstand, in: *Sparkassenmarkt*, Sonderheft II/2010, S. 31 – 33
KOSCHNIK, WOLFGANG J. (2003): Werbeplanung – Mediaplanung – Marktforschung – Kommunikationsforschung – Mediaforschung, in: Focus-Lexikon, 3., neu bearbeitete und erweiterte Ausgabe, Focus-Magazin Verlag

ANMERKUNGEN
1 Active 13 ist eine Runde aus 13 führenden Vertretern aus Wissenschaft, Medien und Kommunikation unter der Leitung von Manfred Hasenbeck als Präsident des Media Forum Europe gemeinsam mit TNS Emnid. 13 Thesen zu einem neuen Verständnis der Corporate Communication 2011 (www.cpwissen.de/these-1.html)
2 Vgl. Koschnik 2003: 2962
3 Vgl. Freese 2010a
4 Vgl. Freese 2010b

„Bevor eine schriftliche Kommunikation irgendeine Wirkung entfalten kann, muss sie zunächst gesehen werden. Was nicht gesehen wird, kann nicht wirken. Und um zu verstehen, wie etwas wirkt und wie es auch verbessert werden kann, muss man sich zunächst soweit wie möglich in die Situation – hier: in den Kopf – des Empfängers versetzen."

APPARATIVE METHODEN IN DER WIRKUNGS-
FORSCHUNG FÜR CORPORATE PUBLISHING
WIRKUNGSMESSUNG BEI KUNDENMAGAZINEN

Der Beitrag stellt den Nutzen apparativer Verfahren der Wirkungsmessung für das Corporate Publishing dar. Diese Verfahren haben gegenüber „klassischen" Verfahren wie zum Beispiel der Befragung den Vorteil, dass sie von subjektiven Ex-post-Rationalisierungen der Befragten unbeeinflusst sind. Umgekehrt müssen sie aber auch begründen, wie eine gemessene physiologische Reaktion (Blickverlauf, Veränderung des Hautwiderstands, Veränderung der Pulsfrequenz) mit den interessierenden Merkmalen (zum Beispiel Aufmerksamkeit, Interesse, Einstellung) in Zusammenhang stehen. Insbesondere die Messung des Blickverlaufs mittels Eye Tracking und die sich daraus ergebenden Möglichkeiten der Optimierung von Kundenzeitschriften stehen hier im Mittelpunkt.

KUNDENZEITSCHRIFTEN HABEN HISTORIE

Der Ausgangspunkt aller nachhaltigen Kommunikation ist das Gespräch – irgendjemand hat etwas zu erzählen, es gibt etwas zu berichten, ein anderer hört zu, fragt nach, der Erste antwortet. Im Gespräch finden die Zwei zueinander, klären auf, bereinigen Missverständnisse, einigen sich. Ziel dieses Dialogs ist das gegenseitige Verstehen. Voraussetzung bei beiden ist sowohl die Bereitschaft, zumindest prinzipiell den anderen Standpunkt zu übernehmen, die andere Perspektive einzunehmen, wie auch Zeit und Raum zur Verfügung zu haben, innerhalb derer dieser Dialog überhaupt stattfinden kann. Beides – Zeit und Raum – sind jedoch im heutigen massenmedialen Kommunikationsbetrieb eine äußerst rare Ressource und laufen der herrschenden Logik des „schneller – kürze – einfacher" eigentlich entgegen.

Trotzdem gibt es sie noch, die Kommunikationsformen, die Empfänger ernst nehmen, ihnen etwas anbieten, aber auch Zeit verlangen. Für die Unternehmenskommunikation ist hier das klassischste Format zweifelsohne die Kundenzeitschrift. Eigentlich eines der ältesten Instrumente der Unternehmenskommunikation – die Briefe der Fugger an ihre Kunden aus dem 16. Jahrhundert gelten als eine der ersten Formen dieser Unternehmenskommunikation – bietet die Kundenzeitschrift wie kaum ein anderes Medium die Möglichkeit, Themen und Botschaften relativ ausführlich und in journalistischer Qualität darzustellen.

So nutzt fast jedes 13. Unternehmen diese Möglichkeit der Kommunikation mit seinen Kunden und investiert in eine Kundenzeitschrift – angefangen vom Mittelstand bis zu den Großunternehmen (Dialog Marketing Monitor Studien 2005 – 2011). Insgesamt rund 12.000 Titel sollen sich Schätzungen zufolge derzeit auf dem deutschsprachigen Markt befinden. Ob aufwändig gestaltet oder günstig produziert, nur einem exklusiven Adressatenkreis postalisch zugestellt oder direkt am Point-of-Sale ausgelegt, ausgerichtet auf B2B-Kommunikation oder auf B2C, imagefördernd oder als verkaufsfördernde Maßnahme – das Feld der Kundenzeitschriften weist ein hohes Maß an Heterogenität auf und ist deshalb auch kaum über einen Kamm zu scheren.

WIRKUNGSDIMENSIONEN VON ZEITSCHRIFTEN

Gemeinsam ist aber mittlerweile fast allen Kundenzeitschriften, dass sie nachweisen müssen, dass sie die ihnen gestellten Aufgaben auch erfüllen. Diese Aufgaben lassen sich prinzipiell auf drei Dimensionen abtragen *(Abbildung 1)*:

....

KUNDENZEITSCHRIFTEN MÜSSEN ...

- *auf der OUTPUT-DIMENSION (Leistung) effizient sein: Die Botschaften der Kommunikation müssen den Zielgruppen zum Beispiel hinsichtlich Reichweite, Aktualität und Umfang der Information zugänglich sein; Gestaltung und Aufbereitung der Botschaften müssen die Nutzbarkeit des Mediums für die Rezipienten (Usability) fördern*

- *auf der OUTCOME-DIMENSION (direkte Zielgruppenwirkung) wirksam sein: Die Zielgruppen müssen die Medien nutzen und die Botschaften wahrnehmen, und idealerweise soll diese Wahrnehmung auch Verhaltensänderungen in der Zielgruppe bewirken*

- *auf der OUTFLOW-DIMENSION (betriebswirtschaftliche Wirkung) einen Beitrag zur Erreichung strategischer Ziele bringen: es geht zum Beispiel um Leistungsführerschaft/Excellence, Marktposition, Innovation, aber auch um finanzielle Ziele wie Ertragsentwicklung, Ergebnisentwicklung, Cash-flow*

....

Für die Blattmacher und Medienforscher stellt sich allerdings die Frage, wie diese theoretisch postulierten Dimensionen dargestellt werden können – sprich: in ein begründetes und zuverlässiges Messkonzept überführt und dann auch gemessen werden können. Glücklicherweise gibt es für eine Reihe von Aspekten schon seit langem etablierte und standardisierte Messgrößen, die relativ harte Kriterien für die Leistungsfähigkeit einer Publikation liefern: Auflagenhöhe, verkaufte Auflage, weitester Leserkreis, Leser pro Ausgabe, Seitenkontaktchance etc. Diese Messgrößen liefern Verlegern und Blattmachern erste Indikationen für die Performanz ihres Blattes – ist es am Markt erfolgreich, wie kann es sich gegenüber Konkurrenten durchsetzen, ist es profitabel? Die ökonomische Notwendigkeit, mit einer Publikation Geld zu verdienen, Anzeigen zu verkaufen und dafür auch eine im Markt vergleichbare Währung zu schaffen, war hier die Mutter der Notwendigkeit.

Wenige oder gar keine Standards gibt es hingegen bei „weichen" Aspekten wie Usability (Output), Zielgruppenwirkung (Outcome) oder auch dem betriebswirtschaftlichen Beitrag von Kundenmagazinen zum Unternehmensergebnis (Outflow). Dies liegt zum einen daran, dass Auflagenhöhe,

ABBILDUNG 1

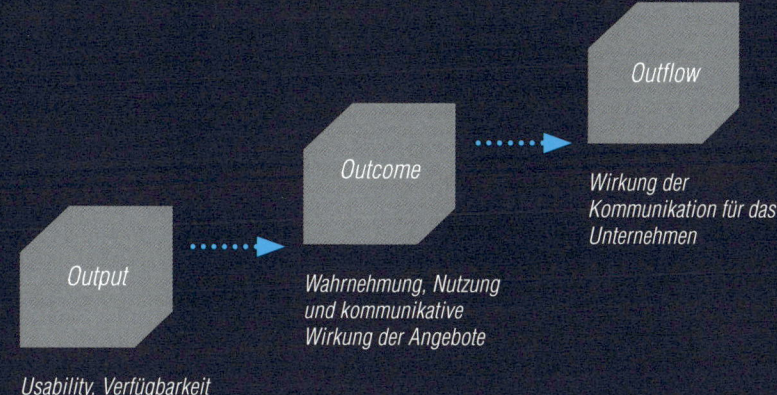

MESSUNG DES ROI VON KOMMUNIKATION UND PR
NACH PFANNERBERG/ZERFASS 2004

Outflow

Wirkung der
Kommunikation für das
Unternehmen

Outcome

Wahrnehmung, Nutzung
und kommunikative
Wirkung der Angebote

Output

Usability, Verfügbarkeit
und Zugänglichkeit der
kommunikativen Angebote

verkaufte Auflage etc. *allgemeine* wirtschaftliche Zielparameter sind, die von allen Marktteilnehmern zu erfüllen sind und einen Vergleich mit dem Wettbewerb erlauben müssen. Zum anderen sind die „weichen" Messgrößen aber an jeweils *spezielle* unternehmensinterne Zielparameter geknüpft, die somit unterschiedlich ausgeprägt sind und es auch sein sollen. Kundenmagazine können und sollen unterschiedlich und unterscheidbar positioniert sein – so ist das eine sehr stark imagefördernd und legt vor allem Wert auf einen hohen Anteil redaktioneller Beiträge, während das andere sehr stark verkaufsfördernd gestaltet und in der Nähe eines Magalogs positioniert sein kann.

Im gleichen Maße unterscheiden sich damit die jeweiligen Zielparameter der Wirkung: So muss bei Ersterem gefragt werden, ob und wie stark welche Facetten des Unternehmensimages und/oder der Marke im Magazin aufgenommen und den Lesern kommuniziert werden. Die Ausgestaltung der Imagefaktoren wiederum ist dann natürlich abhängig vom Selbst- und Markenbild des herausgebenden Unternehmens und so vielfältig wie die Unternehmen und Marken. Weitere Kriterien wie Erinnerung/Recall, Inhalte, Likes/Dislikes, Absenderzuordnung, Weiterempfehlung, Vermissensfrage, Wahrnehmung von Anzeigen etc. werden nicht standardmäßig erhoben und hängen von den jeweiligen Zielen der Untersuchung ab.

Anders hingegen bei Kundenmagazinen, die zum Beispiel verkaufsfördernden Charakter haben: Hier steht im Vordergrund, welche Produkte von den Lesern wahrgenommen werden und wie weit durch diese Darstellung Kaufanreize gesetzt oder zumindest verstärkt werden konnten. Da Kundenzeitschriften aber nie immer nur einen der beiden Aspekte dieses Kontinuums ausschließlich bedienen, sondern in der Regel immer auch den jeweils anderen Aspekt mitnehmen, muss die Forschung auch immer beide Aspekte in je unterschiedlichem Maße berücksichtigen.

MESSUNG DER WIRKUNGSDIMENSIONEN
In der Konsequenz bedeutet dies, dass die Forschung zu Kundenmagazinen

....

- *einerseits ein Set von Messgrößen und Operationalisierungen bereithält, die weitgehend standardisiert und damit auch vergleichbar sind – dies betrifft die meisten Aspekte der Output-Dimension*

- *und andererseits für jedes einzelne Kundenmagazin Messgrößen anpassen oder auch neu entwickeln muss, die die jeweilige Positionierung sowie die Zielsetzung des Magazins messbar machen*

....

Lesergerechte Aufmachung – Usability – und Zielgruppenwirkung sind essenziell. Gerade aber Usability – das heißt die Frage, wie lesergerecht eine Publikation aufgemacht ist – und Zielgruppenwirkung – das heißt die Frage, was man bei den Lesern bewirkt – sind für Kundenmagazine essenziell. Usability ist dabei eine notwendige, wenn auch nicht hinreichende Bedingung dafür, dass Publikationen Wirkung erzielen.

Der Königsweg, diese Fragen zu beantworten, bestand (und besteht) in der Regel in der klassischen Befragung: Eine Stichprobe von Lesern (manchmal, als Vergleichsgruppe, auch Nicht-Lesern), wird telefonisch oder über das Internet befragt. Mittlerweile geschieht dies nur noch selten im persönlichen Face-to-Face-Interview oder mithilfe eines Fragebogens, der einer (Teil-)Auflage beiliegt. Dabei wird abgefragt, welches Magazin sie gelesen haben, wie oft, wie viel davon, wie sie die Qualität des Magazins beurteilen, an welche Themen sie sich erinnern können etc. Für viele der oben angeführten Messgrößen ist diese Form der Nachfrage auch effizient und effektiv. Werden dann die Leser (und Nicht-Leser) auch noch nach den Maßgaben einer echten Zufallsstichprobe gezogen, sind die Ergebnisse einerseits repräsentativ für die Gesamtheit der Leser (und Nicht-Leser), zum anderen lassen sich die Ergebnisse der Stichprobe auf die entsprechende Grundgesamtheit hochrechnen. Dies bedeutet, dass man nicht nur Verhältniszahlen, zum Beispiel in Prozent, sondern auch die tatsächliche Zahl der Leser in Tausend oder Millionen angeben kann – was eine Grundlage für die monetäre Bewertung von Kundenzeitschriften ist. Ist die gezogene Stichprobe zudem hinreichend groß, lassen sich darüber hinaus auch Untergruppen ausweisen, zum Beispiel nach Geschlecht, Bildung, Nutzungsverhalten, Psychografie oder Soziografie. Auf diese Weise können immer differenziertere Aussagen über die erreichten Leser und Nicht-Leser gewonnen werden, und diese lassen sich eben unter anderem für die Positionierung des Blattes wie auch für die Gestaltung nutzen.

Befragungsdaten – so wertvoll sie auch sein mögen – unterliegen jedoch einer *formalen* und einer *grundsätzlichen* Beschränkung. Dies hat Auswirkungen darauf, wie weit diese Daten interpretiert werden können und welche Schlüsse für die Blattgestaltung oder Positionierung daraus gezogen werden können.

FORMALE BESCHRÄNKUNG VON BEFRAGUNGSDATEN
Die formale Beschränkung besteht darin, dass mit zunehmender Fallzahl Befragungen immer standardisierter werden müssen. Das heißt, die Fragen bestehen fast ausschließlich aus vorstrukturierten und vorgegebenen Antwortmöglichkeiten. Für die Befragten bedeutet dies umgekehrt, dass ihre Einstellungen und Verhaltensweisen in ein fest vorgegebenes Antwortschema „gepresst" werden, von dem sie nicht abweichen können. Eine zentrale Anforderung und Herausforderung in der Gestaltung von Fragebogen und Fragen ist nun, dass die Situation, die erhoben werden soll (zum Beispiel Leseverhalten oder Qualitätsbeurteilung) möglichst umfassend und vollständig abgebildet wird. Was dabei „vollständig und umfassend" für alle Nutzer ist, kann jedoch bei der Entwicklung eines Fragebogens häufig nur vermutet werden.

Ähnlich ist es mit der Entwicklung der Antwortvorgaben. Auch diese müssen sowohl umfassend (das heißt alle möglichen Umstände müssen im Rahmen dieses Antwortschemas angegeben werden können) und überschneidungsfrei sein (das heißt die jeweiligen Möglichkeiten müssen sich gegenseitig ausschließen). Arbeitet man mit einem erfahrenen Institut zusammen, so kann man als Auftraggeber davon ausgehen, dass diese „technischen" Anforderungen gut gelöst werden. Letztlich aber bleibt das Grundproblem bestehen: Ein standardisierter Fragebogen spiegelt immer nur die Annahmen seiner Verfasser wider. Mit anderen Worten: Ein standardisierter Fragebogen stellt immer nur den Status quo dar und bietet keinen Raum dafür, Unerwartetes, Unvorhergesehenes oder Neues abzubilden. Doch die Erfassung des Neuen und Unvorhergesehenen ist gerade dann wichtig, wenn es um Neueinführungen, Relaunches und Veränderungen der Positionierung geht. Wie die Leser auf solche Angebote reagieren, welche Erwartungen sie daran knüpfen, wie dies in den Kanon der bisherigen Lektüre oder Mediennutzung passt, ist zunächst einmal offen und kann auch kaum durch Rückgriff auf bisherige Erfahrungen mit anderen Titeln vorausgesagt werden. Schließlich soll ja eben durch solche Veränderung die Eigenständigkeit und Unverwechselbarkeit eines Titels betont oder entwickelt werden.

Zum anderen ist die Erfassung von Neuem und Unerwartetem auch wichtig, wenn ein Titel zwar schon länger am Markt ist, sich aber der Umgang mit ihm verändert haben könnte. Man kann dies durchaus „diagnostisch" betrachten, wenn sich zum Beispiel in den zentralen Parametern wie weitester Leserkreis, Nutzungshäufigkeit, Seitenkontaktchance etc. Veränderungen ergeben. Diese Veränderungen im Nutzungsverhalten können entstehen

- *durch ein neues Angebot im Markt (zum Beispiel ein weiteres Kundenmagazin derselben Kategorie)*
- *durch Veränderungen im Blatt selbst (neue Schwerpunkte und Themen, Layout, Format, Erscheinungsfrequenz etc.)*
- *durch die der Lesegewohnheiten selbst (Wear-out-Effekt eines Magazins, Kanalsubstitution von Print zu Online, Veränderung des Kundenstamms etc.)*

GRUNDSÄTZLICHE BESCHRÄNKUNG VON BEFRAGUNGSDATEN

Lassen sich die oben beschriebenen Einschränkungen von Befragungsdaten noch durch ausführliche Pretests oder auch durch viel Erfahrung zumindest minimieren, so unterliegen Befragungsdaten einer grundsätzlichen Beschränkung, die bei ihrer Interpretation immer mit zu berücksichtigen ist: Die Antwort auf eine Frage ist immer sowohl eine Reflexion dessen, was gefragt wurde, wie auch dessen, was man antworten möchte. Antworten unterliegen damit immer einem systematischen Bias:

- *Man antwortet auf das, was man glaubt, gefragt worden zu sein*
- *man versucht, vor sich selbst konsistent zu sein*
- *man versucht immer auch, gegenüber dem Frager konsistent zu antworten*

Dies sind keineswegs immer „manipulierte" oder bewusst verzerrte Antworten. Sie unterliegen schlichtweg dem menschlichen Grundbedürfnis, Struktur in unser Leben, unsere Einstellungen und Verhaltensweisen zu bringen. Insofern sind die Antworten auf diese Fragen immer sowohl eine bewusste Reflexion (wie weit entsprechen meine Einstellungen und mein Verhalten sozialen Wertvorstellungen?) wie auch eine unbewusste Reaktion – je nachdem, was ich glaube verstanden zu haben.

Ganz besonders anfällig für solche Biases sind Fragen nach Ereignissen, die in der Vergangenheit liegen, aber auch Fragen nach Gefühlen und Emotionen. Um zum Beispiel diese Erinnerungen abzurufen, nutzen wir alle verfügbaren Hinweise, die uns diese kognitiv anstrengende Arbeit erleichtern. Diese Hinweise können wir teilweise bereits aus den Antwortvorgaben entnehmen – zum Beispiel ob die Frage nach den Fernsehgewohnheiten mit der kleinsten Zeiteinheit „bis zu 1/2 Stunde" oder mit dem Intervall „bis zu 2 1/2 Stunden" beginnt: Bei identischer Fragestellung ergeben sich signifikant unterschiedliche Fernsehzeiten (Noelle-Neumann, Petersen 1996: 199). Der Grund: Weil kaum jemand genau sagen kann, wie lange er im Durchschnitt fernsieht, sucht man einen Haltepunkt in der Frage und sortiert dann seinen „gefühlten" Fernsehkonsum entsprechend ein. Es ist daher immer sehr schwierig, Fragen nach in der Vergangenheit liegenden Ereignissen oder auch nach deren zeitlicher Dauer über reine Befragungsdaten einzuschätzen (Tourangeau, Rips, Rasinski 2000).

Ebenso schwierig ist es, wenn versucht werden soll, Aussagen über Gefühle zu machen. Gefühle sind für Menschen zunächst nur auf der bewussten, reflektierenden Ebene verbalisierbar, und dies in der Regel auch nur begrenzt. Mithilfe von validierten Skalenbatterien oder Piktogrammen lassen sich zwar Emotionen abbilden. Diese haben aber unter anderem den Nachteil, dass sie in der Regel sehr umfangreich sind und daher für die Befragten ermüdend sein können, dass die Befragten sich der erlebten Gefühle nicht bewusst waren oder sie nicht offenbaren möchten, und vor allem, dass die Messung wieder auf Ereignisse – in diesem Fall Gefühle – abhebt, die in der Vergangenheit liegen. Insofern stellt sich die Frage, ob bei dieser Art der Befragung nicht eher die (reflektierte) Wahrnehmung einer emotionalen Reaktion gemessen wird als die tatsächliche emotionale Reaktion selbst (Poels, Dewitte 2006).

Insgesamt zeigt sich also: Die Messung der Wirkungsdimensionen durch Befragungen ist zwar durchaus ein effizientes und effektives Instrument, wenn es darum geht, bewusste und reflektierte Einstellungen gegenüber den Kundenmagazinen zu gewinnen. Sie sind aber in der Frage nach der geschätzten Lesedauer oder dem Anteil der gelesenen Seiten *cum grano salis* zu nehmen, weil sich die Antworten der Leser zum einen auf in der Vergangenheit liegende Ereignisse beziehen (das Heft wurde zum Beispiel vor einer Woche zugestellt oder aus dem Markt mitgenommen), zum anderen weil sie für die Leser relativ schwer abschätzbare Fragen enthalten wie zum Beispiel nach der Lesedauer oder dem Anteil des gelesenen Hefts. Eine Befragung kommt an ihre Grenzen, wenn es um Aspekte wie Emotionen geht: Hier bedarf es anderer Methoden, um diese zuverlässig und valide zu messen.

ÜBERBLICK DER APPARATIVEN VERFAHREN

Die Grenzen der Befragungsmethode einerseits sowie technische Weiterentwicklungen andererseits haben der Corporate-Publishing-Forschung neue Möglichkeiten eröffnet zu verstehen, wie Kundenmagazine wirken und wie sie sich optimieren lassen. Insbesondere apparative Verfahren erleben seit der Jahrtausendwende eine Renaissance (Wang, Minor 2008). Während mit Befragungen nur die sicht- und hörbaren Reaktionen auf einen bestimmten Stimulus gemessen werden können, setzen apparative Verfahren am Organismus an und messen die körperlichen Reaktionen. Diese Reaktionen haben den Vorteil, dass sie

Apparative Verfahren erlauben Rückschlüsse auf nicht bewusste oder nicht artikulierbare Formen des Erlebens.

- *zeitgleich und synchron zu den dargebotenen Stimuli erfolgen und damit eine direkte Kausalitätsaussage zulassen*
- *physikalisch und damit naturwissenschaftlich objektiv gemessen werden*
- *durch die Testpersonen kaum bewusst kontrolliert werden können*

Apparative Verfahren erlauben somit einen Rückschluss auf das direkte Erleben der Personen, und zwar auf einer Ebene, die diesen möglicherweise gar nicht selbst bewusst ist und/oder die sie selbst nicht auszudrücken in der Lage sind. Eine Übersicht über den sich damit entwickelnden

Forschungszweig der Psychophysiologie bietet das über 1.000 Seiten starke „Handbook of Psychophysiology" von Cacioppo, Tassinary und Berntson (2007).

Voraussetzung für den Einsatz solcher Methoden ist allerdings, dass eine eindeutige Beziehung zwischen der gemessenen körperlichen Reaktion einerseits (zum Beispiel Veränderung von Hautwiderstand, Herzfrequenz, Pupillengröße) und einem damit zusammenhängenden psychologischen Zustand (zum Beispiel Erregung, Freude, Aufmerksamkeit, Informationsverarbeitung etc.) hergestellt und begründet werden kann. In vielen Untersuchungen konnten zumindest Korrelationen hergestellt werden (vgl. die Übersichten zum Beispiel bei Wang und Minor (2008), Chamberlain und Broderick (2007), Poels und Dewitte (2006)), sodass der Einsatz dieser Verfahren je nach Fragestellung durchaus sinnvoll sein kann. Die Komplexität der Verfahren reicht dabei von relativ einfachen Hautwiderstandsmessgeräten bis hin zu in Bedienung und Auswertung extrem aufwändigen Magnetresonanztomografen.

KLASSISCHE APPARATIVE VERFAHREN
Die *Stimmanalyse* misst die psychisch bedingten Veränderungen der Stimmfrequenz. Grundlage ist die Überlegung, dass sich Veränderungen des Aktivierungsniveaus, die direkten Einfluss auf die Stimmerzeugung haben, in Atemfrequenz, Muskelspannung und Tremor niederschlagen. Frühe Studien zeigen, dass die Stimme besser als die Selbstauskunft über Befragungen mit tatsächlichem Käuferverhalten und Markennutzung in Verbindung steht und dass sie Erregung indiziert (Wang, Minor 2008).

Neben der Stimmanalyse gewinnt die *Gesichtsanalyse* an Bedeutung. Auf Grundlage des 1978 entwickelten *Facial Action Coding Systems* von Paul Ekman und Wallace Friesen lassen sich fast alle anatomisch möglichen Gesichtsausdrücke codieren. Grundlage sind die Aktivierung und Stellung der einzelnen Gesichtsmuskeln und ihr Zusammenspiel. Aus den Codierungen lassen sich Rückschlüsse auf emotionale Zustände der beobachteten Personen ziehen. Das händische und aufwändige Codierverfahren kann durch den Einsatz der Elektromyografie, bei der die elektrische Muskelaktivität ausgewählter Gesichtsmuskeln gemessen wird, vereinfacht und objektiviert werden. Tatsächlich zeigt sich auch hier, dass mit dieser Methode die emotionale Valenz – positive oder negative Ausrichtung – valide gemessen werden kann. Darüber hinaus zeigen diese Messungen einen Zusammenhang mit der Erinnerung an Marken (Poels, Dewitte 2006: 16 f; Wang, Minor 2008: 207 f.). Neuere Entwicklungen nutzen bereits eine maschinell erstellte Codierung. Für die Nutzung im Medienbereich kann daher die Aufzeichnung der Mimik der Lesenden direkten Aufschluss über das bewusste und unbewusste Erleben beim Lesen eines Magazins oder einer Zeitschrift bringen.

Bei den *elektrodermalen Verfahren* wird der elektrische Hautwiderstand gemessen, der sich durch bioelektrische Prozesse aufgrund der inneren Erregung als Folge bestimmter innerer Verarbeitungsprozesse (zum Beispiel beim Betrachten von Zeitschriften, Werbemitteln o. ä.) verändert. Der Versuchsperson werden hierbei zwei Elektroden an den Fingern angelegt, welche die Änderungen des Hautwiderstandes messen. Da mit steigender Erregung auch eine verstärkte Sekretion der Schweißdrüsen erfolgt, wird der Strom besser geleitet und der Hautwiderstand verändert sich. Elektrodermale Verfahren messen Erregungszustände zwar zuverlässig und valide, geben aber keinen Aufschluss über die Aufmerksamkeitsleistung (Wang, Minor 2008: 204f.; Poels, Dewitte 2006: 18 f.). Darüber hinaus geben sie keine Auskunft, in welche Richtung sich diese Erregungszustände bewegen – sind es positive, das heißt freudige, oder negative, das heißt abstoßende

Gefühle? Für die Messung im Lesebereich ist dieses Verfahren alleine also wenig aussagekräftig, sinnvoll würde es nur dann, wenn mit anderen Verfahren auch gleichzeitig die Richtung der Erregungszustände angegeben werden kann.

Auch die *Herzfrequenz* gilt als valider und reliabler Indikator von Erregung. Darüber hinaus gibt sie aber auch Aufschluss über die Richtung der Erregung (Valenz) und über den Grad der Aufmerksamkeit (Poels, Dewitte 2006: 20f; Wang, Minor 2008: 206). So ist bei zunehmender Aufmerksamkeit eine kurzfristige Verlangsamung der Herzfrequenz zu beobachten, bei zunehmender Erregung eine langfristige Veränderung. Ebenso führen positive Stimuli zu einer Beschleunigung der Herzfrequenz, während negative Stimuli zu einer Verlangsamung führen. Veränderungen in der Herzfrequenz weisen darüber hinaus einen Zusammenhang mit der Vorhersage von Erinnerung und Gedächtnisleistung auf. Allerdings zeigt sich auch, dass die Veränderung der Herzfrequenz durch unterschiedliche psychologische Prozesse hervorgerufen werden kann, was die Interpretation dieser Daten wesentlich erschwert. Dem steht gegenüber, dass die Messung der Herzfrequenz mittlerweile relativ einfach und für die Testpersonen nicht beeinträchtigend ist.

Mithilfe des *Pupillometers* wird die Pupillenreaktion gemessen (Pupillometrie), um daraus Rückschlüsse über die Aktivierung der Probanden beim Betrachten des Werbemittels zu gewinnen. Dabei wird zunächst der durchschnittliche Pupillendurchmesser gemessen und dann die Veränderung während der Betrachtung erfasst. Eine direkte kausale Beziehung zwischen spezifischen kognitiven Leistungen und der Veränderung des Pupillendurchmessers besteht zwar nicht, denn die Veränderungen können durch mehrere Auslöser hervorgerufen werden (zum Beispiel kognitive Belastung bei Rechenaufgaben, Informationsverarbeitung, Aufmerksamkeit, Erregung). Die Pupillenveränderung kann aber trotzdem als eine Art „Marker" dafür gedeutet werden, dass die oben genannten Prozesse gerade stattfinden (Beatty, Lucero-Wagoner 2000). Praktisch zeigt sich aber, dass in Bezug auf Werbestimuli die Veränderung der Pupille durchaus eine hohe Differenzierungsfähigkeit hat, zum Beispiel beim Behalten von Werbebotschaften (Chamberlain, Broderick 2007: 208; Wang, Minor 2008: 204). Für die Medienforschung kann dieses Verfahren relevant sein, wenn es darum geht, die Erregung und die kognitive Belastung bei einzelnen Artikeln oder Magazinteilen zu messen.

Damit Kommunikation wirken kann, muss sie gesehen werden. Dazu muss man sie mit den Augen des Empfängers betrachten.

NEUROPHYSIOLOGISCHE VERFAHREN
Grundlagen aus den Bereichen der *Hirnforschung* liefern wesentliche Erkenntnisse auch für den Bereich der Werbewirkung (Holst, Weber 2009). So konnte mit Hilfe der Hirnforschung gezeigt werden, dass Marken eine „emotionale, nicht rationale" Wirkung haben. Eigene Testverfahren mit Hilfe von Hirnscannern sind in der Werbepraxis jedoch (noch) nicht realistisch. Finanziell und zeitlich ist der Aufwand zu groß. Vielmehr können die Ergebnisse aus wissenschaftlichen Studien mit den Erkenntnissen verschiedener Disziplinen zusammengespielt werden, sodass wissenschaftlich fundierte Aussagen in Bezug auf die Werbewirkung getroffen werden können. Die Veröffentlichungen sind hier mittlerweile Legion, sodass an dieser Stelle auf die einschlägigen Übersichtsbücher und -artikel zum Beispiel von Bruhn und Köhler (2010), Reimann und Weber (2011), Ariely und Berns (2010), Koschnick (2007) verwiesen werden kann.

Die *Elektroenzephalografie* misst mit dem Elektroenzephalogramm (EEG) Spannungsschwankungen an der Kopfoberfläche. Diese Spannungsschwankungen werden durch Veränderungen der elektrischen Zustände einzelner Gehirnzellen verursacht, die zur Informationsverarbeitung im Gehirn beitragen. Über Elektroden lassen sich aufgrund der aufgezeichneten Wellen Rückschlüsse auf Bewusstseinszustände oder Aktivierungen ziehen. Allerdings lassen sich keine

Aufzeichnungen von tieferliegenden Gehirnstrukturen machen, ebenso werden hohe Frequenzen durch das Körpergewebe ausgefiltert (Weber 2011: 45). Auch wenn es einige methodische Probleme beim Einsatz von EEG für die Marketingforschung gibt, weist einiges darauf hin, dass diese Methode für die Identifikation von zum Beispiel *Branding Moments* in der Fernsehwerbung geeignet sein kann (Wang, Minor 2008: 202; Kenning, Linzmajer 2010).

EYE TRACKING ALS BESONDERS GEEIGNETES VERFAHREN

Unter all den oben beschriebenen apparativen Verfahren für die Überprüfung und Optimierung von Kundenmagazinen ist ein Verfahren besonders hervorzuheben: Blickverlaufsaufzeichnung oder *Eye Tracking*. Neben den klassischen Techniken wie Befragung oder Beobachtung hat sich der Einsatz von Blickverlaufsmessungen fast schon als Standardmethode etabliert. Neben dem hohen inhaltlichen Ertrag dieser Methode und ihrer objektiven Messbarkeit hat die technische Entwicklung der Systeme dazu beigetragen, dass sie in den verschiedensten Medien- und Marketingbereichen immer stärker eingesetzt wird. So wurde bereits relativ früh – seit den 1970er-Jahren – ihr Nutzen für die Kommunikationsforschung erkannt (Wang, Minor 2008; Kroeber-Riel, Weinberg 2003). Die Begründung dafür ist ebenso einfach wie zwingend: Bevor eine schriftliche Kommunikation irgendeine Wirkung entfalten kann, muss sie zunächst gesehen werden. Was nicht gesehen wird, kann nicht wirken. Und um zu verstehen, wie etwas wirkt und wie es auch verbessert werden kann, muss man sich zunächst soweit wie möglich in die Situation – hier: in den Kopf – des Empfängers versetzen. Insofern liegt es auf der Hand, mit dem allerersten Kontaktpunkt, den ein Empfänger mit dem Kommunikations- oder Werbemittel haben kann, zu beginnen.

Unter Blickaufzeichnung/-registrierung versteht man Verfahren, die den Blickverlauf einer Person beim Betrachten eines Bildes/Textes etc. registrieren und festhalten (Block 2002, Duchowski 2003). Das heißt, die Bewegungen des Auges über eine Bildfläche werden ebenso festgehalten wie die Fixationsdauer bestimmter Punkte. Es wird gemessen, wann, wie lange, wie häufig und in welcher Reihenfolge eine Person ein Bild bzw. einen Text, einzelne Elemente oder Bereiche betrachtet. Blickverlaufsmessungen sind im Laufe der Zeit zu einem der wesentlichen Verfahren zur Ermittlung der Aufmerksamkeitsleistung eines Kommunikationsmittels geworden.

Im Bereich der Optimierung von Kundenmagazinen liefert diese Methode Antworten auf Fragen wie zum Beispiel:

- *Kann das Kundenmagazin die Aufmerksamkeit der Zielpersonen auf sich ziehen?*
- *Wie ist der Blickverlauf in der Phase der ersten Orientierung?*
- *Wie werden Titelbild, Inhaltsverzeichnis, Rückseite wahrgenommen?*
- *Sind die wesentlichen Elemente so platziert, dass sie wahrgenommen werden?*
- *Wie intensiv beschäftigen sich die Zielpersonen mit der Zeitschrift?*
- *Welche Gestaltungsmerkmale sind ein Blickfang?*
- *Wie schweift der Blick durch das Magazin?*
- *In welcher Reihenfolge werden die einzelnen Bestandteile des Magazins betrachtet?*
- *Welche Aufmerksamkeit erfahren redaktionelle gegenüber werblichen Teilen?*
- *Welche Textstrecken werden gelesen, wie weit und wie intensiv werden sie gelesen?*

Da die reine Blickaufzeichnung keine Angaben darüber liefern kann, wie das tatsächlich Betrachtete gedanklich verarbeitet wurde, kombiniert das Siegfried Vögele Institut die Blickaufzeichnung immer mit einer zusätzlichen intensiven qualitativen Befragung. Damit wird die objektive Messung „Was wird wahrgenommen?" mit der Reflexion subjektiven Erlebens „Wie wurde es wahrgenommen?" kombiniert und liefert so ein umfassendes Bild, wie visuell dargebotene Information ausgewählt, verarbeitet und widergespiegelt wird. Im Ergebnis wird so deutlich, welche Stärken und Schwächen eine Kundenzeitschrift aufweist. Werden die so gewonnenen Daten zudem noch vor dem Hintergrund einer bewährten Methodologie, wie es zum Beispiel die Professor Vögele Dialogmethode® ist, interpretiert, dann lassen sich auch begründete und zielweisende Handlungsempfehlungen für die Gestaltung schriftlicher Kommunikation aussprechen. Auf dieser Grundlage können Mediengestalter und Marketingverantwortliche Entscheidungen darüber treffen, welche Elemente in welcher Weise optimiert werden sollten.

SEHEN UND WAHRNEHMUNG

Wie sehen wir nun, was wir lesen? Unser Gefühl sagt uns, dass wir einen Raum oder auch ein Magazin vollständig erfassen, wir glauben, wir würden alles sehen. Allerdings: Dies ist eine grandiose Illusion unseres Gehirns. Würden wir wirklich alles aufnehmen wollen, müssten unsere beiden Sehnerven die Dicke eines Taus haben, um all die Informationen unserer Umwelt zu transportieren. Tatsächlich behilft sich die Natur mit einem Trick: Zum einen nehmen wir nur Einzelheiten wahr, unser Gehirn setzt aber diese Einzelinformationen wie Puzzleteile zu einem scheinbaren Ganzen zusammen. Und um diese Einzelheiten auch wirklich darzustellen, ist zum anderen unsere Netzhaut so organisiert, dass wir nur zu einem kleinen Teil scharf und farbig sehen können, im weitaus größeren Teil aber nur unscharf und in Hell-Dunkel-Abstufungen. Wir erleben (und erlesen) die Welt also als Ganzes und in Schärfe, sehen aber tatsächlich nur einzelne deutliche Bildpunkte und den Rest in Unschärfe.

Unser Gesichtsfeld teilt sich somit in zwei Bereiche auf, den zentralen und den peripheren Sehbereich. Der periphere Sehbereich entspricht in etwa dem sogenannten Gesichtsfeld (ca. 140 bis 170 Grad), während der zentrale Sehbereich auf Leseentfernung nur einen Bereich von ein bis zwei Grad abdeckt (Abbildung 2). Dies bedeutet, dass auf eine Entfernung von ca. einem Meter nur etwa der Bereich einer 2-Euro-Münze scharf wahrgenommen werden kann. Die Sehschärfe nimmt außerhalb der zentralen Sehachse rapide ab, bei ca. acht Grad Abweichung beträgt sie nur noch ungefähr 25 Prozent. Im peripheren Bereich können keine Details, sondern nur Formen und Kontraste wahrgenommen werden. Farben werden nur bis ca. 20 Grad Abweichung von der Sehachse erkannt, danach verschwimmt die Umgebung in Hell-Dunkel-Abstufungen.

Da das Gehirn bestrebt ist, möglichst exakte Informationen über die Umgebung zu erhalten, wird der periphere Bereich als „Früherkennung" bzw. zur Orientierung genutzt. Das Gehirn steuert das Auge genau auf die Elemente, von denen es vermutet, dass diese den größten und wichtigsten Informationsgehalt bieten. Dies geschieht aber nicht mit einer kontinuierlichen Bewegung, sondern sprunghaft (Abbildung 2). Nach einem Sprung bleibt das Auge auf einem Element stehen, um ein scharfes Bild an das Gehirn zu liefern. Dieses Verharren wird Fixation genannt, der Sprung dazwischen Sakkade. Damit das Gehirn diese Informationen auch aufnehmen kann, muss die Fixation mindestens 0,2 Sekunden dauern. Danach kann das Auge weiter zum nächsten Element springen und dieses fixieren. Die Sakkade dauert nur wenige Millisekunden. In dieser Zeit wird die Wahrnehmung im Gehirn blockiert.

DIE OBJEKTIVE SEITE: BLICKREGISTRIERUNG

Nur während der Fixationen kann das Gehirn Informationen aufnehmen. Dies geschieht teilweise bewusst, teilweise aber auch unbewusst. In jedem Fall findet nach der Wahrnehmung eine Bewertung statt. Dabei gleicht das Gehirn die Informationen vom Auge mit bereits gespeicherten Informationen – zum Beispiel gelernten oder vererbten Schemata – ab und interpretiert sie. Bei der Bewertung werden zum Beispiel Zusammenhänge gebildet, Schlüsse gezogen oder Emotionen ausgelöst. Das Auslösen von Emotionen kann so weit gehen, dass messbare Reaktionen des Körpers erfolgen: zum Beispiel Veränderung des Pupillendurchmessers und des Hautwiderstands.

Sehen ist in erster Linie ein Prozess des Wegfilterns. Das meiste, was angeboten wird, wird gar nicht gesehen.

Dabei ist wichtig zu verstehen: Das meiste, was in Kundenmagazinen (aber auch in jeder anderen Kommunikation) visuell angeboten wird, wird gar nicht bewusst wahrgenommen. Sehen ist in erster Linie ein Prozess des Wegfilterns: So wie der Leser auf der Suche nach Interessantem durch ein Magazin blättert, so geht er auf der Suche nach Interessantem auch mit dem Blick über die einzelne Seite. Er muss aus der Fülle der Informationen auswählen, und die relevante Frage, die er oder sie sich stellt, ist: „Warum sollte ich hier einsteigen und weiterlesen?" Wir nennen dieses Absuchen der Seite den „ersten Kurzdialog": Der Leser ist auf der Suche nach Gründen, die zum Verweilen einladen. Dieser erste Blick über die Seite dauert in der Regel nicht mehr als drei bis fünf Sekunden, dann entscheidet sich, ob in die Seite weiter und tiefer eingestiegen wird oder nicht.

Das Auge bleibt dabei an Gestaltungselementen hängen, die seine Aufmerksamkeit besonders anziehen: Bilder, Grafiken, Headlines, Hervorhebungen im Text etc. Genau hier sollten die wichtigen Antworten und Botschaften für ihn erkennbar sein, die Gründe geliefert werden, sich mit dem Text oder den Bildern stärker auseinanderzusetzen. Empfindet der Betrachter diese Antworten oder Botschaften als positiv, wirken sie wie ein „Verstärker" für die Möglichkeit, dass er im Sinne der Zielsetzung eines Werbemediums (zum Beispiel Einsteigen in den Text) auf dasselbe reagiert. Wir sprechen dann von einem „Kleinen Ja". Es entspricht dem Kopfnicken eines Kunden während des Verkaufsgesprächs. Werden die Antworten als negativ empfunden, wirken sie dagegen wie ein Filter. Wir sprechen dann von einem „Kleinen Nein", die Leser gehen weiter im Text, und die vom Absender intendierte Botschaft kann nicht transportiert werden. So muss ein Kommunikationsmittel am Ende des ersten Kurzdialogs zunächst die sogenannte Leseschwelle überwinden. Erst dann steigt der Leser tiefer in detaillierte Copy-Texte ein, um mehr zu lesen. Die im ersten Kurzdialog nur angedeuteten Vorteile werden vertieft und weitergehende Fragen beantwortet. Nur so kann der Leser gebunden und interessiert werden, und nur dann erfüllt ein Kundenmagazin seinen Zweck.

Der erste Kurzdialog lässt sich mit der Augenkamera gut beobachten. Es wird aufgezeichnet, welche Gestaltungselemente vom Betrachter wie häufig, in welcher Intensität und in welcher Reihenfolge fixiert werden. Fixationen und Sakkaden werden bei der Blickverlaufsanalyse innerhalb des Magazins markiert.

Der gesamte Prozess, wie sich ein Empfänger eines Magazins mit diesem auseinandersetzt, kann auf diese Weise beobachtet und analysiert werden *(Abbildung 3)*: Angefangen beim Empfang des Magazins und dem Umgang zum Beispiel mit der Briefhülle (wenn es postalisch zugestellt wird) über die Betrachtung der Titelseite, der Art des Lesens (von vorne nach hintern, oder auch von hinten nach vorne?), dem Blättern, Einsteigen, Vertiefen und Weitergehen, bis schließlich das Magazin ausgelesen wurde.

SEHBEREICH UND BLICKVERLAUF BEIM LESEN.

ABBILDUNG 2

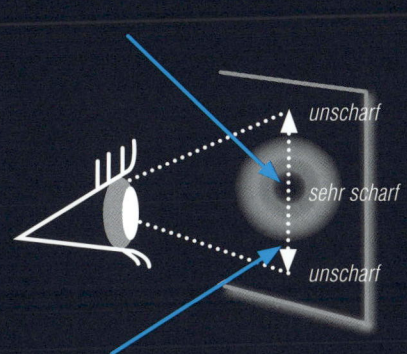

Fixation   Sakkade

Zentraler und peripherer Sehbereich   Fixationen und Sakkaden beim Sehen

DAS SVI-MODUL: WIE BEACHTEN LESER MEINE PUBLIKATION?

ABBILDUNG 3

- Erwartungsgemäß ist das Gesicht der prominenten Person der Eyecatcher dieser Seite. Nur ein einziger Proband fixiert dieses nicht.

- Insgesamt dominieren die Bildelemente die Wahrnehmung auf dieser Seite.

- Doch auch der Textblock neben/unter dem Bild wird von 4 Personen komplett, von 4 zum Teil gelesen.

- 4 Probanden lesen Teile des xxxxx-Tipps, nur ein Proband den gesamten Text.

Quelle: Studie 2007 162

KRITERIEN FÜR DIE ANALYSE VON KUNDENZEITSCHRIFTEN
Für die Analyse werden deshalb unter anderem die folgenden Kriterien von der Augenkamera
erfasst und ausgewertet:

....

AUFFÄLLIGKEIT // *Wird ein Gestaltungselemente im Magazin überhaupt als solches erkannt? Wie wirken eingesetzte Störer, Kästen, Hervorhebungen etc.?*

BETRACHTUNGSDAUER // *Wie lange wird im Magazin gelesen? Welche Strecken werden wie lange gelesen?*

FIXATIONSPUNKTE // *An welchen Punkten bleibt das Auge hängen? Wo werden Informationen tatsächlich aufgenommen? Welche Stellen werden von (fast) allen Lesern gesehen, wo streut die Betrachtung?*

FIXATIONSREIHENFOLGE // *Dient die Reihenfolge der wahrgenommenen Elemente dem Verständnis? Der Blickverlauf beginnt in der Regel bei dem Gestaltungselement, von dem sich der Betrachter den größten Informationsgehalt verspricht. Aufgrund seiner Seherfahrungen erregen Elemente durch ihre Größe, Farbe, Form, Neuartigkeit oder Widersprüchlichkeit seine Aufmerksamkeit. Aus der Reihenfolge der fixierten Gestaltungselemente lässt sich schließen, ob die Seitenkonzeption den Blick des Betrachters in eine Reihenfolge lenkt, die dem Verstehen des Artikels oder Angebots förderlich ist.*

FIXATIONSHÄUFIGKEIT // *Wie häufig werden einzelne Elemente fixiert?*

FIXATIONSDAUER // *Wie lange dauern die einzelnen Fixationen? Anhand dieser Untersuchungskriterien lassen sich die Erfassbarkeit und die Verständlichkeit einzelner Gestaltungselemente erkennen. Kurze Fixationen zeigen an, dass der Betrachter sich einen Überblick verschaffen will, während längere Fixationen darauf hinweisen, dass der Betrachter sich intensiver mit dem Wahrgenommenen befasst und dieses auch bewusst verarbeitet.*

SAKKADENLÄNGE // *Wie groß sind die Abstände zwischen den Fixationen? Die Sakkadenlänge ist umso größer, je schwieriger ein Reizmuster zu identifizieren ist. Schwierigkeiten können daraus resultieren, dass zu viele Informationen angeboten werden, keine optische Gliederung erkennbar ist oder Widersprüchlichkeiten vorhanden sind.*

....

Im Anschluss muss untersucht werden, welche Botschaften sich an diesen Stellen verbergen und ob sie das Potenzial haben, ein Kleines Ja beim Betrachter auszulösen. Man erhält Hinweise darauf, ob wichtige Botschaften im Magazin aufgrund ihrer Gestaltung vom Betrachter gar nicht wahrgenommen wurden und deshalb auch ihre überzeugende Wirkung nicht entfalten konnten.

DIE SUBJEKTIVE SEITE: BEFRAGUNG

Blickregistrierung ist eine Methode, die objektiv und technisch misst, wie sich das Auge bewegt und wohin die Leser blicken. Sie erlaubt mit naturwissenschaftlicher Präzision, die Lage und Bewegung eines Blickpunkts festzulegen. Sie kann jedoch nichts darüber aussagen, wie das Gesehene erlebt wird: Ist es langweilig oder faszinierend, glaubwürdig oder unehrlich, verführerisch oder abstoßend? An der Dauer einer Fixation lässt sich nicht erkennen, ob das Element lange betrachtet wurde, weil es so interessant war oder weil es möglicherweise nicht verstanden wurde. Dass viele Leser möglicherweise auf das gleiche Bild im Heft schauen, lässt keinen Rückschluss darüber zu, ob das Bild als angenehm oder unangenehm empfunden wurde. Insofern sagen reine Häufigkeiten oder Betrachtungszeiten zwar etwas über die Aufmerksamkeit, die einer Stelle im Heft geschenkt wurde, aber nichts über die jeweilige Erfahrung, die damit gemacht wurde. Letztere ist aber die andere, untrennbar mit der Betrachtung zusammenhängende Qualität beim Lesen. Nur durch eine ausführliche qualitative Befragung kann hier dieses subjektive Erleben erfassbar gemacht werden.

Im direkt an die Aufzeichnung anschließenden Interview müssen die Leser die Möglichkeit bekommen, ihre Eindrücke vom Magazin widerzugeben: An was erinnern sie sich, was gefällt, was gefällt nicht, welche Themen und Rubriken waren besonders interessant, welche Farben herrschten vor, welche Eigenschaften beschreiben das Heft, welche Beilagen waren enthalten, mit welchen anderen Zeitschriften würde man dieses Magazin vergleichen, was würde man an dem Magazin verbessern wollen etc.? Auf diese Weise wird das Heft durch die Leser einer detaillierten Blattkritik unterzogen. Für eine umfassende Analyse sind diese Meinungen und Einschätzungen essenziell, denn nur so werden die Blickverläufe durch das subjektive Erleben auch verständlich. Die Einstellungen und Präferenzen der Leser bestimmen zum großen Teil, welche Teile gelesen oder vertieft betrachtet werden. Aber genauso leiten die Gestaltungsmerkmale im Heft die Blickrichtung an und geben überhaupt erst den Hinweis, dass hier etwas für den Leser Interessantes zu finden sei. Aus diesem Zusammenspiel zwischen Gestaltung und Interessen erwächst überhaupt erst die Chance auf eine Kommunikation zwischen dem absendenden Unternehmen und dem Leser. Deshalb ist eine detaillierte Befragung und Auswertung im Anschluss an die Blickaufzeichnung notwendig.

ANALYSE UND EMPFEHLUNGEN
Aus der gemeinsamen Analyse von Blickverlaufsaufzeichnung und detaillierter Befragung werden die Stärken und Schwächen eines Kundenmagazins deutlich: Gelingt es, die Leser zu fesseln und zu binden, oder verpufft sein Interesse, ohne dass ein tieferer Einstieg gelingt? Besonderen Wert legen wir als Siegfried Vögele Institut auf Aspekte wie Wahrnehmung, Kommunikationsleistung und Aktivierungspotenzial: Welche Gestaltungselemente werden wahrgenommen, wie weit und wie viel wird gelesen, wie passen Inhalte zur angestrebten Zielgruppe, wie deutlich ist der Call-to-Action platziert, wird er wahrgenommen etc.? Aber auch das Handling, die Erinnerung an spezifische Inhalte, Anmutung und Gefallen sowie die inhaltliche Beschäftigung sind relevante Faktoren: Wie sehr fallen Beileger oder besonders gestaltete Strecken auf, welche Themen sind besonders aufmerksamkeitsstark und werden als interessant empfunden, was ist daran interessant, welchen Nutzen hat das Magazin in den Augen der Leserinnen und Leser? Das Ziel eines Kundenmagazins sollte unserer Ansicht nach eben sein, nicht nur einen einmaligen Kontakt zu gewährleisten, sondern auch als Instrument im Kundendialog den Kunden für das Unternehmen zu interessieren, ihm einen Zusatznutzen zu verschaffen und dadurch auch an das Unternehmen zu binden.

Aus dieser Perspektive heraus entwickeln wir für die zentralen Seiten (Titel, Inhaltsverzeichnis, Rückseite sowie spezifische Strecken, die für unsere Kunden besonders wichtig sind) konkrete Handlungsempfehlungen und diskutieren diese mit unseren Kunden und deren Agenturen. Diese Empfehlungen umfassen neben gestalterischen Empfehlungen (zum Beispiel Art, Farbe, Größe,

Positionierung von Bildern, Textelementen oder Störern) auch Empfehlungen hinsichtlich der Textgestaltung und der Entsprechung von Text und Layout.

DIE TECHNISCHE DURCHFÜHRUNG

Die Blickverlaufsmessung basiert prinzipiell darauf, dass die Bewegungen des Auges erfasst und in ein bestimmtes Verhältnis zur gesehen Szene gesetzt werden. Dabei zeichnet eine Kamera die Augenbewegung auf, eine zweite (die in einem festen Winkel zur ersten montiert ist) zeichnet das auf, was die Leser sehen (Szene). Über ein Auswertungsprogramm werden die Blickbewegungen als „Marke" synchron in die vom Leser gesehene Szene eingespielt. Das Ergebnis ist ein Fadenkreuz oder Kreis, der sich in einer abgefilmten Umgebung bewegt *(Abbildung 4)*.

ABBILDUNG 5

Remotesystem zur Untersuchung von Onlinekommunikation (Quelle: SMI)

Für die Blickverlaufsaufzeichnung wird üblicherweise die Cornea-Reflex-Methode angewendet. Dabei wird das Auge mit Infrarotlicht (für den Probanden nicht wahrnehmbar) beleuchtet, seine Bewegung mit einer Schwarz-Weiß-Videokamera aufgezeichnet und die Videoaufnahme an einen Computer weitergeleitet. Nach dem Kalibrieren des Systems (Abgleich mit der Krümmung der Augenoberfläche) kann der Computer jede Augenstellung einer eindeutigen Position zuordnen.

Dabei lassen sich zwei verschiedene Augenkamerasysteme unterscheiden: Zum einen gibt es die mittlerweile sehr häufig eingesetzten Remotesysteme *(Abbildung 5)* , bei denen die Stimuli bildschirmgestützt gezeigt werden. Die Kamera für das Augensignal ist für die Testperson unsichtbar in den Stimulusmonitor integriert. Dieses System ist ideal für die Erfassung aller Kommunikation, die über Monitore dargebracht wird: Websites, Onlinewerbung, Filme etc. Darüber hinaus bietet sie schnelle und interessante Auswertungsmöglichkeiten. Für die Darstellung zum Beispiel von Magazinen ist sie jedoch ungeeignet. Denn sie kann keine Informationen über die physische Qualität (Haptik, Sensorik) mitliefern (Schijns, Smit 2010). Außerdem wird das Blickverhalten am Bildschirm – anders als offline, das heißt bei real präsentierten Stimuli – erheblich und unsystematisch abgelenkt (von Keitz, Yun 2010).

Für die Untersuchung von Kundenmagazinen ist deshalb das sogenannte „kopfgetragene" System *(Abbildung 6)* das Mittel der Wahl, eben weil es für die Leser eine natürliche Lesehaltung erlaubt. Montiert auf einer Basecap oder als Brille bietet es den Lesern eine fast vollständige Bewegungsfreiheit – das Magazin kann gedreht, hochgehalten oder gelegt werden, wie es dem Leser am liebsten ist. Darüber hinaus kann es eben auch die Haptik und Sensorik vermitteln, die für die Anmutungsqualität eines Magazins auch wichtig ist. Besonders wichtig ist dieser Bewegungsfreiraum, wenn es um das Handling eines Magazins geht:

- *Wie ist das Handling beim Öffnen des Magazins?*
- *Stimmt die Wahrnehmungsreihenfolge auf den einzelnen Seiten?*
- *Fallen Beigaben genügend auf?*

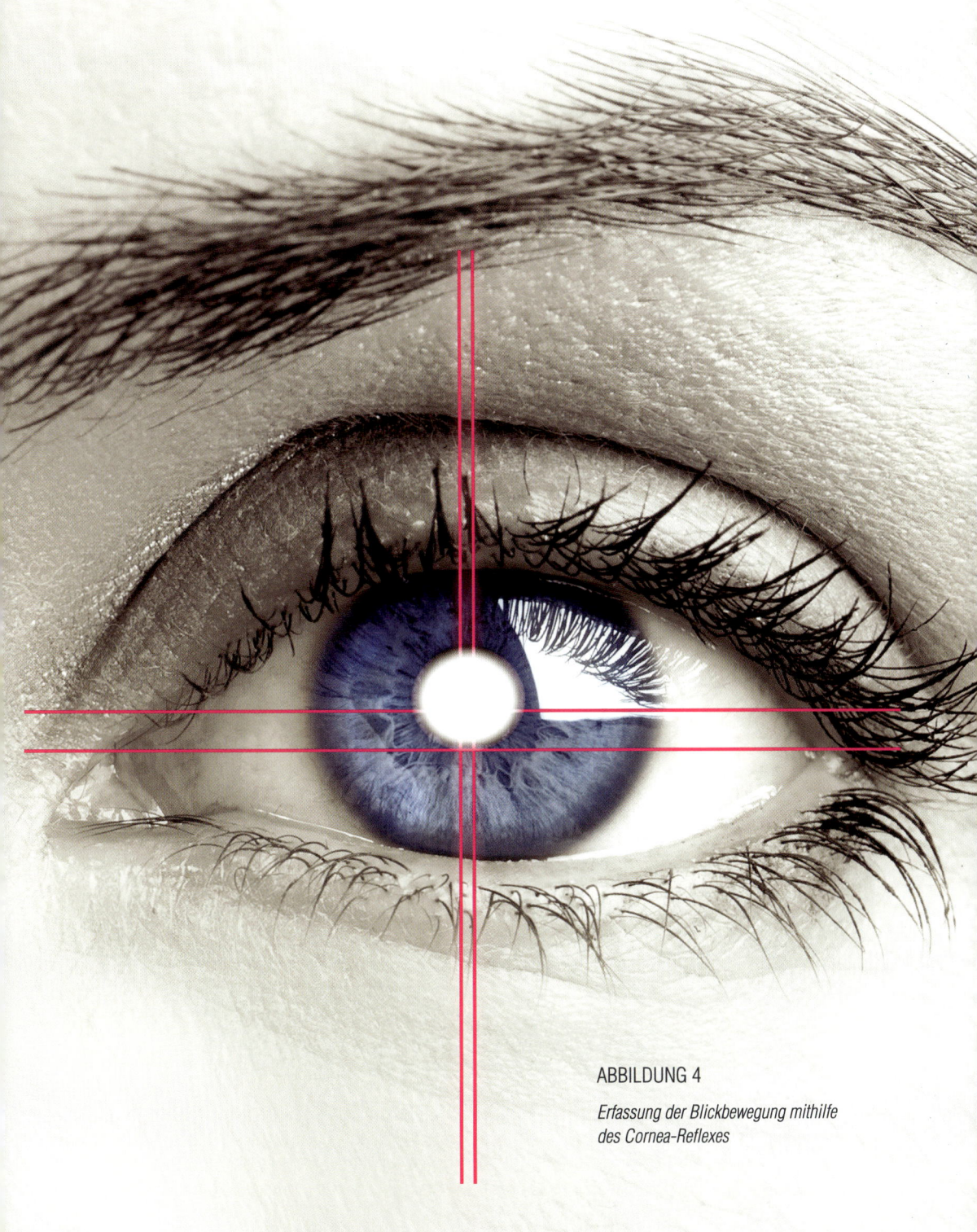

ABBILDUNG 4

*Erfassung der Blickbewegung mithilfe
des Cornea-Reflexes*

ABBILDUNG 6

*Kopfgestütztes System zur Unter-
suchung von Printkommunikation
(Quelle: SVI)*

Diese und weitere Fragen können mittels Blickverlaufsaufzeichnung
nur beantwortet werden, wenn der Proband dabei real handeln kann!
Die Blickverläufe der Testpersonen werden als Film gespeichert
und anschließend teilweise manuell ausgewertet. Die Auswertung und Visualisierung ist daher
relativ aufwändig.

ZUSAMMENFASSUNG

Mithilfe des
Eye-Trackings können
Stärken von Kunden-
magazinen, aber auch
ihre Schwächen
zuverlässig entdeckt
werden.

Wie alle anderen Kommunikationsinstrumente müssen auch Kundenzeitschriften generelle Anforderungen, die an Kommunikation gestellt werden, erfüllen. Diese lassen sich als Output (Leistung), Outcome (direkte Zielgruppenwirkung) sowie Outflow (betriebswirtschaftliche Wirkung)
beschreiben. Die Umsetzung dieser drei Dimensionen in Maßzahlen, die auch für das Tagesgeschäft der Verlage und Agenturen relevant sind, gelingt jedoch nur teilweise. So stehen für eher
allgemeine Kriterien „harte" und anerkannte Maßzahlen wie Auflagenhöhe, verkaufte Auflage,
weitester Leserkreis etc. zur Verfügung. Darüber hinaus müssen Kundenmagazine aber auch jeweils spezifische Ziele erfüllen, die sich aus ihre Positionierung im Markt ergeben. Dies setzt
entsprechend spezifische Maßzahlen voraus, die sich zum Beispiel auf Aspekte der Markenführung oder des Unternehmensimages beziehen.

Klassischerweise wird für die Erhebung dieser Maßzahlen auf den Königsweg der Forschung,
nämlich Befragungen, zurückgegriffen. Aber auch diese durchaus effiziente und effektive Methode hat einige Beschränkungen – zum einen durch die Notwendigkeit relativ starrer und
standardisierter Frageformate, zum anderen durch die Beschränkungen, die sich aus der Informationsverarbeitung von Menschen ergeben. Apparative Methoden haben hier den Vorteil, dass
sie diese Beschränkungen umgehen, indem sie direkt physiologische Reaktionen messen. Diese
Verfahren – Stimm-, Gesichtsanalyse, Pupillometrie, Hautwiderstandsmessung, aber auch
neurophysiologische Verfahren – erleben in jüngster Zeit wieder neue Aufmerksamkeit. Die kur-
sorische Übersicht über diese Verfahren zeigt, dass sie durchaus in der Lage sind anzugeben,
wie eine gemessene physiologische Reaktion (Blickverlauf, Veränderung des Hautwiderstands,
Veränderung der Pulsfrequenz) mit den interessierenden Merkmalen (zum Beispiel Aufmerksamkeit, Interesse, Einstellung) in Zusammenhang steht. Unter diesen Verfahren hat die Blickverlaufsmessung oder *Eye Tracking* einen besonderen Stellenwert, da sie seit den 70er-Jahren
genutzt wird und auch immer weiter verfeinert wurde. Am Beispiel des *Eye Tracking* am Siegfried
Vögele Institut wird gezeigt, wie mithilfe dieser Methodik Kundenzeitschriften analysiert und
Handlungsempfehlungen entwickelt werden. Damit werden die Stärken der Zeitschriften, aber
auch ihre Schwächen in Layout, Handling, Wahrnehmung zuverlässig entdeckt. Die daraus ab-
geleiteten Handlungsempfehlungen ermöglichen es Blattmachern, Agenturen und Verlegern
Entscheidungen so zu treffen, dass die Zeitschriften für die Nutzer attraktiver und benutzer-
freundlicher sind und ihre Aufgaben – Unternehmensimage und -ziele zu vermitteln – erfolgreich erfüllen.

LITERATUR

ARIELY, DAN/BERNS, GREGORY S. (2010): Neuromarketing: The Hope and Hype of Neuroimaging in Business. In: *Nature Reviews Neuroscience*, Vol. 11, S. 284 – 292

BEATTY, JACKSON/LUCERO-WAGONER, BRENNIS (2000): The Pupillary System. In: Cacioppo, John T./Tassinary, Louis G./Berntson, Gary G. (Hrsg.): Handbook of Psychophysiology. 2. Auflage. Cambridge: Cambridge University Press, S. 142 – 162

BLOCK, ANDREAS (2002): Die Blickregistrierung als psychopyhsiologische Untersuchungsmethode. Hamburg: Kovac

BRUHN, MANFRED/KÖHLER, RICHARD (HRSG) (2010): Wie Marken wirken. Impulse aus der Neuroökonomie für die Markenführung. München: Vahlen

CACIOPPO, JOHN T./TASSINARY, LOUIS G./BERNTSON, GARY G. (Hrsg.) (2007): Handbook of Psychophysiology. 3. Auflage. Cambridge: Cambridge University Press

CHAMBERLAIN, LAURA/BRODERICK, AMANDA J. (2007): The application of physiological observation methods to emotion research. In: *Qualitative Market Research*, Vol. 10 (2), S. 199 – 216

Dialog Marketing Monitor Studien (2005 – 2011), hrsg. von Deutsche Post AG, http://www.deutschepost.de/dpag?xmlFile=link1015573_28880

DUCHOWSKI, ANDREW T. (2003): Eye Tracking Methodology. London: Springer

HOLST, CHRISTIAN/WEBER, BERND (2009): Werbung mit Hirn. Wie Ergebnisse aus der Hirnforschung die Werbung beeinflussen. Königstein/Ts.: Siegfried Vögele Institut

KENNING, PETER/LINZMAJER, MARC (2010): Consumer neuroscience: an overview of an emerging discipline with implications for consumer policy. In: *Journal für Verbraucherschutz und Lebensmittelsicherheit/Journal of Consumer Protection and Food Safety*, S. 111 – 125

KOSCHNICK, WOLFGANG J. (2007): Focus Jahrbuch 2007. Schwerpunkt: Neuroökonomie, Neuromarketing und Neuromarktforschung. München: Focus Magazin Verlag.

KROBER-RIEL, WERNER/WEINBERG, PETER (2003): Konsumentenverhalten. 8. Auflage. München: Vahlen

LAMIERI, LAURA (2008): Neue Anwendungsgebiete der Blickverlaufsforschung. In: Schwarz, Torsten (Hrsg.): Leitfaden Dialogmarketing. Waghäusel: Marketing-Börse, S. 141 – 147

NOELLE-NEUMANN, ELISABETH/PETERSEN, THOMAS (1996): Alle, nicht jeder. München: dtv

PFANNENBERG, JÖRG/ZERFASS, ANSGAR (2004): Wertschöpfung durch Kommunikation. Thesenpapier zum strategischen Kommunikations-Controlling in Unternehmen und Institutionen. Bonn: DPRG

POELS, KAROLIEN/DEWITTE, SIEGFRIED (2006): How to capture the heart? Reviewing 20 years of emotion measurement in advertising. Leuven: Katolieke Universiteit, Faculty of Economics and Applied Sciences, MO 0605

REIMANN, MARTIN/WEBER, BERND (HRSG.) (2011): Neuroökonomie. Grundlagen – Methoden – Anwendungen. Wiesbaden: Gabler

Siegfried Vögele Institut, Internationale Gesellschaft für Dialogmarketing (2009): Eye-Tracking-Analysen bei Dialog-Medien. Königstein/Ts.: Whitepaper

SCHIJNS, JOS M.C./SMIT, EDITH G. (2010): CUSTOM MAGAZINES: Where Digital Page-Turn Editions Fail. In: Journal of International Business and Economics, Vol. 10 (4), S. 24 – 37

TOUREANGEAU, ROGER/RIPS, LANCE J./RASINSKI, KENNETH (2000): The Psychology of Survey Response. Cambridge: Cambridge University Press

VON KEITZ, BEATE/YUN, JONG JOHN (2010): Werbewirkung: Wie wird Offline-Werbung am Bildschirm genutzt? In: Planung & Analyse, H. 5, S. 65 – 68

WANG, YONG JIAN/MINOR, MICHAEL S. (2008): Validity, Reliability, and Applicability of Psychophysiological Techniques in Marketing Research. In: *Psychology & Marketing*, Vol. 25 (2), S. 197 – 232

WEBER, BERND (2011): Methoden der Neuroökonomie. In: Reimann, Martin /Weber, Bernd (Hrsg.): Neuroökonomie. Grundlagen – Methoden – Anwendungen. Wiesbaden: Gabler, S. 41 – 55

„Die Studie ermittelt sowohl die Quantität und Qualität der Kontakte
mit diversen Kommunikationskanälen und Marketinginstrumenten im Handel
als auch ihre Wirkung."

CP 360 GRAD – GRUNDLAGENSTUDIE FÜR DEN HANDEL
DER OPTIMALE KOMMUNIKATIONSMIX MIT KUNDENMAGAZINEN

Wir wissen: Kundenmagazine spielen eine zentrale Rolle im Kommunikationsmix. Sie können neue Zielgruppen erreichen, Kunden binden, die Markenwahrnehmung stärken und neue Absatzmöglichkeiten erschließen. Aber ob sie diese Ziele auch tatsächlich erreichen und wie effizient sie dies tun, lässt sich nur mittels repräsentativer Marktforschung feststellen. Eine solche Studie liegt jetzt vor.

EINE GRUNDLAGENSTUDIE FÜR OPTIMALE VERGLEICHBARKEIT

Zum ersten Mal beleuchtet eine Grundlagenstudie den Marketingnutzen von Kundenmagazinen auf dem deutschen Markt: Mit 2.002 ausgewerteten Interviews ist die Analyse „CP 360 Grad. Effiziente Handelskommunikation"[1] repräsentativ für 13,77 Millionen Menschen in Deutschland und bietet ein umfassendes Bild über Reichweite, Nutzen und Akzeptanz von Kundenzeitschriften. Damit liefert sie wertvolle Informationen für die Kommunikations- und Marketingabteilungen von Handelsunternehmen. Das Fazit ist positiv für alle, die sich mit Corporate Publishing beschäftigen. Die Studie belegt: Kundenmagazine wirken.

Die Studie belegt: Kundenmagazine wirken.

Es gibt zwar verschiedene – und erprobte – Ansätze, Benchmarks und Daten über die generelle Eignung von Kundenmagazinen bereitzustellen. Was bislang aber fehlte, sind akzeptierte Grundlagenstudien, die die Reichweite, Nutzung und Akzeptanz aller relevanten Kundenmagazine insgesamt oder einer bestimmten Branche (Handel, Finanzdienstleister, Automobilhersteller, Energieversorger u. ä.) einheitlich im Rahmen einer einzigen Studie messen. Solche Studien gehören bei der Publikums- und Fachpresse zum selbstverständlichen Repertoire und liefern Verlagen, Agenturen und Werbungtreibenden valide Planungsdaten. Durch sie sind Verlagshäuser in der Lage, ihre Titel, ihren Verlag und letztlich auch die Gattung im Wettbewerb zu positionieren.

Die Grundlagenstudie CP 360 Grad ist die erste Studie über Kundenmagazine, die diesen Ansprüchen in vollem Umfang gerecht wird. Sie wurde im Auftrag der Deutschen Post in Kooperation mit den beiden renommierten Marktforschungsinstituten Siegfried Vögele Institut SVI und TNS Emnid Medienforschung entwickelt und durchgeführt.

Corporate Publishing ist für die Deutsche Post ein zentrales Thema. Seit Jahrzehnten sorgt unser Unternehmen als Dienstleister für die zielgenaue Distribution von Kundenmagazinen.

Corporate Publishing ist für die Deutsche Post ein zentrales Thema. Seit Jahrzehnten sorgt unser Unternehmen als Dienstleister für die zielgenaue Distribution von Kundenmagazinen und bietet darüber hinaus mit dem Corporate-Publishing-Ratgeber, dem Corporate-Publishing-Shop und weiteren Angeboten Services und Know-how rund um Corporate-Publishing-Medien. Die Grundlagenstudie CP 360 Grad ist ein weiterer Baustein in diesem Serviceangebot. Im Folgenden werden die Studie und ihre zentralen Ergebnisse näher vorgestellt.

WARUM? ZIEL DER UNTERSUCHUNG

Bei der Studie CP 360 Grad standen drei Aspekte im Vordergrund:

- Kundenmagazine: Die Nutzungs- und Bewertungsdaten aller relevanten Kundenmagazine innerhalb einer festgelegten Branche – in diesem Fall des Handels – wurden erfasst.
- Kommunikationsmix: Da gerade in der Handelskommunikation gedruckte Kundenmagazine nur ein Instrument bzw. einen Touchpoint im Kommunikationsmix darstellen, wurden neben den Magazinen noch elf weitere Kommunikations- und Marketinginstrumente auf ihre Reichweite und – viel wichtiger – ihre Kontaktqualität hin untersucht.
- Wirkung: Kundenmagazine sollen sowohl den Abverkauf unterstützen als auch das Image und die Kundenbindung stärken. Um die mögliche Wirkung der Medien zu belegen, wurden diese wichtigen Performancedaten je Unternehmen erfasst. (Sales Funnel, Image, Kundenbindung).

WER UND WIE VIELE? GRUNDGESAMTHEIT, ZIELPERSON UND STICHPROBE

Um die Fragen zu beantworten, wurde die Grundgesamtheit *medienunabhängig* definiert. Es war also nicht Voraussetzung, eines der ausgewählten Kundenmagazine zu lesen – die Zugehörigkeit zur Grundgesamtheit ergab sich aus sozio-demografischen Merkmalen.

Die Grundgesamtheit bilden haushaltsführende Einkaufsentscheider in deutschen Privathaushalten im Alter zwischen 25 und 54 Jahren, die das Internet nutzen, mindestens monatlich Zeitschriften und Magazine lesen und Kundenmagazine nicht grundsätzlich ablehnen. Damit ist die Studie repräsentativ für 13,77 Millionen Menschen in Deutschland.

Insgesamt wurden 2.002 erfolgreiche Nettointerviews durchgeführt. Die Quotenstichprobe wurde aus einem Onlinepanel gezogen, das auf den aktuellsten Daten der Mediaanalyse der ag.ma basiert.

WIE? DIE ERHEBUNGSMETHODE

Bei den Interviews handelt es sich um vollstrukturierte Onlineinterviews via C.A.W.I. (Computer Assisted Web Interviewing). Diese Methode hat den Vorteil, dass die Titelseiten der insgesamt 19 Kundenmagazine während des Interviews eingeblendet werden konnten und damit eine eindeutige Identifizierung gewährleistet wurde.

WAS? DIE INHALTE DER STUDIE

Es gab eine Reihe von Fragen, die mit der Studie beantwortet werden sollten: Welche Instrumente sind für Handelskommunikation geeignet? Welche Rolle spielen Kundenmagazine im Kommunikationsmix? Welche Reichweiten können mit Kundenmagazinen erzielt werden? Wer genau sind die Leser der Magazine? Und welche Wirkung haben die unterschiedlichen Kommunikationskanäle auf den Erfolg von Handelsunternehmen?

Entsprechend der Zielsetzung bestand der Fragebogen aus drei Blöcken:

TEIL 1 // PERFORMANCEDATEN DER AUSGEWÄHLTEN HANDELSUNTERNEHMEN AUS DEM BEREICH LEH, DROGERIE UND PARFÜMERIE SOWIE SONSTIGEM HANDEL, DIE EIN KUNDEN-MAGAZIN HERAUSGEBEN
Hier ging es um die Bewertung der relevanten Performanceparameter aller Handelsunternehmen, die eines der getesteten Kundenmagazine herausgeben.

Klassischer Lebensmitteleinzelhandel: *EDEKA, Famila, Kaiser's Tengelmann, Lidl, REWE, tegut*
Drogerie, Parfümerie: *dm drogerie, Douglas, Müller Drogerie, Rossmann, Schlecker*
Sonstiger stationärer Handel/Distanzhandel: *Galeria Kaufhof, Globetrotter Ausrüstung, Görtz, HSE 24 – Home Shopping Europe 24 (TV), IKEA, KIK Textil Discount, Swarovski*

Für jedes Unternehmen wurden drei Parameter erfragt:
- Der *Sales Funnel* (Bekanntheit, *Relevant Set*, Einkaufsverhalten/-häufigkeit)
- Das Image in drei Dimensionen (Leitimage, rationale und emotionale Aspekte)
- Die Bindung der Kunden an das Unternehmen

Dieses Studiendesign erlaubt es, für jedes Unternehmen eine Analyse seiner Kunden durchzu-führen: Welches Image hat das Unternehmen im Vergleich zu den Wettbewerbern? Wie stark ist die Kundenbindung? Wo sind die Engstellen im Sales Funnel? Wie hängen Mediennutzung und Unternehmenserfolg zusammen?

TEIL 2 // KOMMUNIKATION UND MARKETING: INSTRUMENTE DER HANDELSKOMMUNIKATION
Betrachtet wurden Nutzung, Aufmerksamkeitsleistung und Kontaktqualität der wichtigsten Kom-munikationskanäle im Handel:
- Dialog (Mailing, Prospekte, Handzettel)
- Online (Unternehmenswebsite, E-Mail-Newsletter, Social Media)
- Print (klassische Anzeigenwerbung und Beilagen in Zeitschriften, Zeitungen und Anzeigenblättern sowie *Einkauf Aktuell*)
- Sonstige Werbung (TV, Radio, Plakat)

TEIL 3 // LEISTUNGSDATEN FÜR 19 KUNDENMAGAZINE AUS DEM BEREICH HANDEL
Hier liefert die Studie Informationen zu Reichweite, Nutzung und Bewertung der wichtigsten und auflagenstärksten Magazine des Handels.

Für die Teilnahme galten folgende Kriterien: Die Auflage des Kundenmagazins beträgt mindestens 150.000 Exemplare, es erscheinen mindestens vier Ausgaben pro Jahr und der Herausgeber ist ein Handelsunternehmen. Folgende Kundenmagazine erfüllten diese Kriterien:

Titel mit monatlicher Erscheinungsweise (zwölf Ausgaben pro Jahr): *Alverde, HSE 24 Magazin, InLife, Laviva, Mein Schlecker Magazin, My Time, tegut … Marktplatz*
Zwischen fünf und acht Ausgaben pro Jahr: *Centaur, body & soul, Emotion, Mit Liebe, Douglas Magazin*
Quartalsweises Erscheinen (vier Ausgaben pro Jahr): *4-Seasons, Clever, Galeria Magazin, Gut Essen & Leben, IKEA FAMILY LIVE, Inshoes – Alles was geht, Schlecker Beauty, Swarovski Magazin*

Für jedes Kundenmagazin wurden die Kontakt quantifizierenden (Nutzungsintensität, Leserdauer) und die Kontakt qualifizierenden (Leser-Blatt-Bindung, Titelprofil) Daten erhoben.

GUTE LEISTUNGSDATEN FÜR KUNDENMAGAZINE

Die Kernergebnisse zeigen die guten Leistungsdaten der Kundenmagazine sowie die Positionierung der Kundenmagazine als Gattung im gesamten Kommunikationsmix:

GENERELLE AKZEPTANZ VON KUNDENMAGAZINEN

- Kundenmagazine allgemein werden von den Befragten als Kommunikationsinstrument akzeptiert und aktivieren, indem sie die Leser animieren, in die Shops zu gehen oder online zu recherchieren
- Die Kundenmagazine im Handel erzielen insgesamt eine Bruttoreichweite von mehr als 25 Millionen Lesern. Das heißt, im Durchschnitt liest jeder Einkaufsentscheider ca. zwei Kundenmagazine aus dem Bereich Handel

NUTZUNG UND BEWERTUNG

> Es ist gerade die Mischung aus Journalismus und Werbung, die Kundenmagazine so erfolgreich macht.

- Die Leser schauen sich durchschnittlich 73 Prozent aller Seiten an und verbringen knapp 25 Minuten mit der Lektüre – eine intensive Nutzung.
- Rund zwei Drittel der Befragten geben an, das gelesene Kundenmagazin auch Freunden weiterzuempfehlen. Kundenmagazine eignen sich damit für das Empfehlungs- oder Word-of-Mouth-Marketing.
- Es ist gerade die Mischung aus Journalismus und Werbung, die Kundenmagazine so erfolgreich macht *(Abbildung 2)*. So wissen die Leser den Nutz- und Unterhaltungswert sowie den Informationsgehalt und die Exklusivität der Themen zu schätzen. Sie gestehen den Magazinen aber auch die Funktion zu, Produkte und Marken attraktiv und ansprechend erscheinen zu lassen und geben an, dass Magazine ihre Entscheidung für Produkte aus dem Handel am stärksten beeinflussen können.

MEDIEN IM KOMMUNIKATIONSMIX

- Nach wie vor können die Handelsunternehmen mit Mailings und der klassischen Printanzeigen- und Beilagenwerbung die höchste Reichweite erzielen.
- Die Onlineaktivitäten über die eigene Website und E-Mail-Newsletter gewinnen aber auch im Handel immer mehr Bedeutung und eröffnet die Möglichkeit, neue Zielgruppe zu erreichen.
- Jedes Medium und jeder Kanal hat spezifische Stärken. Die Kombination von Mailings, Online und Print im Konzert mit den Kundenmagazinen ist das Gebot der Stunde, da die Zielgruppen die Medien komplementär, und nicht substitutiv nutzen.

WIRKUNG

- Die Studie enthält Hinweise darauf, dass Kundenmagazine des Handels einen positiven Beitrag für die herausgebenden Unternehmen und damit einen Return-on-Invest bzw. Return-on-Communication leisten.
- Die Wirkungsindikatoren ergeben sich aus dem Vergleich der Leser des jeweiligen Kundenmagazins mit den Nicht-Lesern, die aber auch Kunden des herausgebenden Unternehmens sind.
- Die Leser von Kundenmagazinen haben eine höhere Zufriedenheit mit den Unternehmen und sehen eher die Vorteile des Unternehmens gegenüber dem Wettbewerb. Darüber hinaus würden die Leser das Unternehmen eher weiterempfehlen und beabsichtigen, es auch in Zukunft stärker zu nutzen als Nicht-Leser.

ABBILDUNG 1

DIE ZUSTELLART BEEINFLUSST DIE INTENSITÄT DER NUTZUNG – HIER PUNKTET DIE DIREKTZUSTELLUNG

Nutzungsintensität nach Vertriebsart

*Wie viele Seiten haben Sie in der letzten Ausgabe vom (Magazin) aufgeschlagen,
um sich dort etwas anzusehen oder etwas zu lesen?*

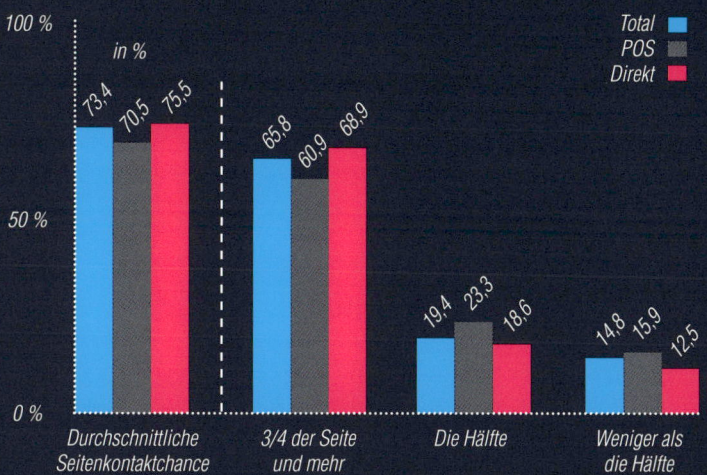

Basis: Leser in den letzten 12 Monaten (Weitester Leserkreis)

ABBILDUNG 2

*NUTZEN UND AUTHENTIZITÄT WERDEN ZWAR HOCH BEWERTET – TREIBER SIND JEDOCH
UNTERHALTUNGS- UND INFORMATIONSWERT*

Treiberanalyse nach Branche – Was treibt die Weiterempfehlungsbereitschaft?
Korrelationen

Korrelation der Einzelitems mit Weiterempfehlung	Authentizität	Nutzwert	Unterhaltungs-wert	Attraktivitäts-wert	Transfer-leistung	Informations-wert	Ünerzeugungs-kraft	Exklusivität
LEH	++	++	+++	++	•	+++	++	•
Drogerie	•	•	+++	•	•	++	•	+
Sonstiger Handel	+	++	+++	+	+++	+++	++	++

Korrelationen: „•" < 0,481/ „+" = 0,484 < 0,51/ „++" 0,51 < 0,55/ „+++" > 0,55
Basis: Leser in den letzten 12 Monaten (Weitester Leserkreis)

Quelle Abbildung 1 u. 2: „Grundlagenstudie CP 360 im Handel, 2011, durchgeführt von TNS Emnid und dem SVI, powered by Deutsche
Post Presse Distribution

ABBILDUNG 3 · *DIE LESER HABEN ÜBER ALLE PARAMETER DER KUNDENBINDUNG HINWEG POSITIVERE WERTE ALS DIE NICHT-LESER*

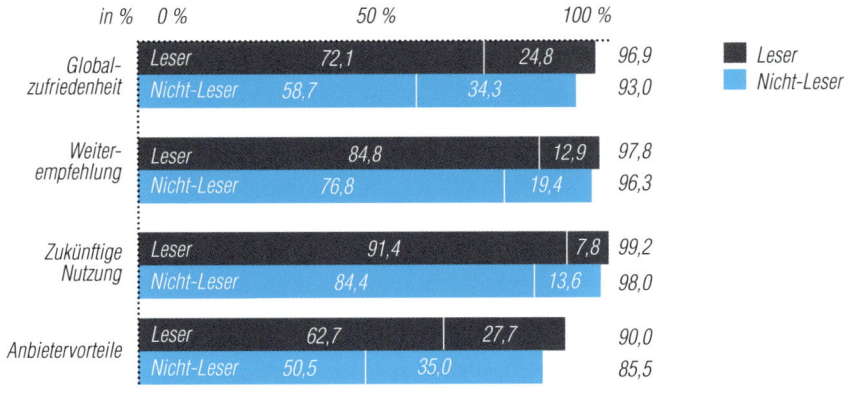

*Quelle: „
Grundlagenstudie
CP 360 im Handel, 2011,
durchgeführt von
TNS Emnid und dem SVI,
powered by Deutsche
Post Presse Distribution*

Top-2 + Top-3-Werte: Jeweils Summe der beiden besten (Top-2-Wert) bzw. drei besten (Top-3-Wert) Skalenpunkte je Indikator; Basis: Kunden (LEH und Drogerie: mind. einmal im Monat; sonstiger Handel: Einkauf in den letzten 6 Monaten)

Die wichtigsten Treiber der Leser-Blatt-Bindung sind der Unterhaltungswert und der Informations- oder Nutzwert der Kundenmagazine.

▪ Leser haben insgesamt über alle Imagedimensionen ein viel besseres Bild vom Unternehmen als Nicht-Leser *(Abbildung 3)*. Insbesondere die rationalen Nutzenaspekte (Produktvielfalt, Preisleistungsverhältnis), aber auch Sympathie und Serviceorientierung sind bei Lesern viel deutlicher ausgeprägt.

Diese Resultate können für jeden einzelnen Titel ausgewertet werden. Sie ermöglichen den Herausgebern eine eindeutige Einordnung des eigenen Magazins im Wettbewerbsvergleich (Benchmarking) sowie eine Analyse der Stärken und Schwächen des Titels.

Über die Analyse der Einzelergebnisse hinaus finden sich auch zahlreiche Erkenntnisse zur Wirkungsweise der gesamten Gattung der Kundenmagazine. Analog zu früheren Erkenntnissen, zum Beispiel Meta-Analysen aus dem Corporate-Publishing-Standard, belegen auch die Resultate der CP-360-Grad-Studie, dass es einige Faktoren für den Erfolg von Kundenmagazinen gibt:

▪ Journalistische Qualität: Die wichtigsten Treiber der Leser-Blatt-Bindung sind der vom Leser wahrgenommene Unterhaltungswert und der Informations- oder Nutzwert der Kundenmagazine. Nur wenn sich die Leser gut unterhalten oder informiert fühlen und somit selbst etwas von der Lektüre haben, sind sie bereit, dem Herausgeber ihre Zeit und Aufmerksamkeit zu schenken. Nur dann sind sie offen für die Marketingbotschaften. Eine solche Leistung ist nicht von PR- oder Marketingabteilungen zu erbringen, sondern erfordert professionelle Redaktionen.
▪ Markeninszenierung durch Storytelling: Magazine wie *4-Seasons* von Globetrotter, die Magazine von IKEA und Swarovski oder auch *Alverde* schneiden sehr gut ab, wenn es um die besondere Eignung geht, „Produkte als attraktiv und ansprechend erscheinen zu lassen". Die Marken und Produkte werden in Geschichten eingebaut und erzielen dadurch eine hohe Wirkung bei den Lesern.

- Erscheinungshäufigkeit und Umfang: Auch bei Kundenmagazinen gilt: *Size Matters*. Die Frequenz und der Seitenumfang gehören zu den wichtigsten Stellschrauben – und natürlich auch Kostenfaktoren – für die Herausgeber. Aber es ist auch klar, dass häufiges Erscheinen die Kontaktwahrscheinlichkeit erhöht und dass viele Seiten die Möglichkeit verbessern, die heterogenen Themeninteressen der Zielgruppe zu treffen.
- Vertriebsart: Der Vertriebsweg ist die dritte Stellschraube für den Erfolg der Medien. Gerade im Handel wird die Mehrzahl der Magazine vorwiegend am Point-of-Sale ausgelegt. Es gibt aber auch viele Magazine, die teilweise oder komplett postalisch zugestellt werden. Die Auswertungen der Studie zeigen, dass sich die direkte Zustellung an die Kunden langfristig auszahlt, da diese Kundenmagazine regelmäßiger, intensiver und länger genutzt werden sowie eine höhere Leser-Blatt-Bindung haben *(Abbildung 1)*. Diese Magazine sind laut Auswertung außerdem eher in der Lage, den Lesern das Unternehmen nahezubringen. Sie wirken exklusiver und können die Käufer durch attraktive Produktpräsentationen eher überzeugen.

EINE ECHTE GRUNDLAGENUNTERSUCHUNG FÜR CORPORATE PUBLISHING

Der Studie CP 360 Grad ist das gelungen, was Grundlagenuntersuchungen auszeichnet: Zum einen ermittelt sie sämtliche relevanten Daten für die berücksichtigten Kundenmagazine eines Wirtschaftssektors nach einem einheitlichen Schema. Jeder Teilnehmer der Studie bekommt eine dezidierte Auswertung der eigenen Ergebnisse und die Positionierung im Wettbewerbsumfeld. Zum anderen liefert die Studie eindeutige Hinweise auf die Erfolgsfaktoren und das Optimierungspotenzial von Kundenmagazinen als Gattung im Kommunikationsmix.

> Jeder Teilnehmer der Studie bekommt eine dezidierte Auswertung der eigenen Ergebnisse und die Positionierung im Wettbewerbsumfeld.

Die Kernergebnisse dieser Studie stellen wir gerne zur Verfügung. Bei Interesse und für weitere Informationen wenden Sie sich bitte an einen der folgenden Ansprechpartner der beteiligten Partner:

Siegfried Vögele Institut GmbH
Dr. Christian Holst
Leiter Werbemittelconsulting
Siegfried Vögele Institut GmbH
Ölmühlweg 12
61462 Königstein/Ts.
+49(0)61 74.20 17 50
c.holst@sv-institut.de

TNS Emnid Medienforschung
Walter Freese
Associate Director
Stieghorster Str. 90
33605 Bielefeld
+49(0)5 21.9 25 76 90
walter.freese@tns-emnid.com

ANMERKUNG

1 CP 360 Grad. Effiziente Handelskommunikation. Grundlagenstudie zum optimalen Kommunikations-Mix mit
  Kundenmagazinen im Handel, hrsg. von Deutschen Post AG, des Siegfried Vögele Instituts und der TNS Emnid
  Medienforschung

„Market Research Online Communities sind funktionale Experimentierräume, in denen auch mit kleinen Dosierungen ein Knall erzeugt werden kann."

EMOTION ALS STATISTISCHE GRÖSSE
BEGEISTERUNGSFORSCHUNG IM KONTEXT EINER MROC

Begeisterung bedeutet, Enttäuschungen zu ersparen. „Wir sind doch schon froh, wenn alles so klappt, wie es klappen sollte", lautet oft die Antwort, wenn Kunden gefragt werden, wann und wie ihre Bank, ihr Telekommunikationsdienstleister, ihr Autohaus, ja selbst ihr Hausarzt sie das letzte Mal begeistert hat. Kann es wirklich sein, dass Kundenbegeisterung allein schon aus der Freude darüber entsteht, nicht enttäuscht worden zu sein?

Nein, Kundenbegeisterung ist sehr seriös, so ernsthaft sogar, dass sich das DIN-Institut ihrer angenommen hat. Unter der Spezifikation DIN SPEC (PAS) 77224 arbeiten führende Service-dienstleister an der Ausarbeitung zu „Erzielung von Kundenbegeisterung durch Serviceexcellence" (www.din.de). Begeisterung ist die Maxime, unter der das Ziel (des allerdings nicht neuen) Bemühens, mehr Serviceexcellence herzustellen, verstanden werden soll. In der gesamten Ser-viceindustrie unseres Landes soll Begeisterung bei den Kunden geweckt werden.

Der Autor ist in seiner beruflichen Eigenschaft als Marktforscher folgender Frage nachgegangen: (Wie) können Banken ihre Kunden begeistern? Aus methodischer Sicht sollte geklärt werden, ob eine *Market Research Online Community* (MROC) geeignet ist, Bankkunden zu begeistern, und ob sie ihre Vorteile – geringe Kosten bei gleichzeitiger Involvierung einer großen Zahl an Menschen – gegenüber den klassischen Offlineinstrumenten ausspielen kann.

BEGRIFFSKLÄRUNG
Begeisterung hat viele Konnotationen. Allein der schnelle Blick in Wikipedia oder Openthesaurus zeigt Begriffe wie Enthusiasmus, Leidenschaft, Entzückung, Euphorie, Freude, erquickende Er-munterung, glühender Eifer, bewundernde Bestätigung, Anerkennung – um nur einige anzuführen.

Der Duden als oberste Sprachinstanz gibt als Definition für Begeisterung an: „Zustand freudiger Erregung, leidenschaftlichen Eifers; von freudig erregter Zustimmung, leidenschaftlicher Anteil-nahme getragener Tatendrang; Hochstimmung, Enthusiasmus."

Begeisterung: „Zustand freudiger Erregung, leiden-schaftlichen Eifers; Hochstimmung, Enthusiasmus."

BEDEUTUNG DER BEGEISTERUNG

Über Begeisterung und ihre Auswirkung auf Marken und Kunden sind inzwischen Bücher geschrieben (Veken 2009) und Vorträge (Hüther o. A.) gehalten worden. Experten versuchen, Interessenten vom Sinn der Kundenbegeisterung zu überzeugen. Blogs werden dazu betrieben, Unternehmen scheinen vom Hype des Wortes so begeistert zu sein, dass sie Homepages dazu freihalten (www.begeisterung.com). Selbst in den Freizeitbereich der Kreuzwortspezialisten ist die Bezeichnung bereits eingegangen – und zeigt nebenbei die große Bandbreite dessen, was man unter Begeisterung verstehen kann. So ist die Bezeichnung „Begeisterung" anscheinend sowohl für einen kurz anhaltenden und damit schnell verfliegenden Zustand adäquat (Strohfeuer) wie auch für einen kaum zu übertreffenden Zustand (Ekstase).

Dabei ist Begeisterung kein Thema unserer Zeit. Aus den Zitatensammlungen wird deutlich, dass sie schon unsere Vorfahren beschäftigte – und die eigene Rubrik „Begeisterung" bei den Websites zu Zitaten und Motivationssprüchen ist ein weiterer Indikator für die zunehmende Beliebtheit sowohl des Wortes als auch des Themas.

Warum also Begeisterung erforschen? Warum erforschen, was Kunden begeistert, wenn Begeisterung Triebfeder ist, etwas Großes zu schaffen? Die Zeilen „Ohne Begeisterung, welche die Seele mit einer gesunden Wärme erfüllt, wird nie etwas Großes zustande gebracht" scheinen antiquiert; sie gehen auf Adolph von Knigge zurück. Der starb schon 1796 – aber die Erkenntnis, dass Begeisterung unseren Leistungen zugrunde liegt, hat auch Henry Ford erkannt. Fortgesetzt wird das heute beispielsweise beim StaplerCup, organisiert von Linde Material Handling. Linde produziert Gabelstapler, und mit denen kann man offensichtlich deutlich mehr machen, als nur Kisten von A nach B zu transportieren. Was man mit welcher Präzision und in welch kurzer Zeit mit einem Gabelstapler alles verrichten kann, zeigen die Fahrer bei der jährlichen (internationalen) Meisterschaft (www.staplercup.com). Und um diese Meisterschaft ist eine ganze Industrie entstanden, vom DriversClub bis zur Wohltätigkeitsorganisation, in die Unternehmen und Sponsoren eingebunden werden. Was liegt der Begeisterung von Teilnehmern und Besuchern zugrunde? Das Produkterlebnis abseits gewohnter Routinen? Die Freude an Präzision und Geschicklichkeit? Das Staunen über ungewohnte (und ungeahnte) Möglichkeiten?

Begeisterung über die Leistungsfähigkeit der gemeinsam erschaffenen Produkte macht stolz auf die eigene Arbeit und das Unternehmen und führt zu mehr Perfektion.

Linde Material Handling will mehr, will Einfluss auf die Kaufentscheidungen für Gabelstapler und will die Kundenbindung erhöhen. Weil über die Parcoursfahrten die besonderen *Unique Selling Propositions* von Linde ausgespielt werden können, was offensichtlich auch der Unfallverhütung dienlich ist – wie zum Beispiel der ruckfreie Antrieb. Damit kann man auch bei den Entscheidern in den Unternehmen punkten. Jeder Fahrer wird zudem zum Experten, bringt diese Expertise bei den eigenen StaplerClinics ein, hilft so, das Produkt eng an den Erwartungen und Bedürfnissen der Fahrer/Nutzer auszurichten, was wiederum Argumentationsvorteile bei der Mitwirkung an der Kaufentscheidung bringt.

Linde will auch die Mitarbeitermotivation stärken: Begeisterung über die Leistungsfähigkeit der gemeinsam erschaffenen Produkte macht stolz auf die eigene Arbeit und das Unternehmen und führt zu mehr Perfektion. Unterm Strich rechnet es sich – auch wenn die Investitionen in den Cup nicht gering sind (Sywottek 2011).

Auch Kommunikationsmaßnahmen begeistern, wie die Spießer-Werbung für die LBS zeigte. Die Kampagne erhielt eine eigene Website (www.bauspar-spiesser.de). Die Besucher wurden aufgerufen, sich bei der Wahl zum Super-Spießer zu beteiligen. Das Marketing rund um die Kampagne folgt einem ähnlichen Muster wie die Aktivitäten rund um den StaplerCup.

Was aber macht Begeisterung aus? Wie kann man erforschen, in welcher Situation die Menschen sich wofür begeistern? Ist es Originalität, wie im Spießer-Film oder beim StaplerCup? Oder gibt es (noch) andere Faktoren, die bei Kunden Begeisterung hervorrufen? Wenn ja, wie können diese identifiziert werden? Kann auch gemessen werden, auf welche Ziele die Begeisterung der Kunden einzahlt? Wohl ja, offensichtlich zahlt sich Begeisterung aus. Beispielsweise in höheren Wahrnehmungsquoten wie im Falle der Spießer-Werbung. Oder in Produktoptimierung wie bei den StaplerClinics. Begeisterung zahlt auch auf die Kundenbindung ein, auch wenn dies möglicherweise nur eingeschränkt gilt, wie O'Gorman und Kollegen aufgrund ihrer Studien resümieren: „Die Dimension Enthusiasmus wird nur wirksam, wenn die Beziehung zwischen Kunde und Anbieter bereits durch positive Kundenerfahrungen gekennzeichnet ist." (O'Gorman et al. 2010). Merkle und Kreutzer haben zwei verschiedene Phänomene skizziert, die für die Gestaltung und Vermittlung des Markenwerts bedeutend sind: Emotionen als Stimuli und Emotionen als Ergebnis (Merkle, Kreutzer 2008). Grund genug, nach Begeisterungsfaktoren in der Beziehung zwischen Kunden und Unternehmen zu forschen.

METHODISCHE UMSETZUNG: DIE IMPLEMENTIERUNG EINER MROC ANSTELLE KLASSISCHER OFFLINEMARKTFORSCHUNG – DAS BEISPIEL BANKEN

Können Banken ihre Kunden begeistern? Auch nach den Erfahrungen der Finanzkrise, in der das Vertrauen gelitten hat, weil die jahrelangen Ersparnisse zum Teil massiv an Wert verloren haben? Kunden hören und lesen täglich die Leistungsversprechen der Banken und Sparkassen in der Werbung, beobachten sie in den Schaufenstern der Filialen, erleben sie beim Surfen oder E-Banking und erfahren sie leibhaftig im direkten persönlichen Kontakt am Telefon oder Schalter.

Mit den klassischen Methoden gibt es mehrere Möglichkeiten, Begeisterung zu erfassen.

....

1. Grundsätzlich kann man Menschen beobachten, sie also bei ihren Besuchen in einer Bankfiliale begleiten, ihr Surfen auf Websites protokollieren, ihre Reaktionen auf Kommunikationsmaßnahmen in Laboren oder Studios verfolgen

2. Man kann Menschen zu Gruppendiskussionen bitten und dort versuchen, konkrete Anlässe und ihre Auswirkungen aufzuspüren

3. Und man kann Menschen befragen, sie also nach Ereignissen und Situationen fragen, die Zustände ausgelöst haben, die als Begeisterung definiert werden können

....

Aber sind diese Instrumente für den vorliegenden Fall geeignet?

Beobachtungen können per Maschine oder mittels einer Person erfolgen. Maschinen sind innerhalb des gewählten Kontexts objektiv – sie registrieren und zeichnen auf, was in einem definierten Beobachtungsfeld geschieht. Aber sie bewerten nicht, das müssen Menschen machen – mit allen

Schwierigkeiten, Emotionen zu deuten und zweifelsfrei zu klassifizieren. Begeisterung über Vorgänge im Internet können externe Beobachter nur eingeschränkt festhalten, über Webmonitoring-Verfahren. Das bedeutet aber, dass sie nur mit Personen arbeiten können, die die Beobachtung über eine Webcam vorher zugelassen haben (Degen 2011). Dieser Personenkreis ist in den Onlinepanels selten zu finden, und es ist kaum anzunehmen, dass diese Personen die Gesamtheit der Kunden repräsentieren. Auch Begeisterung über Begegnungen in einer Bankfiliale lässt sich nicht per Kamera beobachten. Denn die Beobachtung von Menschen in einer Bankfiliale über eine Kamera ist datenschutzrechtlich ausgeschlossen. Bleibt die Beobachtung mittels einer dritten Person – was die gesamte Situation dermaßen verzerrt, dass die Ergebnisse unbrauchbar sind.

Aus forschungsökonomischen und datenschutzrechtlichen Gründen ist die Beobachtung als methodisches Instrument unbrauchbar.

GRUPPENDISKUSSION UND BEFRAGUNG

Aus forschungs-
ökonomischen
und datenschutz-
rechtlichen Gründen
ist die Beobachtung
in der Filiale als
methodisches Instru-
ment unbrauchbar.

Gruppendiskussionen wären für die Ziele unseres Projekts zwar ideal gewesen (Naderer, Balzer 2011; Kühn, Koschel 2011), wurden aber wie Befragungen ausgeschlossen. Zwar zielen sie direkt auf das Erinnerungsvermögen der Beteiligten ab. Problematisch ist aber, dass alle Fragen, zu denen Menschen eine Erinnerungsleistung erbringen müssen, auf einen eng begrenzten, überschaubaren Zeitraum oder auf die zuletzt erlebte Situation fokussiert werden sollten. Der Grund für diese zeitliche Einschränkung ist recht einfach: Erinnerungen verblassen, es gibt Gedächtnislücken, Fehlattribuierungen und Verzerrungen, in deren Folge Vorgänge erinnert werden, die sich so nicht abgespielt haben müssen. Das ist in der Forschung eindeutig nachgewiesen worden (Schacter 2001; Kotre 1996). Nun findet Begeisterung bei Kunden nicht in einem Ausmaß statt, das es erlaubt, in kurzen, überschaubaren Zeiträumen eine angemessene Menge von Personen ausfindig zu machen, die Begeisterungsmomente im Kontakt mit Banken berichten können – auch wenn der Anteil der Kunden mit Onlinebanking (Keller 2011a) einerseits oder mit Filialbesuch andererseits (Engstler, Keller 2009) recht hoch ist.

Einfacher ist es, Bankkunden zu finden, die begründen können, welche Handlungen sie als Kunden begeistern könnten. Aber letztlich bleibt, dass in beiden Fällen das Screening sehr aufwändig ist – ein zu hoher Aufwand mit zu hohen Kosten.

ALTERNATIVE VORGEHENSWEISE: EINRICHTUNG EINER MROC

Bei einer *Market Research Online Community* handelt es sich um ein internetbasiertes Portal, auf das Menschen eingeladen werden, um sich an den dort stattfindenden Artikulationen zu beteiligen. Es existieren auch andere Verfahren als MROC, um die Antworten von Menschen auf Stimuli, seien es Fragen oder Bilder, Begriffe oder Geräusche aufzunehmen (Wagner 2010), doch scheint in der Marktforschung der Begriff inzwischen etabliert zu sein (Theobald, Neundorfer 2010). Der verführerische und neben den geringen Kosten ausschlaggebende Punkt für die Wahl einer MROC als Instrument war die Möglichkeit, in relativ kurzer Zeit (acht Tage) mit relativ vielen Personen (mehreren Hundert) die verschiedenen Aspekte und Ursachen von Begeisterung sowie Ideen für Begeisterung zu erarbeiten. Wir leben im Zeitalter der umfassenden Ausstattung lokaler Haushalte mit Internetanschlüssen und der fast ebenso hohen Nutzung des Internet auch durch Menschen höheren Alters (www.nonliner-atlas.de). Da ist es eine logistische Aufgabe von nur geringem Ausmaß, eine größere Zahl von Menschen im Web zu einer längerfristig engagierten Gruppe zusammenzuführen und mit ihnen ganz speziell die „Wieso-und-warum-Fragen" zu erörtern, um die Motivationen für Handeln und Einstellungen aus ihrer Entstehung heraus zu verstehen. Die Notwendigkeit dazu ergibt sich aus dem Wissen, dass nur positive Erlebnisse Kunden überzeugen, dass Finanzinstitute also neue und Bestandskunden dann überzeugen könnten, wenn es ihnen gelänge, „die technische Denkweise einer Bank mit den emotionalen Werten und Erwartungshaltungen der Kunden in Einklang zu bringen." (Meyer in: www.bankmagazin.de vom 19.5.2011).

Konkret wurden Teilnehmer des Onlinepanels von Respondi in eine umfangreiche, über mehrere Wochen andauernde Gemeinschaft, die MAC-FinanzCommunity, zu (Markt-) Forschungszwecken eingeladen. „MAC" hieß die Community deshalb, weil sie von dem Marktforschungsinstitut Management Consult finanziert wurde. Die Inhalte wurden an den Kundenkontaktpunkten ausgerichtet und über die verschiedenen Instrumente innerhalb der Community beleuchtet. Die Ausrichtung an den Kundenkontaktpunkten ergibt sich dort, wo bereits ein elaboriertes Customer-Touchpoint-Management gelebt wird, da dieses ja gerade eingerichtet wird, um „ dem Kunden an jedem Kontaktpunkt eine herausragende, verlässliche und gleichzeitig begeisternde Erfahrung zu bieten, ohne die Prozesseffizienz aus dem Auge zu verlieren." (Schüller o. A.). Die Forschung zu Begeisterung nahm einen Teil der Communitylaufzeit ein.

Die Teilnehmer einer MROC können nach beliebigen Kriterien rekrutiert werden. Ausschlaggebend für ihre Auswahl ist das Ziel, das mit der MROC verfolgt wird. Sollen Bankkunden rekrutiert werden, so ist es erforderlich, dass die Teilnehmer eine Beziehung zu einer Bank haben – in der Regel ausgewiesen über ein Girokonto. Innerhalb der Community können weitere Segmente unterschieden werden. So können die Community-Mitglieder gemäß ihrer Nutzung spezieller Produkte wie Bausparen, Leasing oder Aktienanlagen und nach der Nutzung von Vertriebskanälen wie Onlinebanking zu eigens für sie eingerichteten Chats oder Befragungen eingeladen werden.

Die MROC lebt im wahrsten Sinne des Wortes vom Engagement ihrer Teilnehmer. Bleiben Artikulationen oder andere Verhaltensweisen aus, ist die Community leblos, unergiebig und damit sinnlos. Eine Community agiert auf Basis der Stimuli, die ein Moderator oder ein Steuerungsteam zur Verfügung stellt, und natürlich reagieren Teilnehmer auch (was in der Regel gewünscht ist) auf die Artikulationen anderer Teilnehmer.

Es gibt eine Reihe von Möglichkeiten, Stimuli zu setzen. Im vorliegenden Fall – der MAC-Finanz-Community – wurden genutzt:

....

1. Assoziationstests
2. Blogs
3. Chats
4. Foren
5. Screeningbefragungen
6. Befragungen

....

Assoziationstest dienen dazu, den Bedeutungsraum, also verwandte oder synonym verwendete Begriffe, für das Ursprungswort zu finden und festzuhalten. Damit werden auch positive und negative Konnotationen des Ursprungsworts deutlich. Hierarchisch durch wiederholtes Nachfragen

(„Und was fällt Ihnen noch dazu ein?") genutzt, erschließen sich so primäre und sekundäre etc. Wortbedeutungen.

Teilnehmer und Moderatoren können *Blogs* initiieren, die alle Teilnehmer oder nur der Gründer nutzen. Ein Blog ist wie ein Tagebuch, und es können nur Personen mit Zutrittserlaubnis die Einträge mitlesen. Falls gewünscht, können sie auch mitgestalten, also das ihnen Wichtige hinterlegen, einander antworten, ein Erlebnis mit Kommentaren versehen, einen Diskussionsfaden fortspinnen oder andere Themen einbringen. Die Zutrittserlaubnis ist ein wichtiger Punkt, denn innerhalb einer Community können auch Teilnehmersegmente aufgrund bestimmter Produkt- oder Kanalnutzungen gebildet werden, und dann wird nur diesen der Zugang zum Blog gewährt.

Chats sind zeitlich begrenzte Onlinediskussionen (in der Regel zwei bis drei Stunden), in denen die Beiträge synchron abgegeben werden und entsprechend auch auf dem Bildschirm erscheinen. Chats werden von einem oder mehreren Moderatoren gesteuert. Wie bei Offlinegruppendiskussionen kann nur eine begrenzte Anzahl von Teilnehmern eingeladen werden. Denn alle Teilnehmer sollen sich ja einbringen können, und diese Partizipation muss auch steuerbar sein. Oft wird aus den Augen verloren, dass die Kommunikation der Teilnehmer gleichzeitig verläuft, also Beiträge nicht notwendigerweise in logischer Abfolge auf dem Schirm erscheinen. Deshalb ist es in der Regel notwendig, mehr als einen Moderator einzusetzen. Denn es gilt, die logische Reihenfolge einzelner Gesprächsstränge zu koordinieren und dabei die Moderation des Ablaufs selbst nicht aus den Augen zu verlieren. Chats stellen hohe Ansprüche an die Aufmerksamkeit, da – anders als in Offlinegruppendiskussionen – die Emotionen und Verhaltensweisen aller Teilnehmer vom Moderatorenteam nur dann kontrolliert werden können, wenn sie in Zeichen ausgedrückt werden. Teilnehmer verlieren schnell die Lust, wenn ihre Beiträge keine Resonanz finden, sie klinken sich aus, wenn die momentane Diskussion nicht genau ihren Erwartungen entspricht. Die Ansprechbarkeit der Teilnehmer ist aufgrund fehlender Beobachtung deutlich geringer, es ist schwieriger, „schweigsame" Menschen aus der Reserve zu locken und dominante etwas zurückzudrängen. Nicht alle Teilnehmer konzentrieren sich auf den Chat, manche bringen sich nur selektiv ein, lesen parallel andere Nachrichten oder spielen. Es sind alle denkbaren Aktivitäten möglich. Die tatsächliche Aktivität der Mitglieder kann von den Moderatoren erst in der nachträglichen Auswertung der Beiträge richtig bestimmt werden – auch wenn schon während den Diskussionen sichtbar ist, ob sich ein Teilnehmer regelmäßig oder über längere Phasen nicht mehr meldet. Bei Usern, die gegen einen Obulus am Chat teilnehmen, ist immer damit zu rechnen, dass sie sich aus Belohnungsgründen zum Chat anmelden und die Legitimation durch einen Kommentar zu Beginn und am Ende des Chat dokumentieren wollen.

Foren sind virtuelle Gesprächsräume, in die die Teilnehmer eintreten, um ihre Beiträge in eine Diskussion einzubringen. Anders als Chats verlaufen Foren asynchron und können mehrere Tage dauern. Die Teilnehmer klinken sich nach eigenem Antrieb in die Diskussion ein, geben ihre Anmerkungen zu den bereits von anderen Teilnehmern eingebrachten Beiträgen (auch *Postings* genannt). Auf diese Weise wird ein Diskussionsstrang deutlich, in dem klar erkennbar und zuordenbar ist, welche Beiträge als Quelle und welche als Weiterentwicklung eingebracht wurden.

Screeningfragen dienen dem Ausschluss von Mitgliedern, die nicht die notwendigen Grundbedingungen und die nötige Expertise für ein Thema mitbringen. Sie dienen damit auch der Iden-

	Surveys	Assozia-tionen	Teilnehm-Blogs	Mod.-Blogs	Chats	Foren	Quick Polls
Kunden-verhalten	Qualität	Begeisterung	Finanz-beratung	Begeisterung	Begeisterung	Begeisterung	Alters-vorsorge
Meine Bank	Kontakt-kanäle		Qualität	Rückhol-versuche	Wechsel-erfahrung	Alters-vorsorge	Banken-hopping
Finance Online	Online-Banking		Mobile Banking		Risiko-bewusstsein	Beratung online	
Bezahl-verfahren				Bezahlen Struktur		Smart-phone	Bezahlarten
Filiale	Filialbesuch				Notwendigkeit	Emotio-nalität	
Produkt-nutzung	Produkt-nutzung		Tages- & Festgeld	Produkt-wechsel		Sinn des Bausparens	

	Assoziationen	Mod.-Blogs	Foren	Chats
Zeitraum	16. + 17. Mai	16. + 17. Mai	18. – 20. Mai	23. Mai
Themenstellung	Welcher Begriff fällt Ihnen beim Thema Begeisterung ein?	Was hat über das Wochenende begeistert?	Was versteht man unter Begeisterung? Definition und Beispiel aus dem Alltag.	Alle Kontaktpunkte mit Geldinstituten und ihren Mitarbeitern: welches Verhalten, welcher Vorgang hat Begeisterung hervorgerufen? Wie könnte eine Bank oder eine Sparkasse ihre Kunden begeistern?

tifizierung von Segmenten, denen einerseits spezielle Themen zugewiesen werden und die andererseits in der Auswertung voneinander getrennt betrachtet werden können. Diese Segmente können Käufer, Besitzer oder Nutzer von Marken (Deutsche Bank, Sparkasse) oder Produkten (Bausparvertrag, Girokonto) umfassen, sie können auf sozio-demografische Gruppierungen nach Alter, Geschlecht, Einkommen, Wohnort abzielen oder auch Emotionen (Traurigkeit, Zufriedenheit) betreffen.

In einer Community können auch gewöhnliche *Befragungen* als umfangreichere Surveys oder als kurze *Quick Polls* durchgeführt werden. Sie unterliegen den gleichen Regeln und haben die gleichen Vor- und Nachteile wie alle anderen Onlinebefragungen. Wichtig ist hier, dass das Sample (die Summe aller an der entsprechenden Befragung teilnehmenden Mitglieder) nicht die Struktur der Community widerspiegeln muss.

Bei allen in einer Community genutzten Instrumenten *(Abbildung 1, S. 253)* ist zu beachten, dass zwar eine Summe an Menschen sich bei der organisierenden Instanz anmeldet, für diese Menschen aber keine Verpflichtung besteht, tatsächlich an allen Aktivitäten teilzunehmen. In die MAC-FinanzCommunity wurden 1.068 Personen eingeladen, einen Vorabfragebogen zu beantworten, um zu klären, ob es sich um Finanzentscheider in den Haushalten und um Menschen handelt, die gerne mit anderen über Geld sprechen, Rat geben und um Rat gefragt werden – Meinungsführer in ihrem sozialen Umfeld, ausgewählt über ein wissenschaftlich fundiertes Fragenkonstrukt. 517 Personen hatten sich qualifiziert und wurden in die FinanzCommunity eingeladen, 380 Personen aller Altersgruppen haben sich in unterschiedlicher Intensität an den verschiedenen Instrumenten beteiligt. Im Gegensatz zur Annahme, in den Onlinepanels seien kaum ältere Menschen vertreten, haben sich auch Mitglieder im Rentenalter beteiligt (Kampmann et al. 2012).

Einen Teil der Community-Aktivitäten haben wir für die Forschung nach Begeisterung und Begeisterungsmomenten genutzt *(Abbildung 2, S. 253)*. Die Teilnehmer legten dar, was sie unter Begeisterung verstehen und welche Verhaltensweisen von Bankmitarbeitern sie in den letzten Monaten als begeisternd empfanden. Die Auslöser von Begeisterung haben wir mit der jeweiligen situationsinhärenten Erwartungshaltung abgeglichen. In einem zweiten Schritt haben wir die Kunden detailliert gefragt, in welchen Situationen und von welchen Verhaltensweisen sie sich vorstellen könnten, begeistert zu sein. Wir haben dabei die ganze Bandbreite der Kontaktpunkte zugrunde gelegt, von Automatennutzung und Filialbesuchen über Internetbanking bis zur Werbung.

WAS IST BEGEISTERUNG, WODURCH WIRD SIE HERVORGERUFEN?

Begeisterung wird überproportional und mit weitem Abstand vor anderen Begriffen mit Freude verbunden. Freude als Empfindung steht auch als Synonym für gute Laune, die Kunden könnten „jubeln", weil sie sich in einem Moment der Begeisterung sehr wohl fühlen. Begeisterungssituationen setzen Energie frei, es stellt sich ein Gefühl ein, das auch als Glücksgefühl beschrieben wird.

Woraus aber entsteht Begeisterung im Kundenkontakt? Ein Teilnehmer unserer FinanzCommunity brachte es auf den Punkt, als er Begeisterung wie folgt beschrieb: „Begeisterung entsteht bei mir, wenn jemand deutlich mehr leistet, als ich erwartet habe. Das passiert nur selten. Und wenn, dann sind es die Mitarbeiter, sehr selten das Unternehmen selbst. Wenn die Mitarbeiter begeistern, dann deshalb, weil sie sich aus dem starren Regelkorsett befreien und freie Entscheidungen treffen, um schnell und unbürokratisch Lösungen zu finden." Dieser Tenor ist allen Urteilen gemeinsam: Es sind die Mitarbeiter, die einen Freiraum nutzen, um im individuellen Kundeninteresse einen bürokratischen Vorgang zu beschleunigen oder gar zu erledigen. Sie übertreffen damit die Erwartungen der Kunden (Degen, Keller 2011), die aufgrund anderer Erfahrungen – entweder aus vergangenen Handlungen bei ihrer Bank oder aus dem direkten Vergleich mit dem Wettbewerb – überrascht sind, dass eine Dienstleistung auch anders, nämlich unkompliziert und in ihrem Sinne, erledigt wird. Die jahrelange Kundenbeziehung zwischen einer Bankmitarbeiterin oder einem -mitarbeiter und dem Kunden spielt dabei keine große Rolle. Viele Beispiele zeigen, dass Kunden im (Erst-)Kontakt mit einer bislang unbekannten Bank oder Sparkasse die Erfahrung machen, dass es eben auch anders geht: weniger kompliziert, schneller – und das, obwohl der Kunde dort nicht bekannt ist. Auf diesem Feld liegt auch der Vorteil der bislang nicht erlebten, im Kundensinne „neuen" Bank, denn die positive Erfahrung hilft, die Hemmschwellen für einen Wechsel zu senken. Als Konsequenz daraus wenden Kunden sich oft dieser neuen Bank zu, die man vergleichsweise positiv erlebt hat. Und genau darin steckt die Gefahr für eine Bank, deren Mitarbeiter in Routine erstarren oder so wenig Freiraum, vielleicht auch Selbstsicherheit haben, dass der Kunde nur noch als bürokratischer Vorgang wahrgenommen wird. Wenn ein Mitarbeiter aus dieser Rolle ausbrechen kann, Geduld und Hilfsbereitschaft einerseits und Eigeninitiative im Kundeninteresse andererseits zeigt, wird das von den Kunden sehr positiv honoriert (Keller 2011b).

> Wenn die Mitarbeiter begeistern, dann deshalb, weil sie sich aus dem starren Regelkorsett befreien und freie Entscheidungen treffen, um schnell und unbürokratisch Lösungen zu finden.

Die wenigsten Teilnehmer unserer Blogs und Foren haben finanzielle Pluspunkte für ihre Begeisterung angeführt, zumeist wurden immaterielle Vorteile genannt. Ein finanzieller Vorteil wird gerne mitgenommen, wichtiger aber ist, dass die Kundenberater von sich aus auf die Kunden zugehen und ihnen Einsparmöglichkeiten bei Vertragsgestaltungen aufzeigen oder sie an Fälligkeiten (deren Vergessen Ärger bedeutet) oder notwendige Vertragsänderungen aufgrund geänderter Anlagesituationen (etwa ein angepasster Sparerfreibetrag) oder Lebenssituationen (etwa Änderung in den Bedingungen zur Versicherung) aufzeigen. „Mitdenken im Kundeninteresse, vorsorglich aktiv werden", nannte das ein Teilnehmer.

Emotionen im Sinne von Empfindungen, von positiven Gefühlen, spielen für die Kunden eine große Rolle. Die Kunden wollen als Menschen behandelt werden, nicht als „Abschluss" eines neuen Vertrags. Was in der Kommunikation auf der Makroebene – nämlich in der Werbung, die nicht auf Gebührenfreiheit oder Zehntelprozentgewinne abzielt – beginnt, muss auf der Mikroebene, im direkten Kundenkontakt, seine Umsetzung finden: Nicht die zweite Stelle hinter dem Komma entscheidet, sondern der menschliche Faktor. Genau darauf zielte auch die Erwartungshaltung der Kunden ab, wenn wir sie fragten, mit was sie denn begeistert werden könnten bzw. mit welchen Maßnahmen sie als Banker ihre Kunden begeistern würden, wenn sie eine eigene Bank gründen würden. Spiegelbildlich zu den Erfahrungen, mit denen sie selbst positiv überrascht worden waren, zielten die Antworten auf weniger Bürokratie, auf Hilfe(stellungen), auf „Mitdenken" im Kunden- und nicht nur im Bankensinne und auf Eigeninitiative ab. Mitdenken und Eigeninitiative entsprechen den Wünschen, die auch in den meisten (retrospektiven) Kundenbefragungen genannt werden.

FAZIT
„Fangemeinde statt Zielgruppe" (Roth 2010), lautet die Devise, mit der Finanzdienstler mehr erreichen wollen als nur ihre Kunden zufriedenzustellen – sie müssen sie begeistern. Das ist nicht

etwa eine Modeerscheinung des Marketing, wie man angesichts der zahlreichen Publikationen zum Thema urteilen könnte. Begeisterung ist auch kein neues Motto, um Mitarbeiter noch mehr anzuspornen. Begeisterung ist die Maxime, unter der das Ziel des (allerdings nicht neuen) Bemühens verstanden werden soll, mehr Serviceexcellence herzustellen und Kundenerlebnisse zu optimieren. Natürlich um Kunden zu gewinnen, zu binden und positive Empfehlungen zu generieren. Das ist ein Dreischritt: Enttäuschungen ersparen, Zufriedenheit herstellen, begeistern. Die Idee der Kundenbegeisterung basiert auf der Erkenntnis, dass Kundenbegeisterung auf Zufriedenheit und Bindung einzahlt. Und von der Kundenbindung weiß man, dass sie einen direkten Einfluss auf Cross-Selling-Quoten, und damit in der Regel auch auf den Deckungsbeitrag ausübt. Zudem erschwert Kundenbindung die Wechselbereitschaft.

Es gilt, die Kraft des Enthusiasmus begeisterter Kunden zu nutzen, denn diese Kunden sind im positiven Sinne Botschafter eines Unternehmens.

Allein schon aus ökonomischen Erwägungen ist es also geboten, Kunden nicht nur zufriedenzustellen. Denn auch zufriedene Kunden wechseln, das haben alle Unternehmen schon leidvoll erfahren. Kunden sollen – und wollen – begeistert werden. Denn hinter Begeisterung steckt als Folge auch Stolz; Stolz, bei dem eigenen Dienstleister eine solche Erfahrung gemacht zu haben. Kunden zögern nicht, diese positiven Erfahrungen auch in ihrem sozialen Umfeld weiterzugeben – und das soziale Umfeld besteht heute nicht mehr nur aus Nachbarschaft, Familie, Arbeits- und Vereinskollegen. Es besteht auch aus den vielen Menschen, denen der begeisterte Kunde im Internet begegnet, sei es in den vielen Foren und Chats oder in sozialen Netzwerken wie Xing, Facebook oder Feierabend. Es gilt, die Kraft des Enthusiasmus begeisterter Kunden zu nutzen, denn diese Kunden sind im positiven Sinne Botschafter eines Unternehmens. Momentan scheint noch das umgekehrte Diktum zu gelten, denn die meisten Unternehmen konzentrieren sich via Beschwerdemanagement oder Kunden(zufriedenheits)befragungen zu sehr auf die unzufriedenen Kunden, ohne sich die motivierende Energie der positiv gestimmten Kunden zu eigen zu machen. Natürlich ist das Wissen um die Quellen der Unzufriedenheit notwendig, um Prozessabläufe zu optimieren und Leistungsdefizite anzugehen. Aber die Gründe und Auslöser von Begeisterung haben einen ebenbürtigen Stellenwert – denn sie sind gleichzeitig Best-Practice-Beispiele im Markt.

Es gilt, die Komponenten von Begeisterung in das eigene Customer-Experience-Management einzubauen – mit adaptiven Fragetechniken, die es erlauben, stärker auf die Belange der Kunden einzugehen als dies mit den klassischen Ansätzen möglich war (Thun 2010). „Make or break", so nennen Forscher die Erkenntnis, dass einschneidende negative Ergebnisse langjährige positive zunichtemachen können. Umgekehrt lassen begeisternde Erfahrungen auch negative in den Hintergrund treten (Skeide 2011; Keller, Skeide 2012).

Nachtrag:
Die MAC-FinanzCommunity wurde von MANAGEMENT consult Dr. Eisele & Dr. Noll GmbH in Zusammenarbeit mit dem Onlinepanelbetreiber Respondi vom 13. Mai bis 6. Juni 2011 eingerichtet. Ron Degen, heute LINK-Institut, Frankfurt und der Autor, heute Moritz Research, Hamburg, haben die Community über mehrere Wochen mit verschiedenen Themen aus dem Finanzdienstleistungsmarkt moderiert. Der Dank des Autors gilt auch dem Respondi-Team um Christopher Morasch, heute CEO von Respondi UK, das mit Erfolg alles daran gesetzt hat, unsere Ideen umzusetzen – auch dort, wo unsere Ideen an technische Grenzen oder in Erfahrungsneuland vorgestoßen waren.

LITERATUR

DEGEN, RON (2011): Look and Feel. Implizite Messung von Emotionen durch webcambasierte Gesichtsausdrucks-erkennung, in: *Research & Results*, H. 6

DEGEN, RON; KELLER, BERNHARD (2011): Kunden begeistern – die Sicht der Praxis, in: *Sparkassenmarkt*, Heft 4

ENGSTLER, MARTIN; KELLER, BERNHARD (2009): Was Bank und Kunde erwarten, in: *Geldinstitute GI*, Heft 1

O'GORMAN, SUSANNE; PIRNER, PETER; LOTZ, CORNELIA & MAIER, MANFRED (2010): Kundenbindung zwischen Vertrauen und Begeisterung – Ergebnisse einer empirischen Studie, in: *planung & analyse*, Heft 3

GERALD HÜTHER (o. A.): Begeisterung ist Doping für Geist und Hirn, http://www.gerald-huether.de/populaer/veroeffentlichungen-von-gerald-huether/texte/begeisterung-gerald-huether/index.php, abgerufen am 22.12.2011

KAMPMANN, BIRGIT; KELLER, BERNHARD; KNIPPELMEYER, MICHAEL, WAGNER, FRANK (HRSG.) (2012): Die Alten und das Netz. Angebote und Nutzung jenseits des Jugendkults, Wiesbaden

KELLER, BERNHARD (2011A): Senioren und Finanzen, in: Hunke, Guido (Hrsg): Best Practice Modelle im 55plus Marketing. Bewährte Konzepte für den Dialog mit Senioren, Wiesbaden

KELLER, BERNHARD (2011B): Kunden begeistern: Bestandteil des Qualitätsmanagements, in: *IT-Magazin der FI*, Heft 2

KELLER, BERNHARD; SKEIDE, OLIVER (2012): Filiale, Web, Callcenter – wie zufrieden ist der Kunde?, in: *Die Bank*, H. 4

KREUTZER, RALF T.; MERKLE, WOLFGANG (2008): Die neue Macht des Marketing. Wie Sie Ihr Unternehmen mit Emotion, Innovation und Präzision profilieren, Wiesbaden

KOTRE, JOHN (1996): Weiße Handschuhe, Wie das Gedächtnis Lebensgeschichten schreibt, München.

KÜHN, THOMAS; KAY-VOLKER KOSCHEL (2011): Gruppendiskussionen – ein Praxishandbuch, Wiesbaden

NADERER, GABRIELE; BALZER, EVA (2011) (HRSG.): Qualitative Marktforschung in Theorie und Praxis. Grund-lagen, Methoden und Anwendungen, Wiesbaden

ROTH, JULIA (2010): Fangemeinde statt Zielgruppe, in: *Sparkassenmarkt*, Heft 5

SCHACTER, D. L (2001): Aussetzer, Wie wir vergessen und uns erinnern, Bergisch Gladbach.

SCHÜLLER, ANNE (o. A.), siehe http://www.anneschueller.de/rw_e13v/main.asp?WebID=schueller3&PageID=153, abgerufen am 23.3.2011

SKEIDE, OLIVER (2011): Wissen was zählt, in: *Research & Results*, H. 3

SYWOTTEK, CHRISTIAN (2011): War doch schön!, in: *Brand Eins*, Heft 2

THEOBALD, ELKE; NEUNDORFER, LISA (2010): Qualitative Online-Marktforschung. Grundlagen, Methoden und Anwendungen, Baden-Baden

THUN, STEPHAN (2010): Marktforschung und erfolgreiches Customer-Experience-Management, in: *marke 41*, Heft 1

VEKEN, DOMINIC (2009): Ab jetzt Begeisterung. Die Zukunft gehört den Idealisten, Hamburg

WAGNER, BETTINA (2010): Der Siegeszug der Marktforschungs-Communities – was bedeutet er für die klassische Marktforschung? Posted on 10. August 2010, abgerufen von http://mafo-foyer.de/author/bettina/ am 27.12.2011

„Der Faktor Kundenbindung ist tatsächlich nicht nur ein Soft Fact;
er hat eine belegbare ökonomische Relevanz."

KUNDENBINDUNG IST PFLICHT
CORPORATE PUBLISHING ERFÜLLT EINE KERNAUFGABE DER KOMMUNIKATION

Fragt man die Verantwortlichen für Unternehmenskommunikation, warum sie in die verschiedenen Medien, Kanäle und Kommunikationsinstrumente investieren, sind die Antworten so vielfältig wie vorhersagbar: Es geht um die Verbesserung des Wahrnehmungsbildes in der Öffentlichkeit (Image), um das Setzen und Besetzen von relevanten Themen *(Agenda Setting)*, um Vertriebsunterstützung, die Gewinnung von neuen Zielgruppen und um den Aufbau und die Festigung der Kundenbindung.

Vor allem der letzte Aspekt ist für das Corporate Publishing von entscheidender Bedeutung, da diese Medien oft im Rahmen oder zur Unterstützung von Kundenbindungsprogrammen eingesetzt werden. Dass vielfach Kundenbindung vor Neukundengewinnung geht, liegt auch an der Erkenntnis, dass es um ein Vielfaches schwieriger und teurer ist, Neukunden zu gewinnen als Bestandskunden zu halten. Zufriedene und gebundene Kunden sind Multiplikatoren des Unternehmenserfolgs. Sie empfehlen die Produkte und Dienstleistungen an andere Personen weiter und sind somit auch noch effektive und glaubwürdige Werbeträger im Word-of-Mouth-Marketing. Genau vor diesem Hintergrund tun Unternehmen sehr viel für den Aufbau, das Halten und die Stärkung der Kundenbindung.

Für die Erfolgskontrolle von Unternehmensmedien bedeutet das die Herausforderung, den Beitrag oder die positive Wirkung der eingesetzten Medien auf die Kundenbindung zu operationalisieren, das heißt messbar zu machen. Die folgenden Ausführungen sollen Zweierlei zeigen:

Dass Kundenbindung oft vor Neukundengewinnung geht, liegt auch an der Erkenntnis, dass es schwieriger und teurer ist, Neukunden zu gewinnen als Bestandskunden zu halten.

....

1. zum einen, dass es nicht ganz simpel ist, das Phänomen Kundenbindung wirklich valide zu messen – denn Bindung ist mehr als Kundenzufriedenheit oder Loyalität

2. zum anderen, dass der Faktor Kundenbindung tatsächlich nicht nur ein Soft Fact ist, sondern eine belegbare ökonomische Relevanz hat

....

DAS RICHTIGE RICHTIG MESSEN: KUNDENBINDUNG IST MEHR ALS KUNDENZUFRIEDENHEIT

Kundenbeziehungen sind zu komplex, um ihre Intensität mit nur einer Dimension zu erfassen. Auch zufriedene Kunden wandern ab, wenn der Wettbewerber genauso attraktiv oder leichter verfügbar ist. Zufriedenheit ohne Loyalität kann zu Gewöhnung und Langeweile führen – der Kunde möchte etwas Neues kennenlernen und wechselt deshalb den Anbieter. Eine starke Beziehung zwischen einem Kunden und einem Unternehmen oder dessen Marken und Produkten lebt von der Begeisterung für die Produkte und Dienstleistungen, von der Einzigartigkeit im Wettbewerbsvergleich und auch von der emotionalen Nähe zwischen Kunde und Produkt.

Ein Instrument, das die Komplexität dieser Beziehung berücksichtigt und die relevanten Dimensionen ermittelt, ist der TRI*M Kundenbindungsindex. Er ermittelt die Intensität der Kundenbeziehungen und besteht aus vier Dimensionen oder Fragestellungen, die sowohl die rationalen als auch die emotionalen Aspekte abdecken:

- *Die rationale Dimension: Globalzufriedenheit mit dem Anbieter*
- *Die emotionale Dimension: Weiterempfehlung des Anbieters*
- *Die intentionale Dimension: Zukünftige Nutzung des Anbieters*
- *Alleinstellungsmerkmal: Anbietervorteile im Wettbewerbsvergleich*

Aus den Antworten auf diese vier Fragen errechnet sich eine einzige Kennzahl, die den Grad der Bindung an das Unternehmen ausdrückt: der Kundenbindungsindex.

Die Erfahrungen aus bis heute mehr als 18.000 Projekten mit TRI*M zeigen, dass das Vorteilsargument eine entscheidende Dimension dabei ist: Die Vorteilsfrage unterscheidet die besten Unternehmen von den guten. Kunden, die bei ihrem Anbieter einen hohen Vorteil wahrnehmen, sind loyaler. Sie prüfen seltener Angebote der Konkurrenz, erzählen ihre positiven Erfahrungen weiter und sind weniger preissensibel.

Im Zusammenhang mit der Effizienzkontrolle von Kundenmedien ist die Messung der Kundenbindung von zentraler Bedeutung, denn der Kundenbindungsindex kann zum Beleg für die positive Wirkung von Kundenmedien herangezogen werden. Wenn beispielsweise in einer Studie zu einem Kundenmagazin neben den Lesern auch eine Kontrollgruppe von Nicht-Lesern befragt wird, kann in der Analyse der Ergebnisse der Nutzen des Kundenmagazins ermittelt werden. Es gibt zahlreiche Beispiele für Studien *(s. Beitrag „CP 360 Grad – Grundlagenstudie für den Handel" von Richard Lücke auf Seite 238),* bei denen nachgewiesen werden konnte, dass in der Teilgruppe der Kunden, die regelmäßig das Kundenmagazin lesen, der Kundenbindungsindex höher ist als in der Kontrollgruppe der Nicht-Leser, die ebenfalls Kunden des herausgebenden Unternehmens sind.

ZUFRIEDENE KUNDEN SIND GUT, LOYALE KUNDEN SIND BESSER

Über den reinen Kundenbindungsindex hinaus gibt es eine weitere Erkenntnis, die aus den vier Fragen gezogen werden kann: Das Zusammenspiel von Zufriedenheit und Loyalität – denn jedes Unternehmen hat am liebsten Kunden, die sowohl zufrieden als auch loyal sind.

TRI*M TYPOLOGIE

Kundentypologie am Beispiel für Anbieter von Industrieprodukten
und -dienstleistungen in Deutschland.

ABBILDUNG 1

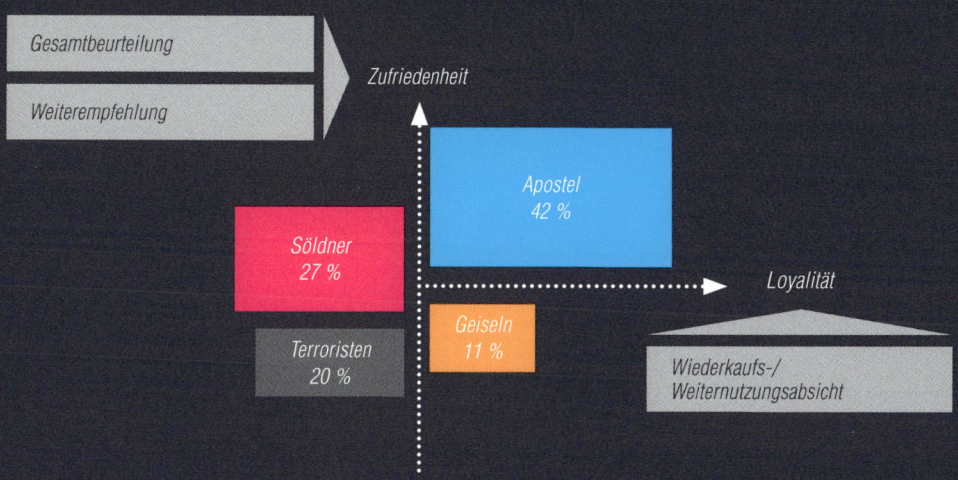

MOBILE TELECOM PROVIDER, BEISPIELDATEN

Zusammenhang von Kundenbindung und Abwanderungsraten.

ABBILDUNG 2

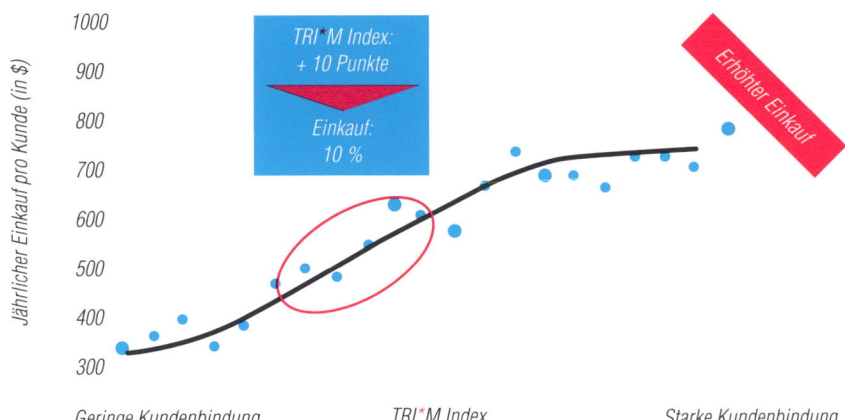

KUNDENBINDUNG UND EINKAUFSVOLUMEN, BEISPIELDATEN   ABBILDUNG 3
Eine stärkere Kundenbindung führt zu höherem Einkaufsvolumen pro Kunde.

Zur Analyse dieser beiden Faktoren wird das Instrument der Kundentypologie angewendet, das die beiden Harvard-Professoren Jones und Sasser Mitte der 90er-Jahre entwickelten (vgl. Sasser, Jones 1995). In der Typologie werden die Kunden nach den Dimensionen Zufriedenheit und Loyalität bewertet. Die TRI*M-Typologie beschreibt die Geschäftssituation eines Unternehmens, indem es vier unterschiedliche Kundenbeziehungen identifiziert: die *Apostel-, Geisel-, Söldner-* und *Terroristenbeziehung.*

„Terroristen" beschädigen, weil sie schlechte Erfahrungen mit einem Anbieter gemacht haben, über negative Mundpropaganda das Image des Unternehmens bei Kollegen und Geschäftspartnern.

Apostel stellen die Idealkunden dar: sie sind zufrieden und loyal. Sie machen immerhin 42 Prozent der Kunden aus. Weitere 27 Prozent sind Söldner, also zufriedene, aber wenig loyale Kunden, die oft beim günstigsten Anbieter kaufen. Die Geiseln (11 Prozent), dagegen, sind aus verschiedenen Gründen an das Unternehmen gebunden, obwohl sie unzufrieden sind. Technologische Abhängigkeiten, langfristige Verträge oder logistische und regionale Einschränkungen können Gründe sein, warum diese Kunden den Anbieter nicht wechseln. Schließlich sind 20 Prozent der Kunden von Industrieunternehmen in Deutschland sowohl unzufrieden als auch illoyal – solche Kunden werden als Terroristen bezeichnet. Sie haben schlechte Erfahrungen mit den Produkten und Dienstleistungen ihrer Anbieter gemacht und beschädigen über negative Mundpropaganda das Image des Unternehmens bei Kollegen und Geschäftspartnern.

Findet man nun in einer Studie heraus, dass in der Teilgruppe der Leser eines Kundenmagazins vergleichsweise viele Apostel und wenig Terroristen zu finden sind, kann man diese Typologie als Indikator für den kommunikativen Erfolg des Mediums nutzen.

KUNDENBINDUNG HÄNGT MIT DEM GESCHÄFTSERFOLG ZUSAMMEN – DOCH IN JEDEM UNTERNEHMEN ANDERS

Unternehmen suchen zunehmend nach einer monetären Argumentation für ihre Kundenbindungsmaßnahmen und damit auch für ihre Unternehmensmedien.

Unternehmen wollen sich also vergewissern, dass sich Investitionen in die Kundenbeziehung bezahlt machen. Nach den Erfahrungen aus vielen Kundenbindungsstudien hängt der Kundenbindungsindex eindeutig mit dem Geschäftserfolg zusammen. Dieser Zusammenhang ist aber nicht pauschal, sondern hängt von der Branche, dem Geschäftstyp, manchmal sogar vom Kundensegment ab.

Durch Validierungsstudien zum Beispiel mit Hilfe von unternehmensinternen Daten oder Meta-Analysen ergibt sich immer wieder die Gelegenheit, den Zusammenhang des Kundenbindungsindex mit dem Geschäftserfolg zu quantifizieren.

Erstes Beispiel: Bei einem Projekt für einen Mobilfunkbetreiber konnte nachgewiesen werden, dass die Abwanderungsquote der Mobilfunkkunden bei steigendem Kundenbindungsindex sinkt. Steigt der Index von 50 auf 80, so halbiert sich die Wahrscheinlichkeit, dass der Kunde innerhalb der nächsten zwölf Monate zum Wettbewerber wechseln wird. Das ist zunächst nicht überraschend, zeigt aber, dass der Kundenbindungsindex ein Frühindikator für geschäftskritische Größen ist.

Zweites Beispiel: In einem Projekt für eine Handelskette wurde gemessen, dass der Kundenbindungsindex Einfluss auf das Einkaufsvolumen hat. Je stärker die Kunden an das Unternehmen gebunden sind, desto höher ist der Betrag, den sie jährlich dort ausgeben.

In anderen Projekten konnte der Einfluss der Kundenbindung auf die Preissensibilität der Kunden, die Profitabilität des Unternehmens oder auf den *Share of Wallet* nachgewiesen werden. Ob der Grad der Kundenbindung den Geschäftserfolg über eine binäre Entscheidung (Kunde bleiben oder wechseln, siehe Mobilfunkbeispiel) oder über die Nutzungsintensität (viel oder wenig nutzen, siehe Corporate-Banking-Beispiel) beeinflusst, lässt sich nicht pauschal sagen. Um diesen Zusammenhang zu verstehen, müssen Unternehmen die Kundenbeziehung genauer analysieren und insbesondere die Faktoren identifizieren, die für die Kundenbindung ausschlaggebend sind.

Was man aber sagen kann ist, dass Kundenbindung alles andere als ein *Soft Fact* ist oder *nice to know*. Kundenbindung hat einen direkt nachweisbaren Zusammenhang auf ökonomische Faktoren des Unternehmenserfolgs. Gelingt es einem Unternehmen durch Kundenbindungsmaßnahmen und als Bestandteil davon auch durch Kundenmedien, die Beziehung zu stärken und die Kundenbindung zu erhöhen, haben sich die Investitionen gelohnt und ein Return-on-Invest kann attestiert werden. Die Marktforschung liefert mit Instrumenten wie dem TRI*M-Ansatz das Handwerkszeug, dieses valide zu messen und Indikatoren für die Wirkung und damit den Erfolg von Kundenmedien nachzuweisen.

> Kundenbindung hat einen direkt nachweisbaren Zusammenhang auf ökonomische Faktoren des Unternehmenserfolgs.

LITERATUR

JONES, THOMAS O./SASSER, W. EARL, JR. (1995): Why Satisfied Customers Defect. *Harvard Business Review* 73, S. 88 – 99

Attitude

ETHIK – DER NEUE FOKUS DER UNTERNEHMENSKOMMUNIKATION. SIEBEN THESEN

EIN DISKUSSIONSBEITRAG VON PETER HAENCHEN

Stellen Sie sich vor ...

Unternehmen verursachen Katastrophen, schmieren Politiker, verdienen am Krieg. Sie machen unsere Kinder dick oder krank. Sie bezahlen Hungerlöhne an Kinder und diskriminieren Frauen. Sie vergiften Flüsse und profitieren von Aids.
Sie sammeln Daten über uns, missbrauchen und verkaufen sie. Sie stellen Splitterbomben her und handeln mit Asbest, Dioxin und DDT. Sie plündern den Planeten und schänden die Schöpfung. Wenn sie nicht genug verdienen, entlassen sie uns. Für ihre Produkte sterben Millionen von Tieren in Labors. Nur mit Gesetzen lassen sie sich zwingen, auf ihre Produkte die Inhaltsstoffe zu schreiben. Sie behaupten, Rauchen ist nicht ungesund und Atomkraft nicht gefährlich. Sie bilden Kartelle und zahlen keine Steuern. Ihre Manager verdienen Millionen und noch mehr, wenn Sie wegen Unfähigkeit entlassen werden. Unternehmen sind Heuschrecken, Kraken und Moloche.

Think Blue.

... Unternehmen hätten ein Gewissen

Unternehmen haben Macht. Sie bestimmen die Wirtschaftskraft einer Volkswirtschaft.
Ihre Marken sind weltweit bekannter als Politiker oder Stars.
Ihre Produkte begleiten uns ein Leben lang, sie sind Ziel unserer Wünsche, wir definieren
uns über sie.
Unternehmen geben uns Arbeit und Wohlstand. Sie forschen und retten Leben, sie entwickeln die
wichtigsten Innovationen, sie stehen für Fortschritt und Zukunft.
Sie fördern die Wissenschaft, sind wohltätig und finanzieren Fussball, Formel 1 und das
private Fernsehen.
Unternehmen sind der Motor eines Landes, der Stolz der Nation, sie überleben Kriege und Krisen,
sie sind die Globalisierung, sie sind die eigentliche Weltmacht, ohne sie ist die Welt nicht zu retten,
ohne sie hätten wir keine Arbeit, kein Geld und keinen Spaß, keinen Status und auch keinen Stil.

GRÜNENTHAL: FÜR IMMER UNEINSICHTIG?

Der Skandal geschah 1961/62 – und dauert bis heute an. Schwangere, die das Beruhigungsmittel Contergan genommen hatten, brachten Kinder mit geschädigten Gliedmaßen zur Welt. Doch trotz Warnungen beließ das Herstellerunternehmen Grünenthal das Medikament auf dem Markt. In einem von 1968 bis 1970 dauernden Gerichtsverfahren verglich sich das Pharmaunternehmen mit den Klägern und zahlte 100 Millionen Mark in eine Stiftung ein, das Verfahren wurde wegen geringfügiger Schuld und mangelndem öffentlichen Interesses an Strafverfolgung eingestellt – ein Präzedenzfall wg. Schadensersatzansprüchen wurde vermieden. Grünenthal war und ist nicht bereit, sich bei den Geschädigten zu entschuldigen.

RESULTAT: anhaltender Imageschaden wegen Uneinsichtigkeit in die ethische Verantwortung.

LIDL: AUS FEHLERN SPÄT GELERNT

Seine Mitarbeiter zu bespitzeln, ist keine feine Sache – und so rächte sich der im Frühjahr 2008 bekannt gewordene Einsatz von Detektiven gegenüber dem Personal. Gegenüber der Öffentlichkeit die Schuld auf die beteiligten Detektive zu schieben, war ebenfalls absolut unglaubwürdig. Erst durch ausdrückliche Entschuldigung in bundesweit geschalteten Anzeigen und Information der direkt betroffenen Mitarbeiter gelang eine öffentliche Schadensbegrenzung.

RESULTAT: späte, aber rechtzeitige Schadensbegrenzung.

1. These

Die Werteorientierung verändert das Kaufverhalten.

Konsum wird zum Wertefeld: Der Anspruch der Verbraucher, sich korrekt und nachhaltig zu verhalten, beeinflusst das Verbraucherverhalten zunehmend. Dabei sind vertrauensbildende Kennzeichnungen wie „bio" oder „fair" wichtig, aber bei weitem nicht ausreichend: Die Verbraucher erwarten immer mehr ethikrelevante Angaben und Nachweise über die Produkte. Und: „Ethical correctness" wird beim Kaufentscheid immer öfter gleichbedeutend, oder sogar wichtiger als das Preis-Leistungs-Verhältnis.

2. These

Mit Kaufentscheidungen nimmt der Konsument Einfluss.

Der Konsument hat begriffen, dass richtiges Einkaufen nicht nur Negatives für Menschen und Umwelt reduzieren kann, sondern dass er durch sein Verhalten auch aktiv gestalten kann. Ethischer Konsum ist ein Statement gegenüber Firmen und Unternehmen, es ist vorbildlich und regt andere an, sich ebenso zu verhalten. Außerdem macht es Druck auf die Verbraucher, die ihren Egoismus öffentlich zur Schau stellen, und Druck auf Wirtschaft und Politik, ethisch korrekte Produkte anzubieten bzw. zu fördern.

3. These

Werteorientierung braucht glaubwürdige Information.

Politik, Branchenverbände und viele Unternehmen sind Vertrauensverlusten ausgesetzt. Katastrophen, Skandale und Verschleierungen haben Verunsicherung und Misstrauen erzeugt. Vertrauensträger sind mehr denn je die Testinstitute, NGOs, unabhängige Medien, aber auch Unternehmen, die durch konsequentes Handeln und entsprechende Kommunikation Glaubwürdigkeit und Vertrauen aufgebaut haben.

Nur **34%** der Befragten haben Vertrauen in Unternehmen.*

SCHLECKER: ZU SPÄT GELERNT

Diese Drogeriefilialen waren schon immer etwas seltsam – klein, irgendwie piefig, und es gab nicht einmal ein Telefon. Dazu wurden die Mitarbeiter als eher lästig behandelt. Nur der Preise wegen ging man zu Schlecker, Einkaufspaß gab es da nicht. Und Informationen über das Unternehmen erst recht nicht. Dass eine solche Geizstrategie in Kombination mit einer Abschottung des Unternehmens gegenüber der Öffentlichkeit nicht funktionieren kann, zeigte Ende 2011 die Insolvenz: Auch den Kindern von Imperiumsbegründer Anton Schlecker gelang es nicht, das Unternehmen wieder in ein besseres Licht zu rücken.

RESULTAT: erst im letzten Moment ein schlechtes Firmenimage retten zu wollen, ist vergebliche Liebesmüh.

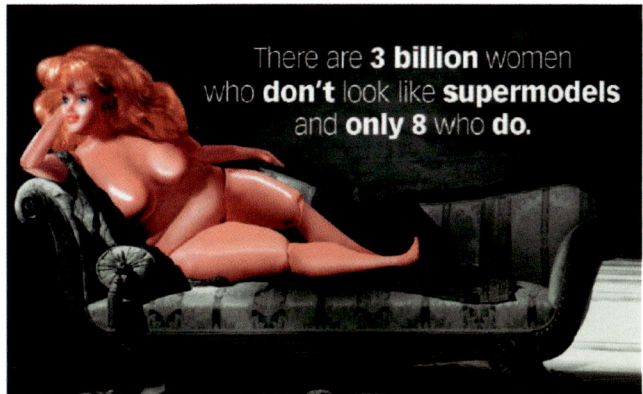

BODY SHOP: FRÜH UND DAUERHAFT ENGAGIERT

Der Kosmetikhersteller und -distributor Body Shop ist Pionier ethischen unternehmerischen Handelns. Verzicht auf Tierversuche und Ausrichtung auf natürliche Zutaten („Schutz des Planeten") der Selfmade-Unternehmerin Anita Roddick sorgten 1976 für weltweite Beachtung. Das Unternehmen mit über 2800 Filialen in 65 Ländern hat seinen globalen Führungsanspruch durch eine Stiftung und weltweite Kampagnen (u.a. gegen Menschenhandel) und ökologische Maßnahmen (CO_2-Reduktion) offensiv abgesichert. Eigene Medien (Website, Magazine) und die regionale Präsenz durch Filialen mit familiärem Charakter machen den Konzern persönlich erlebbar.

RESULTAT: sichere Spitzenstellung.

BUDNI: WERTE IM USP VERANKERT

Die stark expandierende, familiengeführte Hamburger Drogeriekette mit über 100 Filialen in der Metropolregion setzt intensiv auf zwei Faktoren: Ökologische Ausrichtung (schadstofffreie, teils hauseigene Kosmetiklinien, wachsendes Angebot an Bio-Lebensmitteln) und lokale Verwurzelung. Man änderte den ursprünglichen Namen Budnikowski auf den allgemein gebräuchlichen Spitznamen Budni, bezog sich in Statement ausdrücklich auf die Hamburgische Tradition („Mein Budni", Budni in deiner Nähe) und regte das soziale Engagement der Mitarbeiter („Budnianer", die sich u.a. um benachteiligte Kinder kümmern) an, förderte es und ermöglichte den Kunden u.a. über Buchspenden bzw. -flohmärkte die Teilhabe.

RESULTAT: sichere Marktstellung und hohes Ansehen.

UNILEVER/DOVE: OPTISCHES NEULAND BETRETEN

Gängige Marketingperspektiven zu verlassen und Neuland zu betreten, wagte Unilever 2004 mit den Kampagnen für die Pflegeproduktreihe Dove: höchst erfolgreich, wie sich schnell zeigte. Statt Models stellten sich hier Allerweltsfrauen mit sichtbar viel Spaß zur Schau und stützten so den Claim, dass sich wahre Schönheit nicht standardisieren lasse. Zusammen mit Folgekampagnen schaffte Dove es, sehr nah an die Kundenzielgruppe heranzurücken und sie gleichsam auf Augenhöhe anzusprechen.

RESULTAT: großer Imagegewinn und breiter internationaler Markenerfolg.

4. These

Nicht nur Produkte stehen im Ethik-Fokus, sondern vor allem die Unternehmen.

Ethisches Handeln eines Unternehmens betrifft die gesamte Produktionskette von Konsumgütern, vom Umgang mit Rohstoffen über Fertigung, Transport und Verpackung, den sicheren und unbedenklichen Ge- und Verbrauch bis hin zu Entsorgung bzw. Rückführung. Wie die daran beteiligten Mitarbeiter und Ressourcen behandelt werden, ist für den ethisch orientierten Verbraucher ebenso wichtig wie das aktive Handeln des Unternehmens im gesellschaftlichen und wirtschaftlichen Kontext.

77% bringen Unternehmen, die ethische Produkte herstellen, sofort Vertrauen entgegen.

5. These

**Ethische Unternehmens-
kommunikation ist für alle
Zielgruppen wichtig.**

Ein Unternehmen mit ethischen
Grundsätzen braucht zu allererst
das Commitment der Mitarbeiter.
Alle Geschäftspartner müssen
einbezogen sein. Erst dann kann
eine Kommunikation gegenüber
den Kunden auf ein dauerhaftes
Fundament gestellt werden.
Und dem Kapitalmarkt können
erst dann Werte, Strategie und
Zukunftsfähigkeit vermittelt
werden. Auf diese Weise kann
das Unternehmen im öffentlichen
Raum positiv und stabil verankert
werden.

72% der Befragten
geben an, dass ethische Kriterien
ihre Kaufenscheidung entscheidend beeinflussen.

**BIONADE: KORREKTE LIFESTYLE-LIMONADE
MIT ALTERNATIV-IMAGE**

1995 von den Inhabern einer kleine Brauerei in der Rhön gegründet, wurde
das Produkt ab 1997 zuerst im Raum Hamburg vertrieben, wo es schnell
den Ruf eines Szenegetränks bekam. Die als biologisch deklarierte Limonade mit ungewöhnlichen Geschmacksrichtungen eroberte schnell den Markt
der alternativen Lokale und Bio-Läden. Dank frecher Werbemaßnahmen,
bei denen die Lebenswelt der Kunden teils satirisch einbezogen wurde,
wurde Bionade schließlich bundesweit erfolgreich. Das Image des Davids
unter den Getränke-Goliats wurde durch Sponsoring politisch alternativer
Veranstaltungen ausgebaut, obwohl die Limonade längst auch in herkömmlichen Geschäften erhältlich ist und in großen Mengen produziert wird.
RESULTAT: Image-Aufbau durch Platzierung im alternativen Kulturspekt-
rum mit langanhaltender Wirkung.

OTTO: KONSEQUENT WERTE GESETZT UND GELEBT

Seine Aktivitäten waren schon immer hanseatisch solide – man steht für
sein Tun verantwortlich ein. Und so reagiert der Otto Konzern auch auf
globale Herausforderungen: Konsequent wird ökologisch gedacht, gewirt-
schaftet, eingekauft, transportiert. 2008 verabschiedete die Otto Group
eine umfassende Klimaschutzstrategie, um langfristig Energieverbrauch
und Umweltbelastung zu senken. Das steigerte im Endeffekt das Ansehen
des Konzerns – neben den sozialen und karitativen Aktivitäten, für die die
gegründeten Stiftungen ohnehin schon stehen.
RESULTAT: gelebte Verantwortung ist nicht nur ökologisch, sondern auch
ökonomisch effektiv.

Wir sind das
GE in GErmany

GE: TECHNIK MIT GEFÜHL VERKAUFEN

Eigentlich kann man die beworbenen Produkte nicht wirklich kaufen – trotzdem setzte sich General Electric in einer großen Werbekampagne zu den Nutzern der Produkte in Beziehung: Wir – nämlich GE – stecken hinter zahllosen Zukunftstechnologien, die das Leben lebenswert machen und – im medizinischen Bereich – auch lebenserhaltend sind. Passend zur Expansion auf dem deutschen Markt propagierte der Hersteller, das „ge" in GErmany zu sein – vor allem natürlich in ethisch relevanten Bereichen.

RESULTAT: Imagegewinn durch emotionale Präsentation der eigenen Leistung.

Lupo

1999

3ℓ/100Km

VOLKSWAGEN: ETHIC BRAND

Blau sind Luft und Wasser, blau ist auch die Markenfarbe von Volkswagen – da war es naheliegend, emissionsarmen Motoren das Label BlueMotion zu geben. Weil viele Verbraucher bald Volkswagen mit dem Begriff identifizierten, folgte im Frühjahr 2010 die Kampagne ThinkBlue: kreative, in vielen Ländern durchgeführte Aktionen informieren über Volkswagens Umwelttechnologie, sensibilisieren aber auch für ökologisch sinnvolles Verhalten. Eine Kampagne, die in allen Kulturen funktioniert und den Eindruck hinterlässt: Volkswagen – die tun was.

RESULTAT: erfolgreiche, über die eigenen Produkte hinausgehende Imagekampagne– mit globaler positiver Resonanz.

6. These

Ethische Kommunikation ist keine Frage der Kommunikationsabteilung, sondern der Unternehmenskultur.

Werte sind keine Kurzzeit-Themen. Verbraucher haben ein gutes Gedächtnis. Taktische Kampagnen und Lippenbekenntnisse werden schnell enttarnt. Kommunikation mit Werten muss substantiell, langfristig gedacht und vor allem wahrhaftig sein. Nur wer die Werte selbst lebt, darf sie proklamieren und besetzen. Im Krisenfall zeigt sich die Belastbarkeit der Werte. Viele Investitionen in eine ethische Kommunikation wurden vernichtet, als Unternehmen im Krisenfall keinen Mut zur Transparenz hatten, Risiken verharmlosten und Zusammenhänge vernebelten. Statt Verantwortung zu übernehmen, die Ursachen offenzulegen und zu analysieren und Betroffenen zu helfen. Brent Spar hat Shell für viele Jahre in die Verbannung, in das Land des hässlichen Kapitalismus geschickt, Mercedes hat den Elch-Test nicht bestanden, aber Vertrauen gewonnen. Durch Offenheit und auch mal durch eine Entschuldigung.

7. These

**Werte geben der
Unternehmenskultur
Relevanz und Stärke.**

Ethische Themen sind stark
und relevant – mit wichtigen
Inhalten, Lebensrelevanz und
starken Bildern: Sicherheit, Chan-
cengleichheit und Respekt für
Menschen, Schutz für Umwelt
und Leben, Verantwortung und
Engagement in der Gesellschaft,
Transparenz und gelebte Werte
in der Unternehmenskultur. Alles
das gibt einem Unternehmen
Persönlichkeit und Charakter.
Schafft Vertrauen und Sympathie. Und gibt der Unternehmenskommunikation Kraft und Überzeugung. Und eine Emotionalität,
die sich auf das Unternehmen
überträgt. Werte sind wertvoll,
auch für die Kommunikation.

CORPORATE SOCIAL RESPONSIBILITY REPORTS

Immer mehr Unternehmen dokumentieren verantwortliches Handeln:
Ob im Geschäftsbericht integriert oder als eigenes Medium: Unternehmen
stellen ihren Anspruch und ihr Handeln offen und nachprüfbar dar, neben
dem gedruckten Bericht gewinnt der digitale CSR-Report an Bedeutung.

 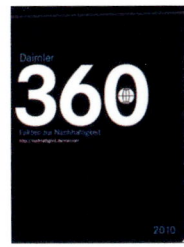 

GREEN PUBLISHING

Ressourcenschonendes und umweltfreundliches Handeln bekommt auch
in der technischen Produktion von Medien eine wachsende Bedeutung:
Der zunehmende Einsatz von Recycling-Papier und umweltfreundlicher
Druckfarben dokumentiert sich in in der Wettbewerbskategorie „Green
Publishing" des BCP.

57%

meinen, dass Verbraucher heute eine größere Macht
gegenüber Unternehmen haben.

DIE HERAUSGEBER

WALTER FREESE

ist Associate Director bei der TNS Emnid Medienforschung in Bielefeld. Nach seinem Studium und der Tätigkeit als wissenschaftlicher Mitarbeiter und Lehrbeauftragter am Institut für Publizistik und Kommunikationswissenschaften der Universität Göttingen, wurde er 1995 Projektleiter bei der GfK Fernsehforschung in Nürnberg. Seit 1998 verantwortet er bei TNS Emnid unter anderem den Forschungsbereich Corporate Publishing. Hierfür entwickelte Walter Freese im engen Dialog mit Branchen-Experten verschiedene Marktforschungsinstrumente (CP Standard™, CP Tandem, CPI) zur Messung der Reichweite, Nutzung und der Wirkung von Unternehmenskommunikation. Er ist gefragter Fach-Referent, Autor zahlreicher Artikel in der Kommunikationsfachpresse und Mitglied der Jury für den Best of Corporate Publishing-Sonderpreis ‚CP Impact'.

MICHAEL HÖFLICH

ist seit 2004 Geschäftsführer des Forum Corporate Publishing (FCP), Europas größten Medienverband in Bereich der Unternehmenskommunikation. Er studierte Englisch, Deutsch und Geschichte an der Universität Passau und absolvierte zudem ein Studium als Fachwirt Public Relations an der BAW München. In der Zeit von 1989 bis1999 war er als Redakteur, Moderator, Redaktionsleiter und Leiter-PR im Privaten Hörfunk und im TV-Sektor tätig, um dann als Senior-PR-Consultant bei Wilde & Partner Public Relations GmbH vor allem das internationale Geschäft zu betreiben. Vor seiner Nominierung als FCP-Geschäftsführer war Höflich als Kommunikationsreferent beim Bayerischen Journalisten-Verband im Einsatz.

RALPH SCHOLZ

wurde 1965 in München geboren. Nach seiner Ausbildung zum Kommunikationswirt BAW arbeitete Scholz bei verschiedenen Werbeagenturen als Texter, bevor er sich 1990 selbstständig machte. 1994 war Scholz während seiner Selbstständigkeit redaktionell verantwortlich für das „Handbuch Kundenzeitschriften", das von der Deutschen Post herausgegeben wurde. Für die Daimler AG betreute Scholz in den folgenden Jahre diverse Supplements und brachte mit „heichlingers'" die erste Fachzeitschrift für Corporate Publisher auf den Markt, die 2005 Verlag Deutscher Drucker übernommen und unter dem Titel „versio!" weitergeführt wurde. Von 2008 bis 2012 war Scholz Account Manager „print & media" bei der Messe Düsseldorf, seit April 2012 ist Scholz bei Reed Exhibitions für den Geschäftsbereich Summits in leitender Funktion tätig.

DIE AUTOREN

TORSTEN CEYNOWA

leitete 1999 für die wdv-Gruppe die Entwicklung des Magazins „vigo", als dessen Chefredakteur er bis 2009 agierte. Mit der Diversifizierung des „vigo"-Mediensystems verantwortete der Diplomjournalist verlagsseitig dessen Ausbau und die Vernetzung der Medienkanäle, die er heute als Key Account Manager koordiniert. Zuvor war Ceynowa als Redakteur und Reporter bei der „Märkischen Oderzeitung" sowie als stellvertretender Chefredakteur der Redaktion „Bleibgesund" für die wdv-Gruppe tätig.

MARKUS ELSEN

ist Geschäftsführer der New Times Corporate Communications GmbH. Der Kommunikationsdienstleister mit Niederlassungen in München und Hamburg ist spezialisiert auf neuartige Kommunikationslösungen, die Print, Online, Mobile und Social Media erfolgreich verzahnen. New Times begleitet alle Projekte mit einer quantitativen Erfolgsmessung. Zuvor war er unter anderem Redakteur beim Fachmagazin für die Kommunikationsbranche „werben & verkaufen", Chefredakteur der Marketing-Zeitschrift „acquisa" und des Fachmagazins für die Buch- und Verlagsbranche „buchreport", Leiter Inhouse Kommunikation bei BurdaYukom Publishing/Burda Creative Group und Geschäftsführer Corporate Publishing der grasundsterne Werbeagentur und Corporate Publishing GmbH.

STEFAN FEHM

ist seit 2010 als Director of Marketing & Sales und Mitglied der Geschäftsleitung bei der Burda Creative Group GmbH in München tätig. Der studierte Volkswirt begann seine berufliche Laufbahn bei der Bertelsmann AG, wechselte dann zu Hubert Burda Media, wo er in verschiedenen Positionen im Anzeigenmarketing und Verlagsleitung tätig war, u. a. als Head of Business Development bei der Burda Community Network GmbH. Stefan Fehm verantwortet als Director Marketing und Mitglied der Geschäftsleitung in der Burda Creative Group das Neugeschäft sowie den Ausbau strategischer Geschäftsfelder.

DR.-ING. CHRISTIAN FILL

ist Geschäftsführer von BurdaYukom. Er ist seit 2001 im Verlag und verantwortete in seiner bisherigen Laufbahn als Chefredakteur verschiedene Kundenpublikationen aus den Bereichen Management, Technik und IT. Ab 2005 war Fill Verlagsleiter für die Print- und Online-Medien des B2B-Bereichs. Vor seiner Tätigkeit bei BurdaYukom war Christian Fill stellvertretender Chefredakteur bei der „Wirtschaftswoche E-Business", Verlagsgruppe Handelsblatt, und als Chefredakteur des US-IT-Wirtschaftsmagazins „InformationWeek" verantwortlich.

KAI GÜSE

ist Bereichsleiter im Bereich Industrieprodukte & Services und seit 12 Jahren bei TNS Infratest. Die Arbeitsschwerpunkte des Diplom-Sozialwirts liegen im Bereich nationaler und internationaler Studien im Bereich Stakeholder Management, hier vor allem mit dem Fokus auf den Themen Kunden- und Mitarbeiterbindung sowie Corporate Reputation.

PETER HAENCHEN

Verlagskaufmann seit 1977, Peter Haenchen war in den Verlagen Gruner + Jahr, GWP, Ringier Deutschland, Jahreszeiten Verlag in vielen Zeitschriftenbereichen tätig und als Verlagsleiter u. a. verantwortlich für Natur, Tempo und Merian. Seit 1993 ist Peter Haenchen Geschäftsführer des Gruner + Jahr Tochterverlages G + J Corporate Editors GmbH. Peter Haenchen ist einer der Gründungsvorstände des Forum Corporate Publishing und war einige Jahre stellvertretender Vorsitzender.

CHRISTOF HAFKEMEYER

leitet den Bereich Technik und Medienentwicklung in der Unternehmenskommunikation der Deutschen Telekom AG. Zuvor war der gelernte Journalist in verschiedenen Medienpositionen tätig, u.a. als stellvertretender Chefredakteur des G+J Computer Channel sowie als Ressortleiter beim Börsenblatt für den Deutschen Buchhandel. Er verantwortet bei der Telekom u. a. das Intranet-TV, die Corporate Website (telekom.com)und als Chefredakteur das Mitarbeitermagazin „you and me", das unter der Regie von Christof Hafkemeyer 2007 entwickelt und vielfach prämiert wurde, u. a. mit dem Internationalen Deutschen PR-Preis (2008 und 2010) und dem Best of Corporate Publishing Preis in Gold (2011).

TIM HAUSSMANN

ist Marketingmanager bei Daimler. Als solcher war er nach Tätigkeiten im Bereich Markenstrategie und Markenentwicklung zwischen 2007 und 2011 für die Kundenmagazine „Transport" und „ROUTE" sowie für den gesamten Onlineauftritt der Lkw mit dem Stern verantwortlich. Seit Anfang des Jahres hat er den Aufbau einer intelligenten Contentdatenbank für die interne und externe Kommunikation von Mercedes-Benz Trucks weltweit übernommen. Durch seine fortgesetzte Verantwortung für den Internetauftritt von MB Trucks bleibt der Markenexperte aber eng mit den Magazinen verbunden, die ihre Präsenz im Netz und mobil in den kommenden Jahren weiter ausbauen werden.

WERNER IDSTEIN

studierter Physiker und Wissenschaftsjournalist, verfügt über langjährige Erfahrung im Corporate Publishing. In Verlagen und Agenturen war er unter anderem als Chefredakteur und Blattmacher für zahlreiche Mitarbeiter- und Kundenmedien verantwortlich. Seit fünf Jahren kümmert sich Werner Idstein bei SIGNUM vor allem um die Konzeption neuer Publikationen sowie die Beratung rund um die strategische Ausrichtung der Kommunikation von Unternehmen.

MICHAEL KASCHEL

ist seit 2003 Verlagsleiter wdv-Gruppe und Geschäftsbereichsleiter Gesundheits- und Vorsorgekommunikation, 2008 – 2010 Bereichsvorstand Forum Corporate Publishing (FCP), seit 2010 Vorstandsmitglied Media Forum Europe (MFE). 1994 – 2002 Geschäftsführer der Kommunikationsberatung ac:k GmbH, ab 1999 zusätzlich Geschäftsbereichsleiter wdv OHG, davor Chefredakteur, Leiter Entwicklungsredaktion/Neue Medien, Redakteur Management-Magazin.

BERNHARD KELLER

Bernhard Keller ist Sozialwissenschaftler mit deutschem und kanadischem Abschluss. Er arbeitet seit mehr als 30 Jahren in der Markt- und Meinungsforschung. Seine berufliche Laufbahn führte ihn von der Forschungsgruppe Wahlen über die GfK-Gruppe und TNS Infratest zu Maritz Research, wo er die Finanzforschung leitet.

GUIDO KLINKER

ist seit April 2012 Verlagsleiter des MBO Verlag in Münster. Der MBO Verlag ist eine Marke von Wolters Kluwer Deutschland und im Kontext der Krankenkassen- und Gesundheitskommunikation aktiv. Nach seinem Studium der Politologie und Germanistik an der Universität Hannover startete er 1996 seine Laufbahn bei der P & P GmbH – heute medienfabrik Gütersloh GmbH, arvato AG, Bertelsmann – als Volontär. In der medienfabrik war er in den Folgejahren bis März 2012 in unterschiedlichen Funktionen stets im Corporate Publishing-Kontext operativ und strategisch tätig, darunter als Leiter Corporate Publishing und Mitglied der Geschäftsleitung.

ANDREA KÖHN

verfügt über mehr als 20 Jahre Erfahrung in der Grafischen Branche. Ihre journalistische Laufbahn startete die Staatlich geprüfte Drucktechnikerin 1994 als verantwortliche Redakteurin für die Vorstufe beim Fachmagazin „Deutscher Drucker". Im Jahre 2004 übernahm sie die Position der Chefredakteurin bei „Druck & Medien". Im drupa-Jahr 2008 war sie Chefredakteurin des „drupa report daily". Nach fast fünf Jahren erfolgreicher Aufbauarbeit bei „Druck & Medien" in Hamburg startete sie 2010 mit ihrem Unternehmen Bötel Graphic Communication. Seit Dezember 2010 ist Andrea Köhn verantwortlich als Chefredakteurin für die „Print & Produktion". Ebenso ist sie als regelmäßige Fachautorin für die Website drupa.de tätig und als freie Mitarbeiterin unterstützt sie das Messeteam der Messe Düsseldorf für die drupa.

PROF. DR. CASTULUS KOLO

ist Professor an der MHMK (Macromedia Hochschule für Medien und Kommunikation), München und leitet dort den Studiengang Medienmanagement mit seinen nationalen und internationalen Bachelor- wie Master-Angeboten. Als Unternehmer betreibt er parallel dazu die Consulting-Firma future directions GmbH (www.future-directions. com), die Medien- und Internet-Unternehmen in Zukunftsfragen wie Positionierung, Portfolioentwicklung, Innovationsmanagement und Kooperationsstrategien berät. Daneben ist er Mitgründer des Think Tanks Institute for Community Design, Development, Dynamics (www.i-cod.net), das Auftragsforschung zu den Auswirkungen von Social Media auf Markenführung durchführt.

RALF LANZRATH

ist Marketingleiter der PATRIZIA Immobilien AG mit Sitz in Augsburg. Die am SDAX notierte Holding gilt als eines der innovativsten Immobilien Investmenthäuser in Deutschland und managt ein Immobilienvermögen von über € 5 Mrd. in Europa. Somit gehört PATRIZIA zu den drei Topadressen im deutschen Spezialfondmarkt für Immobilien. Vor seinem Weg in die Immobilienbranche war er in verschiedenen Marketingführungspositionen bei Fujitsu Siemens, Dresdner Bank und smart tätig. Seine Karriere startete er 1994 nach dem BWL-Studium auf der Agenturseite bei Young & Rubicam und betreute Etats wie Milka, Kodak oder Wüstenrot. Seit dem Wechsel zu Scholz & Friends in Berlin und parallel dem Abstecher in das Investmentgeschäft bei der Econa AG, die Internetunternehmen finanzierte, hat er seine Passion für Online Marketing entdeckt.

RICHARD LÜCKE

Diplom-Kaufmann, ist seit Mitte 2000 als Leiter Produktmanagement Presse Distribution bei der Zentrale der Deutsche Post AG in Bonn verantwortlich für das nationale Pressegeschäft. In diesem Geschäftsfeld werden jährlich fast 2 Mrd. Zeitschriften und Zeitungen transportiert und zugestellt – von der Publikumspresse über Fachtitel bis zum CP-Magazin. Vor Übernahme der aktuellen Position war Richard Lücke in Leitungsfunktionen in der IT, dem Controlling und im Vertrieb tätig.

RÜDIGER MAASS

begann mit einer Ausbildung als Werbekaufmann seine Laufbahn in der Kommunikationsindustrie. Mit der Zusatz-ausbildung als „Geprüfter Medienproduktioner/f:mp." entdeckte er sein Herz für die Medienproduktion. Er ist seit 1998 als Geschäftsführer des Fachverband Medienproduktioner e. V. tätig. Neben dieser Tätigkeit arbeitet er erfolgreich als Networker, Fachreferent und Moderator für die Kommunikationsindustrie. Seit vielen Jahren ist er Fachjournalist in der grafischen Industrie. Nach mehrjähriger Tätigkeit als Chefredakteur der Druckfachzeitschrift „Print&Produktion" startete er im April 2004 als Herausgeber und Chefredakteur die Kommunikationsplattform „VALUE – Das Magazin für Medienproduktion und Unternehmenskommunikation". In dieser Funktion war er bis Anfang 2007 tätig. Seit Februar 2007 ist er neben seiner Geschäftsführertätigkeit beim f:mp. als Unternehmens-, Marketing- und PR-Berater tätig.

DR. MARCO OLAVARRIA

ist Geschäftsführender Gesellschafter bei Kirchner + Robrecht management consultants. Nach seiner Tätigkeit als Wissenschaftlicher Mitarbeiter und der Promotion am Lehrstuhl für Marketing der Freien Universität Berlin nahm er 1998 seine Tätigkeit bei Kirchner + Robrecht auf. Er ist Referent an der VDZ Akademie und der Akademie des Deutschen Buchhandels. Herr Olavarria ist Mitglied im Beirat im des Masterstudiengangs Corporate Publishing der Leipzig School of Media und Autor verschiedener Studien, White Paper und Fachbeiträgen rund um die Themen „Digitales Publizieren in Verlagen und Unternehmen".

DR. ANDREAS SIEFKE

studierte Betriebswirtschaftslehre mit anschließender Promotion und Beratertätigkeit am Institut für Marketing von Professor Heribert Meffert an der Universität Münster. 1998 wechselte er zur Deutschen Bahn, wo er als Vorstandsreferent und Projektleiter in der Unternehmensentwicklung arbeitete. Andreas Siefke war ab 2000 als Objektleiter im Hoffmann und Campe Verlag tätig und in dieser Funktion für verschiedene Zeitschriften, Buchprojekte, Web- und digitale Applikationen des Bereichs Corporate Publishing zuständig. Von Oktober 2004 bis Ende 2011 war Andreas Siefke Geschäftsführer von Hoffmann und Campe Corporate Publishing. Seit 1. Januar 2012 ist er geschäftsführender Gesellschafter der KircherBurkhardt GmbH, Berlin. Dem Vorstand des Forum Corporate Publishing e. V. gehört Andreas Siefke seit Juni 2007 an. Im Juni 2010 wurde er zum ersten Vorsitzenden des Branchenverbands gewählt.

OLAF WOLFF

engagiert sich für die enge Verknüpfung von Interner Kommunikation und Employer Branding sowie die Entwicklung von Social Publishing. Er leitete von 2006 bis 2010 den Bereich Corporate Publishing der Publicis in Deutschland. Seit 2010 verantwortet er zusätzlich als Managing Director den Standort München mit dem Schwerpunkt Corporate Communications.

VOLKER ZANETTI

ist seit 2001 gemeinsam mit Birgit Altstoetter Inhaber der zanetti altstoetter und team agentur für starke Medien und Verbände. Das Unternehmen berät, konzipiert und realisiert Produkte und Projekte in den Bereichen Mediasales Print und Online, Sponsoring, Vertrieb und Coporate Publishing Sales und Services. Als Leiter Fachmedien der VDZ Akademie entwickelt und realisiert er Sales und Vertriebsseminare.